Bioquímica da Nutrição

3ª edição

SAL
SERVIÇO DE ATENDIMENTO AO LEITOR
Tel.: 08000267753
www.atheneu.com.br
(21) 99165-6798
Facebook.com/editoraatheneu
Twitter.com/editoraatheneu
Youtube.com/atheneueditora

Bioquímica da Nutrição

3ª edição

Jane Rizzo Palermo

Graduada em Engenharia de Alimentos pela Faculdade de Engenharia de Alimentos da Universidade Estadual de Campinas (Unicamp). Doutora em Alimentos e Nutrição pela Unicamp. Professora Titular do Curso Técnico em Alimentos do Colégio Técnico de Campinas (CTC-Unicamp).

Rio de Janeiro • São Paulo

2022

EDITORA ATHENEU

São Paulo	—	*Rua Maria Paula, 123 – 18º andar* *Tel.: (11)2858-8750* *E-mail: atheneu@atheneu.com.br*
Rio de Janeiro	—	*Rua Bambina, 74* *Tel.: (21)3094-1295* *E-mail: atheneu@atheneu.com.br*

PRODUÇÃO EDITORIAL/CAPA: Equipe Atheneu

DIAGRAMAÇÃO: Know-How Desenvolvimento Editorial

CIP-Brasil. Catalogação na Publicação
Sindicato Nacional dos Editores de Livros, RJ

P185b
3. ed.

Palermo, Jane Rizzo
Bioquímica da nutrição / Jane Rizzo Palermo. - 3. ed. - Rio de Janeiro : Atheneu, 2022.
: il. ; 21 cm.

Inclui bibliografia e índice
ISBN 978-65-5586-405-2

1. Nutrição. 2. Metabolismo. 3. Bioquímica. I. Título.

22-77058 CDD: 612.39
CDU: 612.392

Meri Gleice Rodrigues de Souza – Bibliotecária – CRB-7/6439

05/04/2022 08/04/2022

PALERMO, J. R.

Bioquímica da Nutrição – 3ª edição

Dedicatória

A todos que se dedicam ao saber e aprender.

Agradecimentos

A Dante, Eduardo e Maria Luiza,
por me permitirem sempre renovar.

À Editora Atheneu, pela parceria.

E a Deus, pelas graças.

A vida é bela e divina.

Deve ser vivida bem.

Bem com você mesmo, com os que estão à sua volta, com o que você almeja e, principalmente, com os seus sentimentos.

Seja só feliz e saudável!

Prefácio à terceira edição

Estudar e aprender são fundamentais para o desenvolvimento humano e o crescimento intelectual.

Conhecer nosso corpo, interpretar os resultados de pesquisas e perceber o comportamento do organismo diante dos vários tipos de alimentos, das condições e situações em que cada indivíduo está inserido nos permite estabelecer regras com o propósito de definir dietas mais saudáveis, optar por alimentos e ingredientes mais adequados para cada grupo populacional, desconstruir padrões alimentares ultrapassados e estimular, assim, um estilo de vida próprio e característico dos dias atuais.

Este livro proporciona ao aluno entender, de forma simples, como os nutrientes participam e interagem na dieta, protegendo e estimulando o bom funcionamento do organismo. Assim, ele poderá associar os conceitos básicos de bioquímica e de nutrição para sugerir a combinação apropriada dos grupos de alimentos a indivíduos ou população estudada de acordo com a região geográfica e a atividade praticada.

Como nas edições anteriores, o principal objetivo do livro consiste em promover a compreensão de pontos importantes para viver com melhor qualidade, controlar a ingestão de alimentos de acordo com as necessidades e biotipo de cada pessoa e prevenir o surgimento de certas doenças. Além disso, aprender as funções de digestão e absorção dos nutrientes presentes na dieta, com o intuito de acordar a escolha mais adequada de alimentação à população em estudo, conforme a sua condição socioeconômica.

A orientação nutricional é um fator importante para ajustar tanto o balanço nutricional como o planejamento dietético a serem adotados por um indivíduo ou grupo populacional para a manutenção de suas atividades cotidianas e físicas.

Nesta edição, novos capítulos foram acrescentados para promover uma compreensão melhor dos princípios e conceitos básicos que envolvem a nutrição humana, além de outro capítulo dedicado às questões de estudo.

Por fim, espero que o meu objetivo de compartilhar conhecimento atenda àqueles que se propõem a ensinar, descobrir, aprender e fazer ciência.

Prefácio à segunda edição

O conhecimento é uma arte que necessita ser cultivada, ampliada e experimentada a cada dia. A pesquisa e o ensino caminham no sentido de oferecer um amplo entendimento dos fenômenos que nos envolvem.

A linguagem simples e objetiva deste livro associada a conceitos básicos relacionados ao funcionamento do corpo humano com os alimentos permite ao aluno entender sob vários aspectos como a bioquímica, nutrição e alimentação saudável podem determinar uma vida com mais critérios de escolha.

Como na edição anterior, o principal objetivo deste livro consiste em promover a compreensão de pontos importantes para se obter uma dieta saudável, controlar a ingestão de alimentos de acordo com a necessidade e biotipo de cada pessoa, entender as funções de digestão e absorção de cada um dos nutrientes presentes nos alimentos, de modo a atender às condições socioculturais e econômicas de uma população em estudo.

A ingestão e excreção de alimentos e nutrientes compõem orientação nutricional importante para ajustar o balanço e o planejamento dietéticos a ser adotados para a realização de atividade física de um indivíduo ou mesmo para a manutenção de suas atividades cotidianas.

Nesta edição, novos capítulos foram acrescentados para melhor compreensão dos princípios e conceitos básicos que envolvem a nutrição humana, além de um capítulo dedicado a questões de estudo.

Assim, acredito que minha meta de oferecer conhecimento possa satisfazer aqueles que se exercitam em descobrir e aprender, desde o principiante até o estudante mais avançado.

Prefácio à primeira edição

Há muitos anos, no exercício de minha profissão acadêmica, sempre ensinando e aprendendo, venho sentindo falta de um livro como este. Meu interesse, ao escrevê-lo, foi o de oferecer em uma linguagem mais simples e objetiva os fenômenos que ocorrem com os alimentos em nosso corpo. Basicamente, o texto foi escrito para estudantes da área de saúde e técnicos em alimentos, apresentando informações úteis e de forma didática. Conta com exemplificação adequada, favorecendo, assim, sua plena compreensão.

O meu propósito foi auxiliar a percepção dessa máquina, chamada corpo humano, ligada aos alimentos. O objetivo é entender a alimentação em vários aspectos, como bioquímica, nutrição, alimentação saudável, entre outros.

A alimentação é parte constitucional do nosso cotidiano e, talvez por esse ensejo, nem sempre recebe os cuidados merecidos. Contudo, uma má alimentação traz graves consequências à saúde. Por isso, é imprescindível saber como controlar e adequar nossa dieta. E, para tal, é conveniente entender como os nutrientes presentes nos alimentos se ajustam às nossas necessidades.

Nos capítulos que se seguem, exponho vários pontos importantes para se obter uma alimentação saudável. Estudar a função bioquímica de cada um dos nutrientes dos alimentos, desde a ingestão até sua excreção, contribui para a escolha correta do alimento de acordo com as condições culturais, sociais e econômicas de uma dada população em estudo.

Este livro foi dividido de modo a desenvolver a compreensão dos princípios e conceitos básicos que envolvem a nutrição humana, pois cada tópico aborda o funcionamento do nosso corpo diante do alimento que compõe nossa dieta. Além disso, há dois capítulos inteiramente dedicados a assuntos interessantes. Um aborda os alimentos funcionais e o outro as fibras, embora ainda tão poucos conhecidos, mas bastante discutidos pela comunidade em geral.

Espero que meus objetivos sejam alcançados e que o livro ofereça prazer em descobrir e aprender.

Sumário

Capítulo 1

A Ciência da Nutrição

A Importância da Nutrição

Em 1785, a Marinha Inglesa sofreu uma grande baixa de seus marinheiros e oficiais durante as longas viagens no mar, em decorrência da deficiência de ácido ascórbico (vitamina C) na dieta da tripulação, provocando uma doença chamada escorbuto. Essa doença causa inflamações na gengiva, podendo levar à morte. O problema só foi encontrado quando suco de limão, rico em vitamina C, foi introduzido como parte da dieta desses soldados.

Essa foi a primeira vez que a alimentação foi considerada um instrumento de avaliação para assegurar a saúde de uma população. Mas somente em 1900 a nutrição passou a ser estudada como ciência.

A ciência da nutrição representa o estudo dos vários nutrientes que compõem um alimento e que, combinados, caracterizam a dieta, essencial para a boa saúde. Pesquisas têm demonstrado os efeitos e funções de certos nutrientes presentes naturalmente em alimentos que exercem atividade biológica de interação com a fisiologia e o metabolismo do organismo humano. A presença de compostos químicos com propriedades antioxidantes e, anti-inflamatórias nos alimentos têm despertado interesse para novas pesquisas.

A ingestão isolada de nutrientes sobre a prevenção de doenças não produz o mesmo efeito que a combinação de nutrientes e compostos que fazem parte do conjunto de alimentos consumidos. A forma e os padrões de preparo, as circunstâncias de consumo e as quantidades são também responsáveis por determinar a qualidade da dieta e sua relação com a saúde e o bem-estar.

Hoje, entretanto, a nutrição está relacionada à qualidade e à variedade dos alimentos que compõem a dieta e à atividade física praticada pelos indivíduos, a fim de garantir uma vida mais saudável, com maior longevidade e menores riscos de doenças, possibilitando maior controle de peso e adequação segura de nutrientes por indivíduo com acompanhamento especializado.

A ciência da nutrição compreende o estudo de todos os mecanismos através dos quais os seres vivos recebem e utilizam os nutrientes presentes nos alimentos, desde a sua ingestão, para suprir funções vitais do organismo, como as energéticas, as reguladoras e as construtoras, até a excreção da fração não utilizada nas fezes e na urina.

A nutrição exerce ainda papel importante na melhora de espécies vegetais, isto é, na seleção de melhores variedades que contribuem para oferecer mais adequadamente as necessidades nutricionais do homem e dos animais.

A disponibilidade regional de determinados tipos de alimentos impõe o condicionamento e o desenvolvimento de hábitos alimentares que diferenciam os padrões alimentares entre os continentes, países e regiões. Com o desenvolvimento tecnológico e o intercâmbio entre povos, essas diferenças puderam diminuir, possibilitando estabelecer novos instrumentos de medidas da qualidade de vida e bem-estar dos diferentes grupos populacionais.

Aspectos Sociais e Culturais

Por milênios, a busca por alimentos pelo homem e seus descendentes no mundo proporcionou mudanças e aperfeiçoamento das técnicas de cultivo, recursos, hábitos e padrões alimentares.

Na Idade Média, coube aos árabes a introdução de vários tipos de alimentos na Europa, como arroz, frutas, vegetais diversos, especiarias, ervas aromáticas, condimentos e cana-de-açúcar, abalando drasticamente a economia e o comércio da região.

Durante os séculos XV e XVI, o contato com outros povos em excursões realizadas por Portugal, Espanha e Veneza trouxe novos hábitos alimentares, conhecimentos e culturas diferentes.

O desejo por sabores novos e diversos nos alimentos desenvolveu o apreço pela arte de comer e beber no homem, impulsionando o aprimoramento culinário.

A partir do século XX, as descobertas técnico-científicas proporcionaram o aparecimento de produtos industrializados, o descobrimento das técnicas do processo de fermentação, o avanço na genética de plantas, a mecanização agrícola e o desenvolvimento dos processos de conservação de alimentos.

Em nossos dias, os padrões de consumo alimentar no mundo variam de acordo com o grau de desenvolvimento, com as condições socioeconômicas e políticas de produção, com as convicções religiosas, culturais e o clima de cada região.

Tanto o estilo de vida quanto os fatores culturais ou geográficos e a posição socioeconômica de uma determinada região influem na escolha e elaboração da dieta do ser humano e, portanto, no estado nutricional daquela população em estudo. Atualmente, a pressão social, a vida moderna e os meios de comunicação têm alterado de modo significativo as características da alimentação da população mundial, uma vez que muitas dessas pessoas se veem obrigadas a se alimentar fora de casa e nem sempre satisfatoriamente.

A sociedade influi diretamente no sistema social por meio das reuniões sociais e de negócios, dos esportes, dos interesses de grupos políticos ou religiosos. Os alimentos deixaram de ser um meio de sobrevivência, mas passaram a ter forte importância nas atividades de prazer e lazer, de convivência social e de manutenção da saúde, de tal forma que certos hábitos e padrões alimentares espelham o poder socioeconômico do indivíduo e são seguidos pelas camadas de populações de elevados níveis econômicos.

O estilo de vida adotado pelos indivíduos de uma população representa a adoção das crenças e descrenças, valores e atitudes específicos de cada pessoa, proporcionando o desenvolvimento de hábitos alimentares próprios. Às vezes, por motivos de tradição ou religião, esses hábitos chegam a constituir verdadeiros tabus e oferecem resistência muito grande à introdução de alimentos que confrontem com o costume local.

O homem geralmente escolhe seus alimentos muito mais pelos atributos que lhe dão prazer, como a textura, o gosto, o aroma, a aparência ou mesmo a conveniência, e raras vezes pelo valor nutricional ou funcional que esse produto oferece. Daí a necessidade de produzir alimentos cada vez mais atrativos, saborosos, práticos e econômicos, que atendam às mais variadas exigências de cada perfil de consumidor. O desenvolvimento tecnológico da indústria de alimentos acompanhado de suporte nutricional tem permitido a evolução desse interessante mercado.

A introdução contínua no mercado de grande número de produtos alimentícios com características atraentes ao consumidor exerce influência muito decisiva na mudança dos hábitos e padrões alimentares. Essa influência é marcante principalmente nas populações urbanas e de mais elevado nível de renda, nas quais o fator custo não é limitante no consumo de determinados produtos.

O custo da alimentação é outro motivo de mudança de hábitos alimentares, principalmente no consumo de carnes e de produtos novos e sofisticados que atingem somente as populações mais abastadas. O aumento do poder aquisitivo da população reflete instantaneamente na escolha dos alimentos que comporão a mesa da família.

É notório que mudanças nos padrões alimentares ocorrem ao redor do mundo envolvendo desde a substituição dos alimentos *in natura* até produtos prontos para consumo. Essas transformações têm gerado consequências graves na saúde da população, que vão da obesidade à hipertensão e até mesmo a desnutrição, devido ao consumo desequilibrado de nutrientes e calorias.

No entanto, a alimentação saudável não é simplesmente escolher o que se quer comer. São necessários critérios, educação, custo, moradia, oferta e realidade para que haja a transformação dos hábitos e padrões alimentares e assim se promova melhoria no estado nutricional e de saúde de uma população.

Como Garantir a Boa Alimentação

A boa alimentação está relacionada com a facilidade e as condições econômicas, políticas, de produção e distribuição dos produtos, desenvolvimento industrial, respeitando a particularidade cultural de cada região e população.

Relatório da Organização Mundial da Saúde, publicado em julho de 2020 pelo Ministério da Cidadania, mostrou que o Brasil continua fora do Mapa da Fome. Isso demonstra que as ações governamentais beneficiaram a população mais vulnerável, significando que menos de 2,5% da população brasileira vive em situação de subnutrição.

Várias ações foram empregadas pelo governo brasileiro, por meio do Mistério da Cidadania, para atender as pessoas em situação de vulnerabilidade, proporcionando melhor acesso à alimentação. Entre elas estão o Programa de Aquisição de Alimentos (PAA); o Programa Cisternas e o Programa de Fomento e Inclusão Produtiva Rural, contribuindo para a melhoria dos índices de segurança alimentar e nutricional. Em junho de 2020 a Lei nº 14.016, que dispõe sobre o combate ao desperdício de alimentos, conferiu autorização aos estabelecimentos da área de alimentos *in natura*, preparados e industrializados a doarem o excedente não comercializado.

Com a pandemia de Covid-19 no Brasil a partir de fevereiro de 2020, diversos setores foram afetados, gerando desestabilização econômico-social no país, com aumento do número de desempregados. Medidas foram adotadas para garantir direitos, promover o bem-estar social e diminuir os impactos sociais e econômicos da situação de excepcionalidade em que o país se encontrava.

Entre as ações adotadas estão: segurança alimentar e nutricional; assistência social e renda de cidadania; reforço financeiro para assegurar o Auxílio Emergencial; repasse às políticas de Assistência Social; garantia da compra do Programa de Aquisição de Alimentos (PAA); ampliação da cobertura do Bolsa Família; isenção na conta de luz por três meses à Famílias do CadÚnico; ajuste das medidas e orientações para a rede do Sistema Único de Assistência Social (SUAS); desenvolvimento do programa de Ação de Distribuição de Alimento (ADA) às populações em situação de vulnerabilidade socioeconômica.

No final de 2021 foi criado o Auxílio Brasil, com a finalidade de integrar as políticas públicas de assistência social, saúde, educação, emprego e renda, destinado às famílias em situação de pobreza e de extrema pobreza em todo o país.

Medidas governamentais de enriquecimento de alguns alimentos muitas vezes são necessárias com o objetivo de minimizar os efeitos da carência daqueles nutrientes responsáveis por suprir as necessidades proteicas e vitamínicas das populações mais carentes. Vários programas foram então criados para esse fim, como merenda escolar, programa de auxílio a gestantes e nutrizes, programa de alimentação alternativa, Fome Zero (por meio do Bolsa Família), Viva Leite, Bom Prato, entre outros, com o objetivo de diminuir a mortalidade infantil e a desnutrição.

A qualidade dos alimentos pode ser consideravelmente alterada se o método de preparo não for adequado, resultando na perda de seus componentes nutritivos. A cocção demasiada, as exposições prolongadas do alimento ao ar e ao calor, o armazenamento inapropriado podem causar perdas de vitaminas, oxidação e alterações irreversíveis nos constituintes dos alimentos.

Tem crescido muito o número de pessoas que se interessam pela educação nutricional e pela reeducação alimentar, e que se preocupam em oferecer e ensinar maneiras de ter uma vida saudável, com baixo risco a doenças, contribuindo, assim, para a compreensão da importância da alimentação, do estado nutricional, da saúde e do bem-estar geral do indivíduo e da população.

A má nutrição ou desnutrição está relacionada com a dieta. Ainda que os alimentos sejam suficientes em quantidade, poderão não estar devidamente equilibrados em nutrientes. Assim, pode-se ter um excesso de calorias com deficiência proteica, vitamínica e de minerais.

Uma ingestão insuficiente de substâncias energéticas ou proteicas necessárias para manter as funções orgânicas, as atividades e o desenvolvimento poderá manifestar-se de várias maneiras, segundo a idade e o estado fisiológico do indivíduo. Essas manifestações vão desde uma ligeira diminuição no desenvolvimento ou enfraquecimento, causadas por déficit vitamínico e de minerais, até alterações mais graves, como doenças nutricionais do tipo marasmo ou *kwashiorkor,* provocadas por deficiência proteica e/ou calórica.

O *kwashiorkor* é a desnutrição proteica e se caracteriza pela ingestão de dieta altamente rica em carboidrato e ausência de proteína. A doença se manifesta mais em crianças e apresenta quadro clínico de cabelos sem ondulações e grisalhos, barriga grande, edemas e lesões cutâneas, podendo ser curada com a ingestão de alimentos proteicos.

O marasmo afeta crianças e adultos mais idosos e se caracteriza por desnutrição proteico-calórica, com quadro clínico de inanição, redução de crescimento e ausência de edemas, próprio de situações de privação de alimentos proteicos e de carboidratos.

Outra doença de grande risco é a obesidade, que tem crescido muito nas últimas décadas. Ela é uma das causas de elevado número de mortes súbitas em todo o mundo, especialmente em pacientes obesos. Má alimentação, álcool, fumo, sedentarismo e estilo de vida são fatores associados ao risco cardiovascular em pessoas obesas. Melhoria dos hábitos individuais e atividade exercem grande efeito no controle dos riscos de doenças cardiovasculares, diabetes e dislipidemia.

A Dieta Desejada

Para ser considerada nutritiva, uma dieta deve possuir as cinco características descritas a seguir:

1. *Adequação:* a dieta deve fornecer o suficiente de cada nutriente essencial, fibra e energia.
2. *Equilíbrio:* a dieta deve respeitar o balanço entre todos os nutrientes.
3. *Controle calórico:* deve fornecer energia suficiente para manter o peso apropriado.
4. *Moderação:* deve ser composta de alimentos que não sejam fonte em excesso de gordura, sal e açúcar.
5. *Variedade:* a dieta deve conter alimentos diferentes a cada dia.

Órgãos especializados, ligados ao governo ou a instituições de pesquisa, estudam e determinam as quantidades recomendadas de cada nutriente, com a intenção de avaliar a qualidade da dieta e as necessidades diárias de cada indivíduo, de acordo com sua idade, sexo, atividade física, nível socioeconômico, padrões culturais e religiosos, situação geográfica, disponibilidade de alimentos e clima.

Com esse objetivo, em 1940 foi formado, nos Estados Unidos, o Comitê FND (*Food and Nutrition Board*), especializado em alimentação e nutrição com o propósito de estabelecer padrões seguros de ingestão de nutrientes.

Criaram-se, então, as RDAs (*Recommended Dietary Allowances*), que serviriam como meta para uma boa nutrição. As RDAs foram utilizadas, durante muito tempo, como padrões na formulação de dietas, na rotulagem de alimentos, na prevenção de doenças e na avaliação de ingestão dietética de grupos populacionais.

Em 1989, as RDAs passaram por revisão e um novo padrão de referência, as DRIs (*Dietary Reference Intakes*), foi desenvolvido em conjunto com o governo do Canadá para avaliação da dieta de toda a América do Norte. Essas recomendações de nutrientes são até hoje utilizadas para medir e avaliar as ingestões calóricas de dietas e nutrientes de uma pessoa, população ou grupos populacionais, estabelecendo valores para a prevenção de doenças crônicas não transmissíveis, determinando deficiências nutricionais, avaliando riscos de toxicidade e determinando limites para a ingestão de nutrientes.

As DRIs são formadas por um conjunto de quatro valores que correspondem a estimativas de ingestão de nutrientes utilizados para avaliar dietas de indivíduos saudáveis. Esses valores são assim descritos:

1. *RDA (Ingestão Dietética Recomendada):* objetivo de ingestão diária de nutrientes para quase todos os indivíduos saudáveis em determinado estágio de vida e gênero. Deriva do EAR e deve atender às necessidades de um nutriente para 97% a 98% desses indivíduos.

$$RDA = EAR + 2\ DP$$
$$DP\ (\text{desvio padrão}) = 1{,}2\ EAR$$

2. *AI (Ingestão Adequada):* valor de consumo recomendável, baseado em levantamentos, determinações e aproximações de dados experimentais de nutrientes que se considerariam adequados. Definido quando não há dados suficientes para permitir estabelecer EAR ou RDA, quando não se conhece a necessidade média diária do nutriente. Exemplo: fibra dietética, cálcio, flúor, vitaminas D e K, biotina, ácido linolênico e linoleico.
3. *UL (Níveis de Ingestão Superior Tolerável):* para nutrientes tóxicos que em doses pouco superiores ao recomendado podem se tornar nocivos. Indica o nível máximo tolerável. Quanto maior o valor, maior o risco de efeitos danosos à saúde. Exemplo: magnésio, iodo, fósforo, ferro, selênio, cálcio, vitamina C, vitamina A.
4. *EAR (Requerimentos Médios Estimados):* necessidades médias diárias de um nutriente usado para estabelecer RDA para atender 50% dos indivíduos saudáveis em um mesmo estágio de vida e gênero.

EAR e UL são categorias mais usadas para avaliar uma dieta, e RDA e AI são empregadas como meta de ingestão. Contudo, se os valores de RDA para consumo habitual estiverem acima do recomendado, há maior chance de que as necessidades nutricionais estejam atendidas.

Uma simplificação de determinação das necessidades é usar somente os valores de EAR como ponto de corte, desde que seja possível assumir que as prevalências de inadequação estejam entre 10% e 90%.

Outro padrão usado para avaliar a quantidade de nutrientes no alimento em relação às necessidades individuais é o VD % (Valor Diário, em porcentagem). O VD % permite comparar a porcentagem de cada nutriente do alimento em relação à necessidade diária daquele nutriente na dieta. Esse valor está presente em todos os rótulos de alimentos e é calculado com base em uma dieta média de 2.000 kcal/dia.

Todos os valores recomendados são baseados em evidências e indicam necessidades mínimas de ingestão ótima e segura para que haja concentrações adequadas de nutrientes no sangue, crescimento normal e redução de riscos de certas doenças crônicas e distúrbios alimentares.

Mesmo assim, as DRIs não atingem as necessidades de todos os nutrientes para todos os indivíduos e não podem ser usadas para restauração da saúde, pois sob essas condições as pessoas necessitam de ingestão maior de certos nutrientes, com restrição de outros.

Portanto, os problemas gerais de alimentação e estado nutricional das populações só poderão ser convenientemente estudados e solucionados pelo esforço conjugado de equipes trabalhando nas diversas áreas do conhecimento humano com o objetivo de proporcionar o bem-estar de uma população.

Como Planejar a Dieta

Com a intenção de facilitar o gerenciamento da dieta por todo indivíduo, no início da década de 1990 o Departamento de Agricultura dos Estados Unidos, após várias pesquisas, desenvolveu e publicou a Pirâmide dos Alimentos. Observaram que o desenvolvimento de uma pirâmide alimentar auxiliaria de forma correta o ser humano a se alimentar, promovendo uma vida mais saudável. A pirâmide alimentar apenas sugere quantos e quais alimentos devem ser consumidos todos os dias. Não é uma prescrição rígida, mas um guia geral para o indivíduo se basear a fim de obter uma dieta saudável.

Como a pirâmide alimentar descrita para a população americana não representa a realidade brasileira, um novo guia, observando os hábitos da nossa população, foi proposto. A Pirâmide Alimentar Adaptada (Philippi, 1999) (Fig. 1.1) foi desenvolvida de acordo com a distribuição e a disponibilidade dos alimentos mais característicos dos hábitos brasileiros.

A distribuição dos alimentos na Pirâmide obedeceu à proporção geral dos nutrientes na dieta proposta pela OMS (Organização Mundial de Saúde) em 1990, de acordo com a atividade física desenvolvida por indivíduo (Tabela 1.1).

Fig. 1.1 – *Pirâmide alimentar adaptada.*

Tabela 1.1
Proporção dos Nutrientes na Dieta*

Dieta (kcal)	***Proteína***	***Carboidrato***	***Lipídeo***	***Indicação***
Limites (%)	***10 a 15***	***50 a 60***	***20 a 30***	
1.600	15	61	23	Mulheres sedentárias Idosos
2.200	14	58	27	Adolescente-feminino/ mulheres com atividade intensa Homens sedentários
2.800	15	60	25	Adolescente-masculino/ homens com atividade intensa

* OMS/1990

A quantidade de energia recomendada para cada indivíduo depende de vários fatores, como: sexo, idade, peso, altura e atividade física. Assim, a dieta de 1.600 kcal é calculada para mulheres com atividade física sedentária e adultos idosos; a de 2.200 kcal pode ser aplicada para mulheres com atividade física intensa, crianças e adolescentes do sexo feminino e homens com atividade física sedentária; a de 2.800 kcal é recomendada para homens com atividade física intensa e adolescentes do sexo masculino.

Além da necessidade do controle alimentar para o balanceamento da dieta, é importante que cada indivíduo tenha como hábito frequente a prática de atividade física monitorada, contribuindo, assim, para o seu bem-estar e também para uma vida saudável, com menores riscos de doenças.

Também foram fixados limites para ingestão média de sal e fibras, de modo a contribuir com o bem-estar pessoal e baixo risco a doenças (Tabela 1.2).

Tabela 1.2
Limites para Ingestão Média da População*

Nutriente	***Limite máximo (g/dia)***
Fibra dietética	27 a 40
Sal	≤ 6

* OMS/1990

A pirâmide alimentar é composta por quatro níveis, subdivididos em grupos que representam as classes dos alimentos, que foram quantificados em porções de consumo diário, utilizando medidas caseiras, para facilitar sua compreensão e utilização. As porções equivalentes na pirâmide mostram exemplos de alimentos que correspondem a uma porção de cada grupo. São eles:

- *A base:* fornece a energia.
  - Pães, cereais, tubérculos, raízes e massa = ingerir de 5 a 9 porções por dia (150 kcal/porção = 1 pão francês de 50 g ou 8 biscoitos maizena)
- *2º nível:* fornece minerais, vitaminas e fibras.
  - Hortaliças = ingerir 4 a 5 porções por dia (15 kcal/porção = 4,5 colheres de sopa de brócolis (60 g); 6 folhas de alface ou 4 fatias de tomate)
  - Frutas = ingerir 3 a 5 porções por dia (35 kcal/porção = 1 fatia de mamão formosa (110 g); 2 bananas ou 1 maçã)
- *3º nível:* fornece as proteínas, cálcio, ferro e zinco.
  - Leite e derivados = ingerir 3 porções por dia (120 kcal/porção = 1 pote de iogurte de frutas (140 g); 1 xícara de leite ou 1 fatia de queijo)

- Carnes e ovos = ingerir 1 a 2 porções por dia (190 kcal/porção = 1 unidade de bife grelhado (64 g) ou 1 ovo cozido)
- Leguminosas = ingerir 1 porção por dia (55 kcal/porção = 1 concha de feijão cozido com 50% caldo (86 g) ou 2 colheres de sopa de lentilha)

• *O topo:* fornece apenas calorias.

- Gorduras e óleos = ingerir 1 a 2 porções por dia (73 kcal/porção = 1 colher de sopa de óleo de girassol (8 g); 1 colher de sobremesa de azeite ou 1 colher de sobremesa de manteiga ou margarina)
- Açúcares e doces = ingerir 1 a 2 porções por dia (110 kcal/porção = 1 colher de sopa de açúcar refinado (28 g); 1 *cookie* ou 3 colheres de sobremesa de mel).

Como Medir os Alimentos da Dieta

As porções de alimentos usadas para medida dos grupos alimentares da pirâmide podem ser encontradas em uma resolução da ANVISA (RDC 359, de 23 de dezembro de 2003). Assim, define-se:

- *Porção:* é a quantidade média do alimento que deveria ser consumida por pessoas sadias, maiores de 36 meses de idade, em cada ocasião de consumo, com a finalidade de promover uma alimentação saudável.
- *Medida caseira:* é um utensílio utilizado pelo consumidor para medir alimentos.
- *Unidade:* cada um dos produtos alimentícios iguais ou similares contidos em uma mesma embalagem.
- *Fração:* parte de um todo.
- *Fatia ou rodela:* fração de espessura uniforme que se obtém de um alimento.
- *Prato preparado semipronto ou pronto:* alimento preparado, cozido ou pré-cozido que não requer adição de ingredientes para seu consumo.

As medidas caseiras, estabelecidas pela RDC 359/03 da ANVISA, foram detalhadas de acordo com os utensílios geralmente utilizados e sua relação com as porções correspondentes, assim como suas capacidades, em gramas ou mililitros (Tabela 1.3).

Tabela 1.3
Medidas Caseiras de Utensílios Domésticos

Utensílio	*Capacidade*	*Utensílio*	*Capacidade*
Colher de sopa	10 a 20 g ou mL	Xícara de café	50 g ou mL
Colher de sobremesa	10 a 15 g ou mL	Copo	200 g ou mL
Colher de café/ chá	5 g ou mL	Concha	90 a 100 g ou mL
Colher de servir	60 a 80 g ou mL	Escumadeira	60 a 100 g ou mL
Xícara de chá	150 a 200 g ou mL	Prato raso	22 cm de diâmetro

Na Tabela 1.4, apresentamos alguns exemplos de porções de alimentos distribuídos nos grupos alimentares da pirâmide para uma dieta de 2.000 kcal. Uma porção de alimento de cada grupo corresponde a:

Tabela 1.4
Exemplos de Porções por Grupo de Alimentos, em Medidas Caseiras

Grupos de alimentos	*kcal*	*Exemplos de alimentos*
Cereais, pães, Tubérculos e raízes	150	• 1 fatia de pão de forma ou 1 pão francês (50 g); • 30 g cereal pronto para comer; • ½ copo de cereal, arroz ou pasta.
Verduras e hortaliças	15	• ½ copo de batata; • folhas de alface; • ½ copo de verduras cozidas; • ¾ copo suco de verdura.
Leguminosas	55	• ½ xícara de chá de leguminosas secas.
Frutas	35	• 1 maçã, 2 bananas, laranja; • ¾ copo de suco de fruta; • ½ copo de fruta cortada, cozida ou enlatada.
Leite e derivados	120	• 1 copo de leite ou iogurte; • 30 g queijo fresco ou ricota; • 60 g queijo processado.
Carne e ovos	190	• 64 g carne, ave ou pescado, cozidos; • 60 g mortadela; • 1 ovo cozido.
Óleos e gorduras	73	• 1 colher de sobremesa de margarina ou 1 colher de sopa de óleo vegetal.
Açúcares e doces	110	• 1 colher de sopa de açúcar refinado (28 g); • 2 ½ colheres de sopa de mel (37,5 g).

Capítulo 2

O Que São Nutrientes dos Alimentos?

Conceitos Importantes

Os alimentos são materiais que ingerimos, tais como: frutas, verduras, carnes, legumes, cereais, leite, ovos e seus derivados. Fornecem nutrientes e energia, além de transmitirem satisfação emocional, estímulos hormonais e convívio social que contribuem para a saúde e o bem-estar pessoal.

Os nutrientes são substâncias presentes nos alimentos de que nosso corpo precisa para obter energia e material necessário para a manutenção e a síntese dos novos tecidos do organismo, ou, ainda, apresentar propriedades funcionais, oferecendo impacto sobre a saúde, *performance* física ou mental do indivíduo. Esses nutrientes são proteínas, carboidratos, lipídeos, vitaminas, sais minerais, água e fibras, além das substâncias, como pigmentos, fitoquímicos, antióxidantes, oligossacarídios, relacionadas com a propriedade do "prevenir" ou "proteger contra" moléstias.

Os únicos nutrientes capazes de fornecer energia ao homem são os carboidratos, os lipídeos e as proteínas. Por isso são chamados de nutrientes energéticos. Os carboidratos e os lipídeos são essencialmente energéticos, enquanto as proteínas desempenham papel mais importante na síntese de novos tecidos, sendo conhecidas como elementos construtores.

O alimento é a única fonte saudável de nutrientes para a manutenção da vida. Por isso é recomendado que nossa dieta seja balanceada para repor esses nutrientes que formam nossa massa corporal. A composição corporal média de pessoas adultas sadias é mostrada na Tabela 2.1.

Tabela 2.1 Composição Centesimal do Organismo Humano		
Nutriente	***Quantidade***	***%***
Água	Homem	57 a 65
	Mulher	46 a 53
	Média	***65***
Carboidrato		3
Proteína		12 a 15
Lipídeo		15 a 25
Minerais e vitaminas		4

A quantidade e a disponibilidade de nutrientes nos alimentos determina seu valor nutricional. A WHO/OMS (*World Healthy Organization*/Organização Mundial de Saúde) recomenda uma quantidade média diária de cada nutriente para suprir as necessidades de pessoas sadias. Os valores diários estabelecidos por quilo de peso corporal para cada nutriente são: 0,8 g de proteína; 4 a 6 g de carboidrato; 1 a 2 g de lipídeo.

Funções Específicas dos Nutrientes

A água é o nutriente absolutamente essencial, participando de 60% a 65% do corpo humano. Suas funções compreendem a manutenção da temperatura corporal e a participação como reagente e solvente das reações que ocorrem dentro do organismo. Está presente nos alimentos que suprem grande parte da nossa necessidade diária.

Os sais minerais podem ter função estrutural ou reguladora no organismo. Dentre eles, pode-se citar os exemplos:

- *Cálcio:* participa da formação dos ossos e dentes.
- *Ferro:* participa da formação da hemoglobina, cuja função é a de transporte de oxigênio dos pulmões até as células.
- *Iodo:* regula as funções da glândula endócrina da tireoide. A carência de iodo na alimentação provoca o hipotireoidismo, cujos sintomas são: organismo lento, batimento cardíaco lento, diminuição do número de inspirações por minuto, temperatura corporal mais baixa, grande ganho de peso, sonolência, cabelo quebradiço, pele seca, calafrios, intestino preso e crescimento da glândula tireoide (bócio).

Já o hipertireoidismo é consequência da produção aumentada de tiroxina, resultando em diminuição do hormônio tireoidiano, cujas causas são: aceleração do metabolismo basal, aceleramento do coração, aumento da temperatura corporal, grande perda de peso, taquicardia, ansiedade, irritabilidade, tremores nas mãos, agitação, calor e suor excessivos e intestino solto. O aumento do tamanho da glândula é também chamado de bócio.

O aumento da quantidade de fibras na dieta diminui a energia fornecida pelos alimentos porque as fibras reduzem o tempo de absorção no intestino, pois aceleram o trânsito do alimento através dele. As principais fontes de fibras são os cereais integrais, farelos de trigo e aveia, frutas e verduras.

As fontes desses nutrientes nos alimentos são variadas. Os tecidos vegetais são ricos em carboidratos, lipídeos, vitaminas e sais minerais. Isto é, os cereais e as leguminosas são ricos em carboidratos e lipídeos, enquanto hortaliças e frutas são fontes de vitaminas e sais minerais. Os tecidos animais são ricos em proteínas.

Energia dos Alimentos

Uma das maneiras de avaliar a qualidade da dieta é por meio do cálculo do valor energético dos alimentos, medido em calorias ou joules. Quanto maior energia, isto é, caloria tiver o alimento, maior será a quantidade de energia que ele poderá fornecer ao organismo.

Por definição, quilocaloria (kcal) é a quantidade de calor necessário para elevar em 1 °C a temperatura de 1 kg de água de 15 °C para 16 °C. Por exemplo, o valor de 750 kcal representa a energia necessária para elevar a temperatura de 750 litros de água em 1 °C.

O calorímetro (Fig. 2.1) é um aparelho usado para medir a quantidade de calorias fornecida por uma matéria ao se queimar. Assim, pode-se avaliar a energia total ou bruta de um alimento, isto é, quantas calorias ele poderia nos fornecer caso conseguíssemos utilizar toda a energia contida no alimento. Define-se energia bruta de um alimento ou nutriente como a energia liberada pela queima total do alimento ou nutriente em um calorímetro.

Se um alimento fornece 300 kcal, isso significa que a energia produzida pelas ligações químicas dos nutrientes que compõem esse alimento seria suficiente para elevar a temperatura de 300 litros de água em 1 °C. Então, o calor de combustão será o calor gerado pela queima total desse alimento.

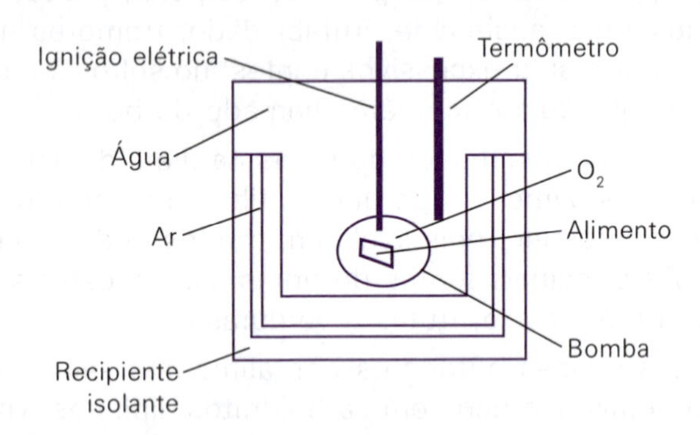

Fig. 2.1 – *Bomba calorimétrica.*

Assim, ao se colocar 1 g de cada nutriente no calorímetro obtêm-se os seguintes valores de energia bruta para cada um dos nutrientes (Tabela 2.2).

Tabela 2.2
Energia Bruta Fornecida pelos Nutrientes dos Alimentos no Calorímetro

Nutriente	***Energia bruta (kcal/g)***
Lipídeo	9,4
Carboidrato	4,15
Proteína	5,65

A maior quantidade de energia fornecida pelas gorduras é devida à maior proporção hidrogênio:oxigênio dos ácidos graxos em relação aos carboidratos. A relação entre hidrogênio e oxigênio é sempre maior que 2:1 nos lipídeos. Então, há mais hidrogênio que pode ser clivado e oxidado para gerar energia.

Observando-se a Tabela 2.2, seria esperado que, ao ingerirmos 1 g de carboidrato, de lipídeo ou de proteína, pudéssemos obter 4,15 kcal, 9,40 kcal e 5,65 kcal, respectivamente.

Entretanto, o calor de combustão, determinado por calorimetria direta, não é exatamente o mesmo quando comparado ao valor energético do alimento obtido pelo organismo.

No caso da proteína, o organismo não consegue queimar totalmente a quantidade ingerida. Isso é explicado pela presença de aproximadamente 16% de nitrogênio na estrutura proteica. No organismo, o nitrogênio, por meio de combinação com o hidrogênio, é eliminado pela urina como ureia. A eliminação de hidrogênio dessa forma representa uma perda de aproximadamente 17% da energia da proteína obtida no calorímetro.

Assim, a energia metabolizável das proteínas é de aproximadamente 4 kcal/g, valor esse obtido pelo cálculo: 5,65 − 16% = 4,746 kcal − 17% ≅ 4 kcal.

Define-se energia metabolizável dos alimentos e nutrientes como a energia contida nesse alimento ou nutriente que o organismo consegue metabolizar, ou seja, utilizar.

A distribuição ou aproveitamento da energia dos alimentos pelo organismo pode ser visto na Fig. 2.2.

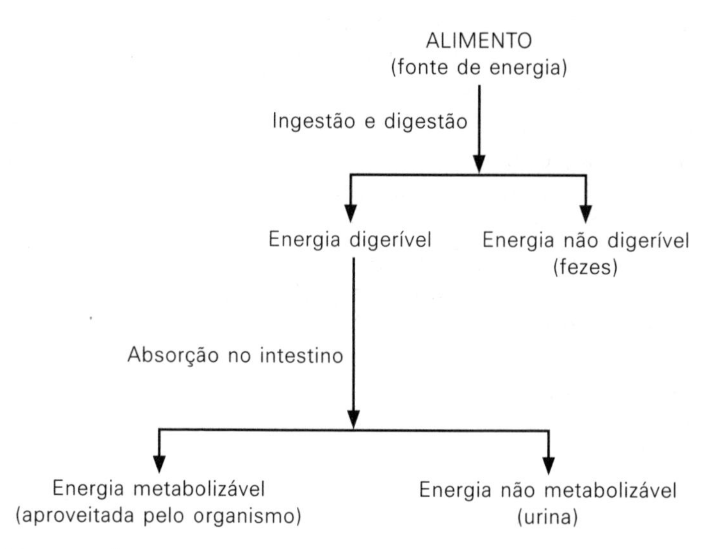

Fig. 2.2 – *Distribuição da energia no organismo.*

Um fator a ser levado em conta ao determinar o rendimento calórico final dos nutrientes é a eficiência do processo digestivo. O coeficiente de digestibilidade se refere à proporção de alimento ingerido realmente digerida e absorvida e que atende às necessidades metabólicas do organismo. O restante, não absorvido, é eliminado pelo trato intestinal. Os porcentuais relativos de cada nutriente alimentar digerido e absorvido completamente são:

97% para os carboidratos, 95% para as gorduras e 92% para as proteínas (Tabela 2.3).

Tabela 2.3
Distribuição da Energia e Coeficiente de Digestibilidade por Nutrientes dos Alimentos

Nutriente	*Energia bruta (kcal/g)*	*Coeficiente de digestibilidade (%)*	*Energia metabolizável (kcal/g)*
Lipídeo	9,4	95	9
Carboidrato	4,15	97	4
Proteína	5,65	92	4

O Que É Balanço Orgânico

O balanço orgânico entre os processos de assimilação e desassimilação, isto é, entre o que é absorvido e o que é eliminado pela célula, recebe o nome de metabolismo.

As reações metabólicas compreendem as reações anabólicas, ou anabolismo, que incluem os processos de síntese; e as reações catabólicas, ou catabolismo, que envolvem processos de degradação de moléculas.

As reações metabólicas asseguram o crescimento, a maturação e a duplicação celular. Durante o período de crescimento rápido, o anabolismo é predominante. Na fase adulta, as reações ocorrem mais no sentido de manutenção das atividades básicas das células existentes. Isso significa que cada nutriente em excesso nas reações metabólicas será eliminado ou armazenado como tecido adiposo.

A deficiência ou carência de qualquer nutriente resultará em diminuição do crescimento ou desenvolvimento de certas doenças.

Capítulo 3

Distribuição dos Caminhos Metabólicos

Algumas reações metabólicas acontecem no citoplasma da célula e outras na mitocôndria.

Todos os animais e plantas possuem mitocôndria, com exceção dos glóbulos vermelhos maduros. As mitocôndrias são organelas com forma alongada e estreita rodeada por uma dupla camada de membranas, a interna e a externa, separadas por um espaço intermediário. A membrana externa da mitocôndria é composta de 50% proteínas e 50% lipídeos, o que a torna permeável a certas moléculas. Já a membrana interna é uma das mais impermeáveis barreiras da célula, composta por 80% proteínas e 20% lipídeos, sendo permeável somente a oxigênio e água. Para atravessar essa membrana, algumas moléculas necessitam de carregadores.

Todas as membranas celulares possuem a mesma estrutura básica. Elas consistem numa camada dupla lipídica de aproximadamente 5 nm de espessura, na qual as proteínas estão envolvidas. Algumas membranas apresentam carboidratos ligados a lipídeos e proteínas. A relativa proporção de lipídeos, proteínas e carboidratos é intrínseca a cada tipo de membrana, dependendo do tipo de membrana.

Três classes de lipídeos podem ser encontradas nas membranas: fosfolipídeos, colesterol e glicolipídeos. Entre os fosfolipídeos encontram-se: fosfatidilcolina (lecitina), fosfatidilserina, fosfatidiletanolamina, fosfatidilinositol e esfingomielina. Os glicoliídeos possuem um carboidrato ligado ao lipídeo. A membrana lipídica tem uma cabeça hidrofílica (polar) e uma cauda hidrofóbica (não polar).

Algumas membranas proteicas estão muito próximas da camada lipídica (transmembrana), enquanto outras estão fracamente associadas com a superfície lipídica (periférica). A membrana periférica necessita de um lipídeo para inseri-la na membrana principal. Já a transmembrana contém de 21 a 25 aminoácidos hidrofóbicos na região peptídica para atravessar a camada lipídica.

Do lado externo da membrana há carboidratos ligados covalentemente com proteínas e lipídeos: glicolipídeos e glicoproteínas.

Entre as duas camadas lipídicas há um fluido que permite que alguns lipídeos entrem e saiam da célula facilmente. Algumas proteínas transportadoras são utilizadas para o movimento de fosfolipídeos de um lado para outro da membrana. O colesterol é capaz de atravessar a membrana sem transportador.

As membranas e seus constituintes têm as seguintes funções:

1. Delimitar e encapsular a célula, protegendo-a do meio ambiente.
2. Regular e selecionar o transporte de íons e metabólitos, mantendo-os em concentração constante dentro da célula.
3. Receber e enviar sinais para dentro da célula.
4. Promover reações enzimáticas de catálise que incluem as reações do metabolismo energético, isto é, fosforilação oxidativa e fotossíntese.
5. Comunicação com a matriz extracelular e interação com outras células com o propósito de síntese celular.
6. Manter a forma celular e permitir seu movimento.

A proporção relativa de cada um dos nutrientes na membrana é particular de cada tecido ou célula. As células nervosas apresentam porcentagem de lipídeos muito maior que a de proteínas. O plasma sanguíneo tem proporção de lipídeos e proteínas quase equivalente. Já a membrana do fígado é composta por porcentagem ligeiramente maior de proteínas que de lipídeos.

As enzimas para catalisar as reações de vários metabólitos estão localizadas nos diversos compartimentos da célula. Por exemplo, as enzimas envolvidas na síntese de ácidos graxos, a via das pentoses e a glicólise se encontram no citoplasma. Por outro lado, as enzimas que participam das reações de aproveitamento de energia pela célula, como ciclo de Krebs, β-oxidação e cadeia respiratória, estão localizadas na mitocôndria, chamada de matriz energética da célula.

As Enzimas

Enzimas são catalisadores biológicos cuja função é acelerar as reações químicas. A ordem e a progressão das vias metabólicas só acontecem porque um conjunto de enzimas está atuando de acordo com sua especificidade em relação ao substrato.

A atividade de uma enzima é a medida da sua ação catalítica, obtida pela determinação do aumento da taxa de reação sob condição definida e expressa como a mudança da concentração do substrato por unidade de tempo ou pela quantidade de enzima que promove o *turnover* por minuto.

A especificidade das enzimas está relacionada com o tipo de ligação e dos grupos ligados ao substrato. As enzimas digestivas possuem baixa especificidade para proporcionar aumento da digestibilidade dos alimentos.

As enzimas são nomeadas de acordo com o substrato que catalisam seguido do sufixo *ase*. Mas outras recebem nomes que não identificam seus substratos. Então, por convenção internacional, as enzimas foram classificadas e nomeadas de acordo com o tipo de reação catalisada. Quando o nome sistemático da enzima é longo ou confuso, um nome comum é adotado e a enzima é conhecida como hexoquinase.

São conhecidas aproximadamente 2 mil enzimas, cuja classificação foi elaborada de acordo com a sua especificidade e também do substrato. De acordo com esses critérios, as enzimas foram dispostas em seis grandes classes:

- *Classe 1 – Oxidorredutases:* catalisam a transferência de equivalentes de redução de um sistema redox para outro.
- *Classe 2 – Transferases:* catalisam a transferência de um grupo funcional de um substrato para outro.
- *Classe 3 – Hidrolases:* estão envolvidas na transferência de grupo, mas o aceptor é sempre uma molécula de água.
- *Classe 4 – Liases ou Sintases:* catalisam reações que envolvem a remoção ou formação de uma ligação dupla.
- *Classe 5 – Isomerases:* movem grupos dentro da molécula do substrato sem modificar a sua estrutura original formando moléculas isoméricas.
- *Classe 6 – Ligases ou Sintetases:* catalisam reações de ligações dependentes de energia. Essas reações estão sempre acopladas

à hidrólise de nucleotídeos trifosfatos (ATP). Envolvidas nas formações das ligações C-C, C-S, C-O, C-N.

Várias enzimas necessitam para sua atividade de um componente químico adicional chamado cofator. O cofator pode ser um íon inorgânico, como Fe^{2+}, Fe^{3+}, Cu^{2+}, Mg^{2+}, Mn^{2+}, Zn^{2+}, K^{+}, Ni^{2+}, Se, Mo ou pode ser uma molécula orgânica complexa chamada coenzima, frequentemente derivada de vitaminas, como tiamina (vitamina B1), riboflavina (vitamina B2), niacina (vitamina B3), biotina, ácido pantotênico, ácido fólico. Outras enzimas requerem ambos, isto é, uma coenzima e um ou mais íons metálicos para sua atividade enzimática.

Em algumas enzimas, a coenzima ou o íon estão fraca e transitoriamente associados à proteína. Mas em outras estão forte e permanentemente ligados, e nesses casos são chamados de grupo prostético, por exemplo, a biotina das carboxilases.

Uma enzima completa e cataliticamente ativa, juntamente com sua coenzima ou metal, é chamada de holoenzima. Coenzimas e íons metálicos são estáveis no aquecimento, enquanto a porção proteica de uma enzima, chamada de apoenzima, é desnaturada pelo calor. A apoenzima não mostra atividade biológica.

Algumas enzimas podem ainda ser usadas como importantes indicadores no diagnóstico de doenças. É comum o uso da medida do nível de atividade enzimática em várias condições patológicas. Geralmente a atividade enzimática aumenta durante o desenvolvimento da doença. No caso de hepatite viral, a taxa de atividade da transaminase sérica aumenta consideravelmente antes do aparecimento da icterícia. A atividade da creatinaquinase é um indicador nos casos de infarto do miocárdio. O acúmulo de gordura no fígado em pessoas que trabalham com substâncias nocivas pode ser detectado pelo aumento do aspartame e da alaninatransaminase.

A medida da quantidade de enzima no sangue pode ser afetada pela presença de ativadores ou inibidores de sua ação. A formação de produtos dá uma indicação da atividade da enzima, mas não necessariamente a quantifica. Métodos complementares são geralmente utilizados para diagnósticos suspeitos.

A velocidade de reação é dependente das alterações na concentração do substrato, temperatura e pH ou também da presença de um inibidor. Em determinadas condições a reação enzimática pode ser inibida ou acelerada, reversível ou irreversivelmente. A regulação da velocidade das reações na célula dos organismos vivos é essencial para o controle dos processos metabólicos.

Compostos Importantes do Metabolismo

1. *Fosfatidilserina:* é um fosfoglicerídeo (ou glicerofosfolipídeo) formado a partir da esterificação de um ácido fosfatídico e um composto contendo um álcool e serina. É de natureza ampifática, isto é, apresenta uma cabeça hidrofílica formada pelo grupo fosfato, que se estende para fora da membrana. A parte hidrofóbica está associada a grupos não polares da membrana, como glicolipídeos, proteínas e colesterol. Faz parte da estrutura interna da membrana celular. É precursora da "síntese de novo" da fosfatidilcolina, cuja principal função é ser o componente do surfactante pulmonar. A deficiência de surfactante provoca colapso alveolar, causando a morte em % dos neonatais em países ocidentais ou adultos pelo afeito adverso de drogas imunossupressoras ou quimioterapêuticas. A serina é um aminoácido glicogênico que entra no ciclo de Krebs como piruvato para gerar energia. É precursora da glicina por meio da reação catalisada enzima serina hidroximetiltransferase.
2. *Glicina:* é o mais simples dos aminoácidos, sendo o constituinte do colágeno (35%) e dos tecidos conectivos (tendões, ligamentos e cartilagens). Constitui o invólucro dos vasos sanguíneos, forma uma das camadas estruturais da pele, está presente nas substâncias extracelulares e favorece as ligações celulares dos tecidos. É um aminoácido importante em pacientes diabéticos porque pode ser convertido em glicose em taxa maior que em indivíduos normais, mas tem como consequência a maior eliminação de NH^{3+} nesses pacientes. A glicina também é utilizada para a síntese de porfirina do núcleo da hemoglobina, citocromos e clorofila, constituinte dos sais biliares (ácido glicólico). Participa da síntese de creatina-fosfato juntamente com outros dois aminoácidos, arginina e metionina. Nos casos de esquisofrenia atua como inibidor de neurotransmissor.
3. *Cisteína:* é um aminoácido sulfurado, polar, neutro, formado a partir do esqueleto carbônico da serina e de grupo "S" doado pela metionina. Duas cisteínas se ligam (ligação S-S) para formar cistina, encontrada em proteínas secretadas em fluidos extracelulares. A cistina faz parte da estrutura de insulina, imunoglobulinas e anticorpos. A cisteína entra no ciclo de Krebs via piruvato para formar acetil CoA. A cistina é encontrada na lactoalbumina, principal proteína do leite

humano e importante na alimentação de prematuros. Em crianças prematuras, a digestão da lactoalbumina é mais fácil, pois, como apresentam maior deficiência enzimática, esses bebês são menos capazes de catabolizar a caseína. A lactoalbumina forma coágulos leves e floculantes no estômago do bebê. As lactoalbuminas contêm mais cistina e menos metionina que a caseína e, por isso, são mais adequadas para crianças imaturas durante as primeiras semanas, já que elas apresentam deficiência da enzima cistationase (que converte metionina em cistina).

4. *Glutamina:* é um aminoácido neutro, glicogênico, isto é, entra no ciclo de Krebs via α-cetoglutarato, dispensável em condições normais e sintetizado por vários tecidos orgânicos. É o aminoácido mais abundante no sangue e faz parte do *pool* de aminoácidos livres e intracelulares (70% a 80%). A concentração de glutamina no músculo esquelético é 30 vezes maior que a observada no sangue. É uma fonte energética importante para os macrófagos, linfócitos e demais células do sistema imunológico. Os macrófagos e linfócitos a utilizam de forma semelhante à utilização da glicose. A glutamina é considerada essencial em condições de hipercatabolismo associadas a grandes cirurgias, queimaduras extensas, sepse e inflamações, em que existe balanço nitrogenado negativo e elevação das taxas de degradação muscular. A glutamina é fonte de energia importante para os enterócitos e para a integridade e a função da mucosa intestinal. Esse aminoácido faz parte da terapia nutricional das patologias intestinais com o objetivo de preservar estruturalmente a mucosa das paredes do aparelho digestivo. É regulador da síntese proteica e da ureia, transporta a amônia da periferia para os órgãos viscerais. É considerado também precursor da biossíntese de ácidos nucleicos. O epitélio intestinal de pessoas que apresentam a doença "espru celíaco" não tolera a glutamina do glúten, que age como citotoxina. Isso interfere na maturação normal do epitélio e, assim, provoca danos na mucosa e causa alterações patológicas. A glutamina é um composto atóxico que passa livremente pela membrana celular carregando grupo amino ao cérebro, rins e fígado, sendo desaminada no fígado pela glutaminase; o NH^{3+} é convertido em ureia e eliminado na urina. É importante no ciclo glicose-alanina como carreador de NH^{3+} do músculo esquelético para o fígado. Por isso,

sua concentração no plasma sanguíneo é muito maior que a de outros aminoácidos. Outra função é servir como precursor de nitrogênio em purinas, pirimidinas e NAD. Um desequilíbrio da reação de glutamatodesidrogenase esgota o α-cetoglutarato, resultando em diminuição da oxidação celular e produção de ATP. Como o cérebro é vulnerável à hiperamonemia, porque depende do ciclo de Krebs para manter sua velocidade elevada e a produção de energia, a alta concentração de NH^{3+} provoca tremores, borramento de visão, fala arrastada, coma e até morte.

$$\alpha\text{-cetoglutarato} + NADPH + NH^{3+} + H^{+} \rightarrow \text{glutamato} + NADP^{+}$$

Em condições acidóticas sua ação é a de regular o pH do sangue. Participa ainda da aminação da xantinamonofosfato para formar guanosinamonifosfato. Pode ter função antimetabólica (glutamina antagonista) porque inativa a enzima envolvida na utilização da glutamina e reduz o suprimento de DNA disponível para as células cancerígenas. As fontes alimentares disponíveis estão nas carnes, ovos, derivados do leite e soja.

Capítulo 4

Carboidratos

Os carboidratos constituem a principal fonte de energia para o homem na maior parte das regiões do mundo. Nas regiões menos desenvolvidas predomina o consumo de amido como alimento, enquanto nos países mais industrializados há maior consumo de açúcar.

Os carboidratos têm função de reserva de energia, como o amido e o glicogênio; ou estrutural, como a celulose; ou de fonte de energia, como a glicose. São encontrados nas folhas, galhos, raízes ou sementes das plantas. Por exemplo, no arroz, no trigo e na batata, o carboidrato presente é o amido, e em outros alimentos, como maçãs, laranjas e uvas, está presente o açúcar.

Os carboidratos compreendem um grupo grande de compostos, todos eles contendo os elementos químicos carbono, hidrogênio e oxigênio, podendo ainda existir em sua estrutura elementos como o enxofre, o fósforo e o nitrogênio. Sua representação química é $(CH_2O)n$.

Por definição, são poli-hidroxialdeídos (–OHC–HC=O) ou poli-hidroxicetonas (–HOHC–HC=O–HCOH), podendo variar em complexidade desde três átomos de carbono na molécula (triose) até polímeros de peso molecular elevado. Os carboidratos dividem-se em três grupos principais: monossacarídeos, oligossacarídeos e polissacarídeos.

Classificação dos Carboidratos

Monossacarídeos

Atualmente são conhecidos cerca de 70 monossacarídeos, sendo 20 deles naturais e o restante, sintético. Dentre os naturais, os mais importantes são a glicose, a frutose, a galactose e a manose.

Os monossacarídeos são classificados, de acordo com o número de átomos de carbono na molécula, em trioses (3 carbonos); tetroses (4 carbonos); pentoses (5 carbonos); hexoses (6 carbonos) e heptoses (7 carbonos), estes em menor incidência na natureza.

Os monossacarídeos são açúcares simples que não podem ser hidrolisados a unidades menores em condições razoavelmente suaves.

A glicose está amplamente distribuída na natureza, aparecendo nas frutas, nos vegetais e no mel. Constitui o produto final da digestão da maltose, do amido, da dextrina e é um dos produtos finais da digestão de sacarose e lactose.

A glicose é o carboidrato existente no sangue, sendo uma fonte imediata de energia para as células e tecidos corporais. O nível médio normal de glicose no homem é de 85 a 90 mg por 100 mL (ou 80 mg%) de plasma sanguíneo.

A frutose é o mais doce de todos os açúcares e é encontrada no mel e nas frutas. É um dos produtos finais da digestão da sacarose. No corpo humano, a frutose deve ser convertida em glicose para ser utilizada como fonte energética.

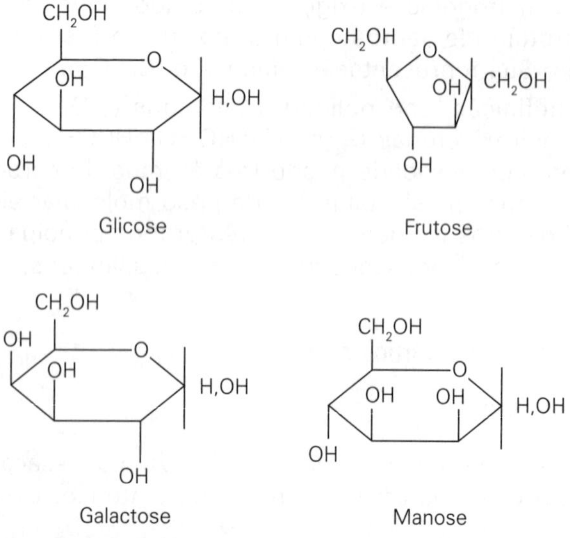

Glicose

Frutose

Galactose

Manose

Fig. 4.1 – *Estrutura dos principais monossacarídeos.*

A galactose não ocorre sob forma livre na natureza. Apresenta-se em combinação com a glicose na molécula de lactose, em certos lipídeos complexos e em algumas proteínas. A galactose é o açúcar do sistema nervoso, utilizada para a síntese de galactolipídeos e cerebrosídeos.

Galactosemia é a doença provocada pela não conversão da galactose em glicose no organismo, por falta de enzima específica. A galactose é, então, depositada no fígado, tecido nervoso e olho, podendo causar retardo mental, catarata ou, ainda, ocorrência de nanismo. Essa doença é evitada diminuindo-se a ingestão de leite.

Oligossacarídeos

São carboidratos que, mediante hidrólise, produzem de 2 a 20 moléculas de monossacarídeos. Entre eles há a maltose, a sacarose, a lactose, a rafinose (formada por duas moléculas de glicose e uma de frutose) e a estaquiose (formada por duas moléculas de galactose, uma de glicose e uma de frutose) (Figura 4.2).

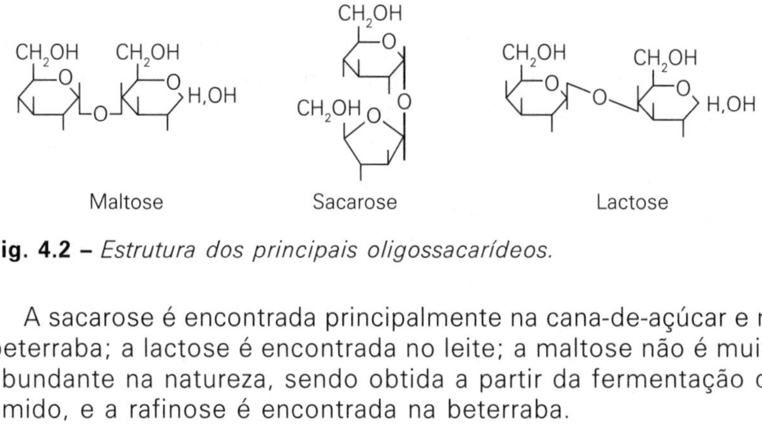

CH_2OH CH_2OH O O O H,OH — CH_2OH O O CH_2OH O — CH_2OH O O CH_2OH O H,OH

Maltose — Sacarose — Lactose

Fig. 4.2 – *Estrutura dos principais oligossacarídeos.*

A sacarose é encontrada principalmente na cana-de-açúcar e na beterraba; a lactose é encontrada no leite; a maltose não é muito abundante na natureza, sendo obtida a partir da fermentação do amido, e a rafinose é encontrada na beterraba.

Polissacarídeos

São formados pela combinação de um grande número de unidades de açúcares. Os três polissacarídeos mais importantes na nutrição são: amido, glicogênio e celulose.

O amido é a principal forma de armazenamento de carboidrato no vegetal, tendo função nutritiva na planta. Dois tipos de moléculas formam o amido: amilose, de cadeia reta de unidades de glicose ligadas por α-1,4; e amilopectina, de cadeia ramificada de unidades de glicose ligadas por α-1,4 e α-1,6.

Os amidos não são solúveis em água fria, porém, quando aquecidos, formam pastas. À medida que a temperatura da água se eleva, os grânulos de amido incham e a mistura torna-se viscosa. Essa propriedade do amido recebe a denominação de gelatinização.

As dextrinas são produtos resultantes da degradação parcial do amido, formadas tanto no processo de preparação de alimentos como também durante a digestão do amido. Se a hidrólise continua, as dextrinas produzem maltose e, finalmente, glicose (Tabela 4.1).

Tabela 4.1
Propriedades Gerais dos Açúcares e dos Amidos

Açúcar	*Amido*
Sabor doce, solúvel em água fria, formador de xarope, fermentável por microrganismos, inibidor de microrganismos, carameliza sob aquecimento, formador de cristais	Sem sabor doce, insolúvel em água fria, gelatiniza sob aquecimento, aumenta a viscosidade

São duas as principais enzimas presentes no amido: α e β-amilase. A α-amilase é uma endoamilase, que hidrolisa a cadeia linear da amilose nas ligações α-1,4 ao acaso, produzindo uma mistura de dextrina, maltose e glicose. A β-amilase, uma exoamilase, hidrolisa as cadeias lineares de amilopectina e amilose nas ligações α-1,4 a partir da extremidade redutora da cadeia, a cada duas moléculas de glicose, resultando em maltose. Porém, essa enzima não atua nas ligações α-1,6 da amilopectina.

A molécula do glicogênio é um polímero de cadeia ramificada com 6.000 a 30.000 unidades de glicose. Sob hidrólise, produz moléculas de glicose. Tem função nutritiva nos animais.

A celulose é um polímero de cadeia reta constituída de unidades de glicose, não sendo absorvida pelo organismo humano porque não há enzimas capazes de digeri-la. É absorvida pelos ruminantes por ser degradada por bactérias. Para o homem, é importante para formar o bolo fecal. As melhores fontes alimentares de celulose são as frutas secas, os cereais de grão integral, as castanhas e as hortaliças frescas.

A classificação, a digestibilidade e o produto final da digestão dos carboidratos estão mostrados na Tabela 4.2.

Tabela 4.2
Digestabilidade dos Carboidratos e Produtos de Digestão

	Carboidratos	*Digestabilidade*	*Produto final da digestão*
Polissacarídeos	Celulose, hemicelulose	Indigerível	–
	Amido, dextrina, glicogênio	Digerível	Glicose
Oligossacarídeos	Sacarose	Digerível	Glicose + Frutose
	Lactose	Digerível	Galactose + Glicose
	Maltose	Digerível	Glicose + Glicose
Monossacarídeos	Glicose, frutose, manose, galactose	–	–

Funções dos Carboidratos para o Homem

A principal função dos carboidratos consiste em fornecer energia para o organismo na forma de glicose. Parte dessa glicose é usada para preencher as necessidades energéticas. Outra parte é depositada na forma de glicogênio no fígado e nos músculos como reserva de energia, e o restante é convertido em gordura e armazenado no tecido adiposo.

Os carboidratos são necessários para o metabolismo normal das gorduras, pois serão utilizados na oxidação energética, poupando as gorduras para esse fim e diminuindo os riscos de produção de corpos cetônicos.

Certos carboidratos desempenham algumas funções específicas no organismo, como: a celulose, que auxilia na eliminação do trato intestinal; a lactose, que facilita a absorção do cálcio e tem ação laxativa por servir como fonte de fermentação de bactérias no intestino; a ribose, que é um constituinte importante para a síntese de RNA; a desoxirribose, que participa da síntese do DNA; o ácido glicurônico, que se combina com toxinas a fim de excretá-las.

Carboidratos Modificados

Alguns carboidratos sofrem modificações químicas para exercer função tecnológico-nutricional importante na indústria de alimentos dietéticos e integrar formulações de alimentos para fins especiais destinados a indivíduos que apresentam problemas de saúde como o diabetes.

São exemplos desses carboidratos modificados:

- *Sorbitol:* é o álcool da glicose de poder adoçante semelhante. É absorvido lentamente pelo organismo. Serve para conservar o nível sanguíneo de açúcar alto após as refeições. É utilizado para emagrecimento porque retarda a sensação de fome. Encontrado em frutas, vegetais e produtos dietéticos. Tem ação laxativa para doses de ingestão maiores que 50 g/dia.
- *Manitol:* é o álcool da manose. Pouco digerido, e fornece metade da energia liberada pela glicose. A quantidade de ingestão máxima é de 25 g/dia.
- *Xilitol:* é o álcool da xilose, de doçura semelhante à da sacarose. Sua velocidade de absorção é de um quinto em relação à da glicose. É usado em alimentos para diabéticos e na prevenção de cáries em gomas de mascar.

Esses carboidratos modificados são classificados como edulcorantes e pertencem à classe dos polióis, cujo valor calórico é de 2,4 kcal/g. Possuem doçura relativa maior que a sacarose e, portanto, são utilizados em pequenas quantidades em produtos dietéticos.

Digestão dos Carboidratos

A digestão dos alimentos observa uma série de passos no aparelho digestório (Fig. 4.3) com a finalidade de formar uma mistura homogênea que será degradada para fornecer os nutrientes necessários ao organismo.

Os polissacarídeos digeríveis começam a ser hidrolisados na boca pela ação de uma enzima amilase chamada ptialina, presente na saliva, cujo pH é neutro (7,0). A saliva umedece o alimento para que ele possa passar pelo esôfago mais facilmente por meio de movimentos peristálticos e da mastigação. Os dentes trituram o alimento para melhor ação enzimática.

O esôfago é um duto formado por anéis musculares na parede interna e tecido muscular longitudinal na parede externa. A contração dos anéis e o relaxamento dos músculos longitudinais provocam o estreitamento do esôfago, causando o peristaltismo, responsável por estimular a passagem do alimento da boca para o estômago.

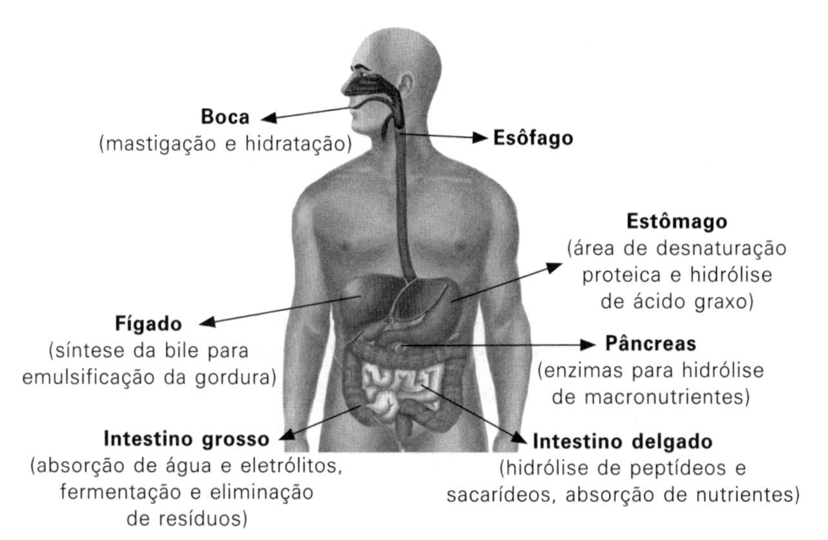

Fig. 4.3 – *Aparelho digestório.*

A ptialina hidrolisa parte dos polissacarídeos ingeridos, ainda na boca, e sua ação cessa no estômago, onde essa enzima é inativada pela ação ácida do meio devido ao ácido clorídrico (HCl) ali presente. No estômago, com capacidade aproximada de 1,5 L, os alimentos são amassados pelas contrações musculares e misturados ao suco gástrico.

O pH do estômago, que está entre 1 e 2, impede a proliferação de bactérias que poderia ocorrer devido ao longo tempo que o alimento permanece ali. A produção do suco digestivo é estimulada por um hormônio, a gastrina, controlado por estimulação nervosa. O suco gástrico é composto por água, enzimas e HCl. As enzimas produzidas são: pepsina, renina (em crianças e animais) e lipase gástrica.

Os polissacarídeos que não sofreram ação da ptialina iniciam sua hidrólise no intestino delgado, onde as amilases do pâncreas e do intestino, estimuladas pelo hormônio secretina, desdobram o amido, o glicogênio e a dextrina em maltose. O bicarbonato de sódio ($NaHCO_3$), produzido pelo suco pancreático (pH ao redor de 8,0 a 9,0), neutraliza o bolo ácido que vem do estômago e favorece a atuação da amilosina, responsável pela degradação do amido em maltose. O suco entérico é produzido pela mucosa intestinal (pH em torno de 7,0) e contém as enzimas maltase, lactase e invertase, responsáveis pela degradação dos dissacarídeos em glicose, frutose e galactose (açúcares simples).

A passagem do alimento do estômago para o intestino é controlada por uma válvula chamada esfíncter pilórico, que se mantém fechada. Quando a válvula esfíncter relaxa, pequena parte do bolo passa para o intestino. O contato do bolo acidificado com a mucosa intestinal provoca o fechamento da válvula, o que impede que mais quimo (massa de alimentos parcialmente digerida na forma em que ela existe no estômago) passe para o intestino. Quando o ácido é neutralizado, a válvula se abre novamente e mais alimento chega ao intestino. A velocidade de passagem do estômago para o intestino delgado é de 1 cm/min, levando cerca de 3 a 10 horas para chegar até a válvula ileocecal e gastando 1.500 mL de saliva por dia.

O intestino delgado é formado por três membranas: a externa, que é uma mucosa muscular; a intermediária, que é uma lâmina de tecido conectivo, formado por vasos sanguíneos e linfáticos, nervos, tecido muscular liso e glóbulos brancos; e a interna, formada por células epiteliais chamadas de vilosidades. O intestino compreende três seções: o duodeno, de 0,3 m de comprimento, responsável pela digestão do bolo alimentar proveniente do estômago; o jejuno, de 1 a 2 m de comprimento, onde ocorre a absorção da maior parte dos nutrientes, e o íleo, de 1,5 m, onde se dá a absorção de água, minerais e vitaminas, além da fermentação de alimento não digerido pelas enzimas do organismo.

Polissacarídeos, como a celulose, não sofrem digestão, pois o organismo humano não possui a enzima celulase. No entanto, alguma digestão é conseguida no intestino grosso, onde as bactérias ali presentes realizam alguma hidrólise.

Algumas pessoas não conseguem, por doença congênita, sintetizar maltase, lactase ou invertase, não digerindo os respectivos dissacarídeos. Com isso, esses açúcares são fermentados no intestino, causando diarreia e às vezes levando à morte. O coeficiente médio de digestibilidade dos carboidratos é de 97%.

Alguns fatores podem provocar distúrbios digestivos, acarretando menor absorção de nutrientes, como os antiácidos formados de MgOH ou AlO_3, que combinam com fosfatos da dieta, provocando sua eliminação nas fezes. Esse fato pode levar a fraqueza muscular, mal-estar, anorexia e convulsão.

Absorção dos Carboidratos

Os monossacarídeos produzidos pela digestão dos polissacarídeos estão prontos para serem absorvidos e transportados pela circulação aos diferentes tecidos do organismo. Há mais de 60 anos foi observado que certas hexoses são absorvidas muito mais rapidamente que outras. A velocidade em ordem decrescente de absorção das hexoses é: glicose, galactose, manose e arabinose.

Muitas células contrariam a tendência natural da difusão, gastando energia no transporte. O transporte que demanda energia é denominado transporte ativo, provocado por impulsos nervosos gerados pela diferença de carga, o que facilita a entrada de glicose e aminoácidos na célula. Esse transporte depende de proteínas especiais, as ATPases, que se combinam com a substância de um lado da célula, soltando-a do outro lado.

Na difusão facilitada, o transporte é feito por proteínas especializadas no reconhecimento da substância. Essas proteínas, conhecidas como permeases, tornam a membrana da célula permeável à substância que atravessa. Esse tipo de transporte é chamado de transporte passivo, sem gasto de energia, e acontece a favor do gradiente de concentração.

Após vários estudos, estabeleceu-se que glicose e galactose são absorvidas por transporte ativo. A glicose é transportada em velocidade maior que a galactose porque tem maior afinidade com o transportador, o sódio. Diz-se que a absorção de um nutriente se processa por transporte ativo quando se verifica contra um gradiente de concentração, isto é, quando o nutriente se desloca de um local onde está em menor concentração para outro de maior concentração. Assim, no trato intestinal pode haver muito pouca glicose em seu material digerido, ao passo que na corrente sanguínea pode existir uma concentração de glicose muito maior e, assim mesmo, ocorrer absorção.

A frutose é absorvida pelo processo passivo, sendo instantaneamente convertida em glicose conforme atravessa o epitélio intestinal, e então passa a ser aproveitada pelo organismo. Quanto mais difícil for a transformação do monossacarídeo em glicose, mais demorada será a absorção. No transporte passivo não há gasto de energia a favor do gradiente de concentração. No transporte ativo há consumo de energia para que a absorção ocorra.

Os monossacarídeos absorvidos são levados para o fígado, e então a glicose é distribuída para todas as vias de utilização pelo organismo (Fig. 4.4).

Uma das vias de utilização da glicose é a formação do glicogênio hepático e muscular. A glicose retirada do sangue pelas células é constantemente substituída pela glicose derivada do glicogênio do fígado, de modo que o nível de açúcar no sangue se mantém dentro de limites bem reduzidos.

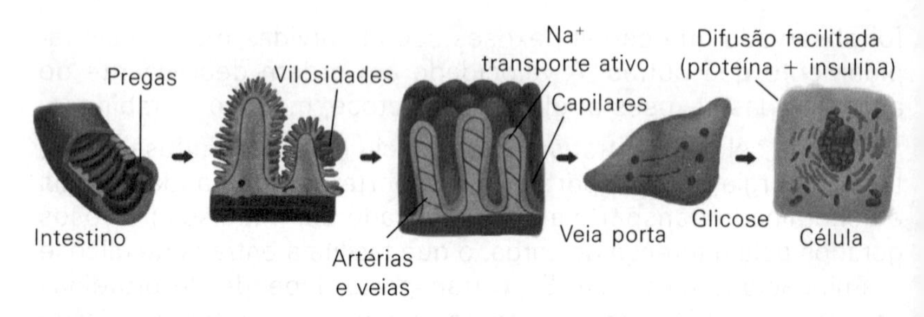

Fig. 4.4 – *Absorção da glicose: do intestino à célula.*

Em adultos, quando a glicose do plasma sanguíneo, no jejum, aumentar a índices maiores que 126 mg%, o açúcar aparecerá na urina. A condição de uma concentração de glicose no sangue acima da normal é conhecida como hiperglicemia, característica do diabetes quando, então, a urina passa a se apresentar na cor clara e em grande volume. A hipoglicemia indica uma concentração abaixo da normal. Essa situação acontece quando a insulina, hormônio que regula o nível sanguíneo, é produzida em quantidades excessivas pelo pâncreas. A hipoglicemia prolongada resulta na danificação funcional do tecido do cérebro pela falta de glicose para produção de energia, causando convulsões, coma e até mesmo a morte.

A quantidade normal de glicose no sangue para uma pessoa sadia, em jejum, deve ser menor que 100 mg%, e após qualquer refeição pode variar até 200 mg%. Outro parâmetro indicativo do diagnóstico de pré-diabetes ou diabetes é o teste de hemoglobina glicada (HbA1c), que determina o nível de glicose na circulação ligado à hemoglobina. O resultado é dado em porcentagem de hemoglobina ligada à glicose e utilizado como medida do risco de complicações. A confirmação positiva de HbA1c igual ou superior a 5,7% (Tabela 4.3) na determinação de glicemia indica diagnóstico da presença de diabetes *mellitus* ou diabetes doce, ou seja, incapacidade de metabolizar a glicose, provocando hidrólise excessiva de gorduras cujo produtos finais são os corpos cetônicos (ácido acetoacético, betahidroxibutírico e acetona). A insulina aumenta a taxa de utilização da glicose com os propósitos de oxidação, de glicogênese e de lipogênese.

Outro hormônio, o glucagon, de cadeia formada por 29 aminoácidos, é também responsável pelo controle da glicose sanguínea por estimular a glicogenólise, a gliconeogênese, além da liberação de insulina pelo pâncreas, aumentando a concentração de glicose no sangue.

Tabela 4.3
Critérios Laboratoriais para Diagnóstico de Normoglicemia, Pré-diabetes e DM[1], Adotados pela SBD[2]

	Glicemia em jejum (mg/dL)	***Glicose 2 horas após sobrecarga com 75 g glicose (mg/dL)***	***Glicose ao acaso (mg/dL)***	***HbA1c[3] (%)***	***Observações***
Normoglicemia	< 100	< 140	–	< 5,7	OMS[4] emprega valor de corte de 100 mg/dL para normalidade da glicose em jejum.
Pré-diabetes ou risco aumentado para DM	≥ 100 e < 126*	≥ 140 e < 200**	–	≥ 5,7 e < 6,5	Positividade de qualquer dos parâmetros confirma diagnóstico de pré-diabetes.
Diabetes estabelecido	≥ 126	≥ 200	≥ 200 com sintomas inequívocos de hiperglicemia	≥ 6,5	Positividade de qualquer dos parâmetros confirmar diagnóstico de DM. Método de HbA1c deve ser padronizado. Na ausência de sintomas de hiperglicemia, é necessário confirmar o diagnóstico pela repetição dos testes.

[1]DM: diabetes *mellitus*; [2]SBD: Sociedade Brasileira de Diabetes; [3]HbA1c: hemoglobina glicada; [4]OMS: Organização Mundial de Saúde
* Categoria também conhecida como glicemia de jejum alterada
** Categoria também conhecida como intolerância oral à glicose
Ref: Diretrizes Sociedade Brasileira de Diabetes 2019-2020; gestão Biênio 2018-2019. Clannad Ed. Científica.

A adrenalina, hormônio produzido pelo córtex da suprarrenal, promove a hidrólise de glicogênio hepático e muscular, fornecendo glicose ao sangue. Atua diminuindo a liberação de insulina do pâncreas e aumentando a glicose sanguínea. Em situações de defesa, essa glicose serve como energia extra para responder às crises de raiva e de medo ou ao estímulo de fuga. A adrenalina aumenta a taxa de mobilização de gordura pela liberação de ácidos graxos livres das células adiposas para o metabolismo.

Nesse momento, no organismo ocorre:

- Taquicardia: mais sangue chega aos músculos, permitindo uma fuga rápida.
- Aumento de glicose no sangue, com aproveitamento de glicogênio para produção de mais energia.

- Aumento da frequência dos movimentos respiratórios, obtendo mais oxigênio para as células oxidarem a glicose, com consequente aumento da temperatura corporal interna (calor).
- Contração dos vasos sanguíneos da pele, provocando palidez porque mais sangue se dirige para os músculos. Em caso de ferimento, há menor perigo de hemorragia.
- Contração dos músculos lisos dos pelos, tornando-os eriçados.
- Diminuição da temperatura corporal externa.
- Aumento da temperatura corporal interna (calor).

O glicogênio muscular, ao contrário do hepático, não pode ser usado diretamente para formar glicose, pois no desdobramento do carboidrato do músculo é produzido ácido láctico, e não glicose. O glicogênio muscular é fonte de energia somente para os processos que ocorrem no interior das células musculares, enquanto o glicogênio hepático serve como fonte de energia para qualquer tipo de célula do organismo. O total da capacidade de armazenamento de glicogênio pelo organismo é de aproximadamente 350 g, o equivalente a 24 horas de repouso, sendo distribuído como muscular (250 g) e hepático (100 g).

Dois hormônios, cortisol e hidrocortisol, aumentam a mobilização de lipídeos do tecido adiposo e de proteínas para serem utilizados como energia, controlando, dessa forma, a síntese de glicose.

Glicose: Utilização pelo Organismo

Vários processos envolvem a utilização da glicose no organismo (Fig. 4.6). Gliconeogênese é a síntese de glicogênio a partir de ácidos graxos e proteínas. Glicogênese é a síntese de glicogênio a partir da glicose. Glicólise é a oxidação da glicose para produção de energia. Glicogenólise é o catabolismo de glicogênio para produção de glicose.

Na síntese de glicogênio, a insulina ativa a glicoquinase no fígado para a fosforilação da glicose, e, com isso, a glicose não pode difundir-se através da membrana celular para fora da célula. Na glicogenólise ocorre ação da glicose fosfatase, que retira o fósforo da glicose permitindo sua difusão para o sangue.

A célula viva constantemente realiza trabalho, e a energia para esse trabalho provém da transformação de combustíveis como a glicose, de alto valor energético, em resíduos de menor teor energético (Fig. 4.5). Essa energia é armazenada num composto chamado adenosina trifosfato (ATP), que é utilizado para o trabalho celular em qualquer ser vivo, sendo essa a principal função da glicose no organismo. O organismo tem armazenado no músculo 85 g de ATP, que poderão ser utilizado como reserva energética em atividades físicas de curta duração.

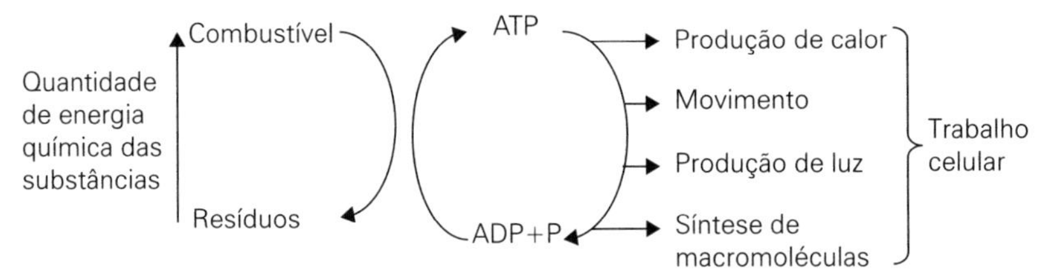

Fig. 4.5 – *Utilização de energia para trabalho celular.*

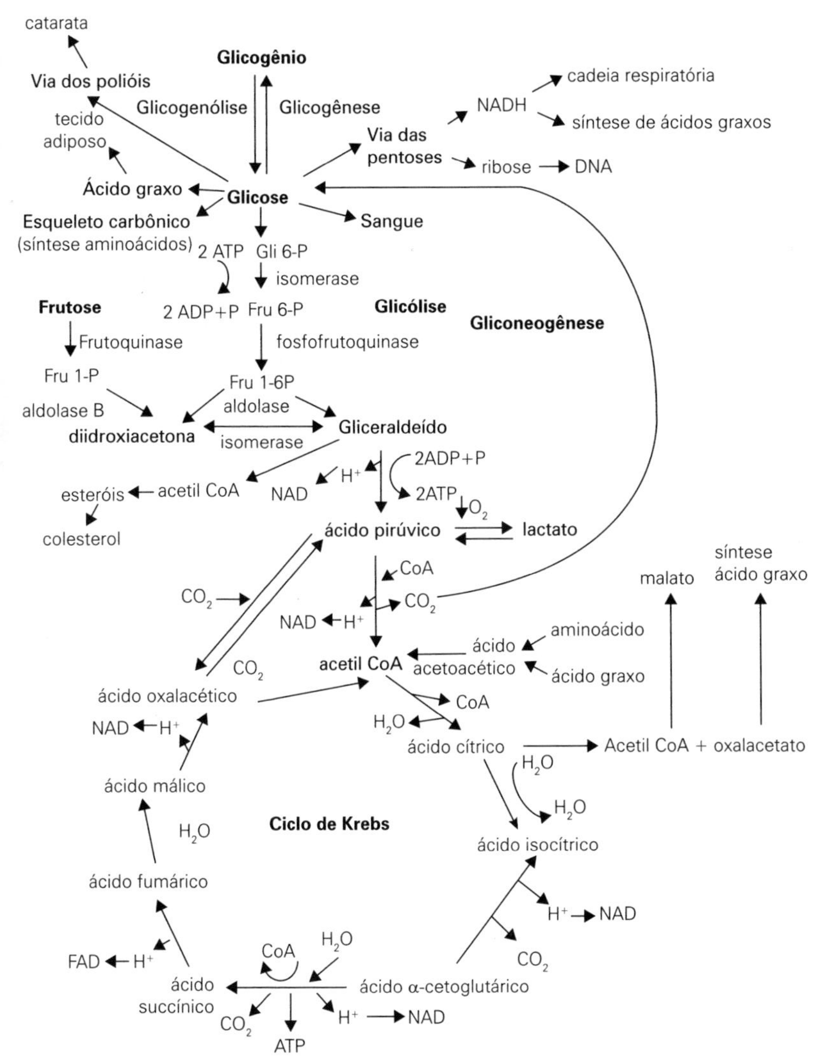

Fig. 4.6 – *Esquema de distribuição da glicose no organismo.*

Há dois processos principais envolvidos na transferência de energia do combustível para o trabalho celular: a fermentação e a respiração aeróbica.

A fermentação ocorre na ausência de oxigênio. Há dois tipos de fermentação importantes: a alcoólica, usada no processamento de cerveja, por exemplo, e a láctica, utilizada na industrialização de leite e também pelo músculo para produção de energia em casos especiais.

Os produtos da fermentação alcoólica são álcool etílico, gás carbônico e energia, expressos por meio da seguinte reação:

$$C_6H_{12}O_6 \rightarrow 2\ C_2H_5OH + 2\ CO_2 + 2\ ATP$$

Os produtos da fermentação láctica são ácido láctico e energia, podendo ser assim resumidos:

$$C_6H_{12}O_6 \rightarrow 2\ C_3H_6O_3 + 2\ ATP$$

Na respiração aeróbica, a glicose é oxidada até o gás carbônico, água e energia em presença de oxigênio, processo assim representado:

$$C_6H_{12}O_6 + 6\ O_2 \rightarrow 6\ CO_2 + 6\ H_2O + 38\ ATP$$

Na maior parte dos tecidos, os processos de obtenção de energia a partir da glicose começam com a sequência de reações conhecidas como glicólise, que se dá em fase anaeróbica, no citoplasma da célula, cujo produto final é o ácido pirúvico. A molécula de glicose produz duas moléculas de ácido pirúvico cada vez que a glicólise acontece.

Cada ácido pirúvico propicia o início de outra série de reações, agora em fase aeróbica, na mitocôndria da célula, conhecida como ciclo dos ácidos tricarboxílicos ou ciclo do ácido cítrico ou, ainda, ciclo de Krebs, e que conduzem à degradação total da glicose até CO_2, H_2O e ATP.

No ciclo de Krebs, o ácido pirúvico é convertido em acetil CoA, que combina com o ácido oxalacético produzindo o ácido cítrico e liberando a coenzima A (CoA) para a próxima volta do ciclo. O ácido cítrico é convertido em ácido isocítrico. Este, por sua vez, sofre descarboxilação e desidrogenação para formar o ácido α-cetoglutárico. Há nova descarboxilação e desidrogenação, que produz outro composto do ciclo, o ácido succínico, além de haver a liberação de energia capaz de formar um ATP. Ocorre novamente desidrogenação, formando o ácido fumárico, que se converte em ácido málico, e este, finalmente, em ácido oxalacético, por meio de desidrogenação, para assim completar o ciclo.

Uma via alternativa de oxidação da glicose é a das pentoses, usada para gerar nicotinamida adenina dinucleotídeo (NAD), que é uma coenzima de desidrogenase, composto formado de nucleotídeos combinados a vitaminas do complexo B. É chamado de aceptor intermediário de hidrogênio da cadeia respiratoria, sendo importante na síntese de ácidos graxos e esteroides. Essa via também é responsável pela produção de ribose para a síntese dos ácidos nucleicos.

Papel Regulatório da Fosfofrutoquinase

Nas células musculares, a glicose é fonte de energia, enquanto no fígado é usada para glicogenólise e gliconeogênese.

A fosfofrutoquinase (PFK1) é uma enzima limitante da velocidade da glicólise, e sua atividade é controlada pelo glucagon, citrato e ATP produzido, podendo redirecionar os metabólitos da glicólise para a via das pentoses. Esse atalho é essencial para produzir NADPH, uma coenzima essencial para a síntese de ácidos graxos.

Na glicólise, a PFK1 catalisa a reação Frutose 6-P em Frutose 1,6 DiP, consumindo 1 ATP. Essa reação é inibida pelo aumento de ATP produzido e estimulada por AMP e ADP.

Se a dieta é rica em carboidratos, toda a glicose absorvida no intestino é fosforilada, aumentando a concentração de Glicose 6-P no fígado e no tecido adiposo. Essa condição favorece a formação de Frutose 6-P e, consequentemente, alta geração de ATP, até que sua concentração seja suficiente para inibir a ação da PFK1. Ocorre então o redirecionamento dos metabólitos da glicólise para a via das Pentoses. Nessa via, a glicose é oxidada até a ribose 5-P, com produção de NADPH + H+ e CO_2. A NADPH é uma importante coenzima carreadora de hidrogênio na síntese de ácidos graxos no fígado, tecido adiposo e células mamárias.

Alta concentração de citrato e ATP inibem a ação da PFK1, bloqueando a via glicolítica, o que permite que a Glicose 6-P seja utilizada para síntese de glicogênio. A síntese de glicogênio é estimulada pela insulina, que facilita a entrada de glicose nas células musculares e adiposas usando GLUT4 como transportador para atravessar a membrana plasmática. Essa via é importante para produzir reserva de glicose em situações de contração muscular. Já no fígado, o transportador GLUT2, responsável pelo transporte de glicose através da membrana, é independente da insulina para ser ativado. Entretanto, essa inibição pode ser revertida pela frutose 2,6 DiP, a qual estimula a PFK1, produzindo efeito estimulante da glicólise.

No fígado, a Frutose 2,6 DiP estimula a PFK1 mas inibe a frutose 1,6 difosfatase, diminuindo a gliconeogênese. A concentração de Frutose 2,6 DiP é controlada pelo glucagon, enquanto no músculo esquelético é regulada pela concentração de Frutose 6-P.

A PFK2 é um potente estimulador alostérico da PFK1. Em situações de alta disponibilidade de glicose aumenta a concentração de Frutose 6-P. A PFK2 tem a função de catalisar a reação de fosforilização da Frutose 6-P em Frutose 2,6 DiP (frutose difosfato). Então a glicólise é novamente estimulada. Resumindo, a baixa concentração de Frutose 6-P favorece a glicólise e a Frutose 2,6 DiP estimula a PFK1.

No fígado, a Frutose 2,6 DiP inibe a 1,6 bifosfatase e bloqueia a gliconeogênese. A concentração de 2,6 Frutose DiP no fígado é regulada pelo glucagon, enquanto no músculo é controlada pela adrenalina. Assim, durante o jejum, o glucagon causa aumento da concentração de Frutose 2,6 DiP, então a PFK1 tem a atividade diminuída; a inibição da Frutose 1,6 difosfatase é aliviada pela Frutose 2,6 DiP, então a gliconeogênese é estimulada.

Por outro lado, em estado de superalimentação, a PFK2 é ativada para a formação de Frutose 2,6 DiP, a qual estimula a PFK1 e, portanto a glicólise, proporcionando que mais piruvato seja direcionado para a síntese de ácidos graxos.

Papel do Citrato na Via Glicolítica

O citrato constitui a fonte de acetil CoA para síntese citosólica de ácido graxo. Como a CoA mitocondrial não pode atravessar a membrana da mitocôndria para o citosol, a porção acetil é transportada ao citosol na forma de citrato. Isso ocorre quando as concentrações de citrato e ATP na mitoncôndria são elevadas, inibindo a isocitrato desidrogenase e diminuindo a rota do ciclo de Krebs.

No estado de abundância de glicose, o aumento da concentração de citrato inibe a fosfofrutoquinase, controlando a velocidade da glicólise e, consequentemente, inibe a glicólise e favorecendo a gliconeogênese.

Ainda, ativa a acetil CoA carboxilase, enzima limitante da síntese de ácido graxo. O consumo prolongado de dieta rica em carboidrato e pobre em ácido graxo causa aumento da síntese de acetil CoA carboxilase, aumentando assim a síntese de ácido graxo. Dieta rica em ácido graxo ou jejum causa redução da síntese de ácido graxo porque inibe a síntese dessa mesma enzima. A enzima sofre ativação pelo citrato, fazendo com que protômeros se polimerizem.

Em meio ácido-citrato-glicose, a concentração de 2,3 BPG cai de 5 mmol/L para aproximadamente 0,5 mmol/L em 10 dias, quando o sangue para transfusão é estocado. Esse sangue estará, portanto, incapacitado de fornecer oxigênio ao paciente transfundido, por causa da baixa concentração de 2,3 BPG. Embora os eritrócitos sejam capazes de restaurar 2,3 BPG em 24 a 48 horas, os pacientes severamente doentes podem ser seriamente prejudicados se transfundidos com esse sangue estocado. Hoje, a redução da 2,3 BPG é prevenida pela adição de inosina (hipoxantina-ribose) ao sangue armazenado, cuja função é converter-se em BPG pela via das pentoses.

O citrato no citosol é desviado pela citratoliase para formar oxalacetato e acetil CoA, os quais são precursores da síntese de ácido graxo.

O citrato ativa a acetil CoA carboxilase, cuja função é regular a síntese de ácido graxo.

Quando a dieta é rica em carboidratos, a concentração de citrato na mitocôndria aumenta e a produção de ATP excede a demanda de energia. Então, a isocitrato desidrogenase é inibida e o citrato é levado para o citosol pelo carreador tricarboxilato. No citosol, o citrato é hidrolisado pela acetil CoA desidrogenase em oxalacetato e malonil CoA, que segue para a via de síntese de ácidos graxos até o triacilglicerol por meio da esterificação do 3 glicerol-P com três ácidos graxos. Altas taxas de ATP e citrato inibem ainda a PFK1 da via glicolítica, inibindo a reação Glicose-6P a Frutose-6P. A Glicose-6P é desviada para a via das pentoses para a síntese de NADPH + H^+, que será utilizado na via de síntese de ácidos graxos no tecido adiposo e no fígado. A ingestão de carboidratos em excesso promove desvio da glicose para a via das pentoses, sintetizando cada vez mais NADPH + H^+, o que incentiva a produção de ácidos graxos. Por consequência, haverá excesso de ácidos graxos e triacilglicerol armazenados nos tecidos adiposos e no fígado.

Enzimas Metabólicas

Todas as reações são controladas por enzimas específicas para cada reagente, catalisadas por cofatores, o que permite reações rápidas dentro da célula, acarretando menor energia de ativação. As vitaminas do complexo B, como a riboflavina e o ácido nicotínico, constituem as enzimas da cadeia respiratória, FAD (flavina adenina dinucleotídeo) e NAD, enquanto o ácido pantotênico está presente na estrutura da coenzima A (CoA), que participa das reações de descarboxilação do ácido pirúvico e ácido α-cetoglutárico no ciclo de Krebs. A vitamina E participa do transporte de elétrons na cadeia respiratória.

Os aceptores de hidrogênio, NAD e FAD, têm a função de transportar os elétrons obtidos nas reações de desidrogenação do processo de oxidação da glicose para a cadeia respiratória, na mitocôndria. Na etapa de reação de succinato e malonato, o malonato inibe a ação da succinato desidrogenase, diminuindo o poder redutor do succinato para reduzir o NAD. Então, o FAD será utilizado para receber os elétrons nessa fase, pois está fortemente ligado à enzima (grupo prostético).

A ausência das vitaminas tiamina, riboflavina, niacina e ácido lipoico, que participam da reação do ácido pirúvico a acetil CoA, causa aumento da concentração de ácido pirúvico no sangue e, consequentemente, sua acidificação, aumentando o efeito tóxico nas células.

O açúcar pode ainda ser reduzido via poliol a sorbitol, mioinositol ou ácido ascórbico. Essa via produz galactosemia devido ao aumento de glicose e galactose na corrente sanguínea, além de diabetes. O aumento da concentração de sorbitol no sangue pode provocar o aparecimento de catarata, devido a seu acúmulo no olho.

Cadeia Respiratória

As ligações fosfato do composto ATP equivalem a 8 kcal/mol. Havendo energia disponível, liberada pela fermentação ou respiração, o ADP se liga a um grupo fosfato cedido pela célula para regeneração do ATP. Por sua vez, o ATP cede energia para o trabalho celular, voltando a formar ADP + fosfato.

A desmontagem da glicose na respiração aeróbica pode ser resumida da seguinte forma:

- Quebra gradativa das ligações entre os carbonos com a saída de CO_2 (descarboxilação).
- Remoção dos hidrogênios da glicose (desidrogenação).
- Sua oxidação na cadeia respiratória, com liberação de energia captada pelo sistema ADP + P = ATP (fosforilação).

Na célula, substâncias como NAD, FAD e vários citocromos fazem o transporte dos hidrogênios liberados na glicólise e no ciclo de Krebs para cadeia respiratória.

$$NAD + 2\,H^+ \rightarrow NADH_2$$

$$FAD + 2\,H^+ \rightarrow FADH_2$$

Os hidrogênios removidos serão entregues ao oxigênio atmosférico nas cristas da mitocôndria para resultar água e liberar energia na forma de ATP ou calor.

$$NADH_2 + \tfrac{1}{2}\,O_2 \rightarrow NAD + H_2O + \text{Energia}$$

$$FADH_2 + \tfrac{1}{2}\,O_2 \rightarrow FAD + H_2O + \text{Energia}$$

Na mitocôndria, o $NADH_2$ nunca se liga diretamente ao oxigênio. Se essa reação fosse direta, a energia desprendida seria muito grande e, possivelmente, prejudicial à célula com sua queima total.

Os hidrogênios devem ser cedidos de "mão em mão" numa cadeia de aceptores intermediários, os citocromos, até chegar ao oxigênio (Fig. 4.7). Cada uma das reações intermediárias libera parte da energia total que é aproveitada pela célula para a síntese de ATP e calor.

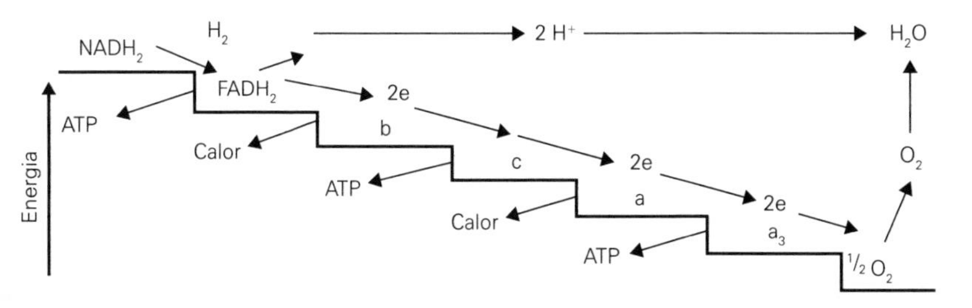

Fig. 4.7 – *Produção de energia na cadeia respiratória.*

O FAD, flavina adenina dinucleotídeo, é formado por nucleotídeos combinados a vitaminas do complexo B. Os citocromos são substâncias com estrutura semelhante à da hemoglobina e possuem ferro na sua molécula, com a função de carregar os elétrons de hidrogênio na célula.

O $NADH_2$ inicia a cadeia respiratória, isto é, os elétrons e prótons de hidrogênio são cedidos para o FAD, que se reduz a $FADH_2$. Do $FADH_2$ em diante, apenas os elétrons passam para uma cadeia de citocromos. Durante esse trajeto os elétrons desprendem energia, passando de um nível energético mais alto para outro mais baixo. As moléculas de ADP aproveitam essa energia para armazená-la numa ligação fosfato, transformando-se, então, em moléculas de ATP. No final, os elétrons e prótons de hidrogênio são captados pelo oxigênio atmosférico (inspirado), formando uma molécula de água.

A produção de ATP na cadeia respiratória é chamada de fosforilação oxidativa. Na cadeia respiratória são formadas três moléculas de ATP. O resto da energia liberada, não suficiente para formar um ATP, se dissipa na forma de calor.

Na mitocôndria ocorrem inúmeras cadeias respiratórias. Se um tecido fosse privado de oxigênio, todos os citocromos ficariam na forma reduzida, isto é, carregados de elétrons, pois não teriam o aceptor final de hidrogênio, o oxigênio. Isso causaria a morte da célula por asfixia. O cianeto se constitui num veneno porque se combina com os citocromos, inutilizando-os para o transporte de elétrons.

Energia Extra

No Esforço Físico Intenso de Curta Duração

Energia extra é necessária em estados de esforço físico, de estresse ou de emergência. Os carboidratos são a principal fonte de energia para a realização desse tipo de exercício. Quando a demanda de energia no músculo é maior que a sua capacidade para regenerar ATP, o organismo pode seguir três caminhos:

- Utilização da creatina-fosfato armazenada no músculo, que é um composto rico em energia que regenera o ATP.
- Glicogenólise.
- Conversão de glicose em ácido láctico.

Na corrida de curta duração ocorre um aumento no consumo de oxigênio pela respiração, mas leva pouco mais de um minuto para chegar ao ponto máximo da velocidade de respiração. Nesse momento, a quantidade de energia produzida pela respiração é insuficiente para o consumo exigido pelo esforço. O Ca^{2+} que sai do retículo sarcoplasmático das fibras musculares e a adrenalina são os responsáveis por ativar a geração de ATP. Então, o ATP armazenado e a creatina-fosfato, presentes no músculo, liberam ATP para que a atividade física se prolongue por mais tempo. A reserva de glicogênio muscular é também oxidada na glicólise para fornecer energia (Tabela 4.4).

Tabela 4.4
Rendimento de ATP pelo Metabolismo Anaeróbico

Glicólise a partir da glicose	ATP formado	4
	ATP para iniciar a glicólise	2
Total		**2**
Glicólise a partir do glicogênio	ATP formado	4
	ATP para iniciar a glicólise	-1
Total		**3**

A velocidade de distribuição de oxigênio aos músculos é aumentada pelos pulmões, coração e vasos sanguíneos. Entretanto, os ATP, o armazenado e o da creatina-fosfato, terminam e a energia para consumo cai. Começa então a oxidação anaeróbica da glicose pela glicólise até o piruvato, e quatro moléculas de ATP são formadas. Na desidrogenação da glicose, o NAD é reduzido a $NADH_2$. Este, em presença de oxigênio, NAD é então regenerado. As reações de oxirredução de NAD/$NADH_2$ acontecem na matriz da mitocôndria.

Como o oxigênio da respiração está sendo usado para captar os hidrogênios formados na glicólise, não há oxigênio para continuar o ciclo de Krebs. Com o déficit de oxigênio, ocorre a fermentação no músculo pela redução do piruvato a ácido láctico e simultânea regeneração do NAD, com produção de 2 ATP. O trabalho celular continua nos músculos pela via de produção de energia anaeróbica, conhecido como ciclo de Cori:

$$\text{Glicose} \longrightarrow \text{Ácido pirúvico} \longleftrightarrow \text{Ácido láctico} + 2\ \text{ATP}$$

Desse modo, a glicólise continua, mas o ácido láctico acumula, causando a acidose láctica do músculo devido à hipóxia nos tecidos. O ácido láctico então se difunde para fora da célula e aumenta sua concentração na corrente sanguínea, o que permite que as concentrações de hidrogênio e de ácido pirúvico na célula permaneçam baixas, promovendo a glicólise por mais tempo. A glicólise é fundamental à atividade física que requer um esforço máximo de até 90 segundos de duração.

No Esforço Físico de Longa Duração

Glicogênio e ácidos graxos são os principais combustíveis usados nesse tipo de atividade. Os ácidos graxos são provenientes de três fontes: 1) ácidos graxos mobilizados do tecido adiposo hormônio-sensitivo da lipase; 2) ácidos graxos do VLDL do plasma mobilizados pela lipoproteína lipase; 3) ácidos graxos formados pela hidrólise de triglicerídeos intramusculares.

Ambos, glicogênio e ácido graxo, formam acetil CoA, que é oxidado no ciclo de Krebs gerando ATP na cadeia respiratória. Somente quando todo o glicogênio muscular termina o ácido graxo é utilizado como combustível. A grande quantidade de acetil CoA formada restringe a atividade da piruvato desidrogenase, que limita a glicólise e ajuda a conservar o glicogênio para a fase final de explosão do exercício.

A Fig. 4.8 ilustra a quantidade de oxigênio exigido para a realização de atividades de longa duração, como no caso dos maratonistas, que precisam de energia constante durante a prova sem desgaste das reservas energéticas. Nos primeiros três minutos de exercício o consumo de oxigênio é elevado, estabilizando-se em seguida, permitindo que o atleta continue a corrida por tempo indeterminado. Contudo, outros fatores influem na duração do exercício e restringem a sua prática.

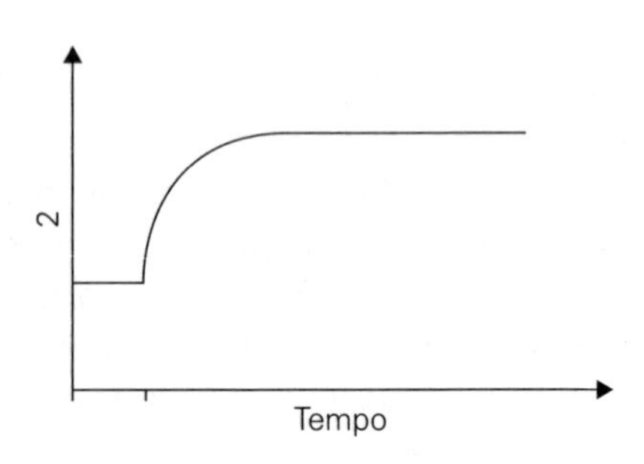

Fig. 4.8 – *Gasto de energia na atividade física.*

Define-se *steady state* como o estado de equilíbrio entre a energia necessária à sustentação muscular e as reações aeróbicas, significando trabalho por tempo indeterminado.

Indivíduos sedentários demoram mais para atingir o *steady state* em relação aos que praticam esporte. Isso é explicado pelo treinamento, que aumenta as adaptações celulares para gerar energia.

Quando o volume de oxigênio máximo (V_{O2}) é alcançado, a liberação anaeróbica de hidrogênio da glicólise excede a oxidação pelo processo aeróbico no ciclo de Krebs. Então, o *steady state* não é mais mantido por muito tempo. Ocorre acúmulo de hidrogênio no músculo, que reage com ácido pirúvico para formar ácido láctico, gerando ATP anaerobicamente. O treinamento aumenta a tolerância do organismo à formação do lactato.

Como a quantidade de oxigênio é insuficiente, a fadiga se instala, isto é, dor, cansaço e câibras são sentidos, provocados pelo acúmulo de ácido láctico no músculo. O indivíduo cansado cessa a atividade de esforço físico intenso.

A duração do exercício depende da quantidade de suor produzido e do esgotamento das reservas de nutrientes, glicose e glicogênio. Um atleta treinado tolera até 200 mg de lactato/100 mL de sangue, enquanto uma pessoa normal suporta somente até 100 mg de lactato.

Na Conversão do Ácido Láctico

Ao terminar o exercício, a velocidade da respiração não cai para a do repouso imediatamente. A respiração acelerada repõe a creatina-fosfato, a reserva de ATP e a energia necessária para a ressíntese do ácido láctico em glicogênio. Para isso, é necessário oxigênio.

A alta concentração de ácido láctico nos tecidos e no sangue induz reações de defesa no organismo, pois essa condição acarreta aumento da acidez das células, dificultando o metabolismo. Para minimizar os efeitos nocivos, uma parte do ácido láctico do músculo desprende-se dos capilares até a corrente sanguínea para ser transportada ao fígado. Então, o ácido láctico é oxidado a piruvato e convertido em glicose para depois ser armazenado como glicogênio. Esse processo é conhecido como glicogênese. A outra parte é oxidada no próprio músculo, aerobicamente, quando ocorre suprimento normal de oxigênio. A glicose assim formada está pronta para ser utilizada novamente pelo músculo.

A reposição da creatina-fosfato é muito rápida e ocorre no próprio músculo. A do glicogênio é mais demorada pelo fato de o ácido láctico ser levado para o fígado para a conversão. Essa conversão é conhecida como ciclo da alanina.

Depois de muito tempo haverá reposição do glicogênio muscular a partir da glicose, que será levada do fígado para o músculo pela circulação. O músculo cardíaco é o único que consegue converter o ácido láctico em ácido pirúvico para produção de energia no ciclo de Krebs (Fig. 4.9).

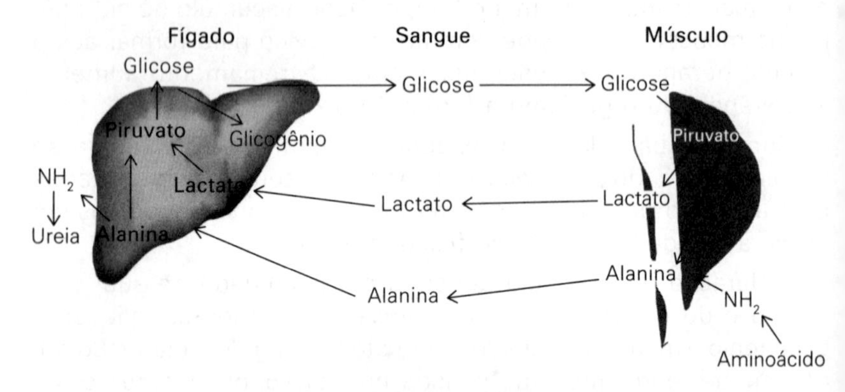

Fig. 4.9 – *Ciclo de Cori e da alanina para produção alternativa de energia na atividade física.*

Em repouso, o corpo gasta 0,25 litros de oxigênio por minuto. Pessoas adultas consomem mais oxigênio, isto é de 3 a 4 mL O_2/kg de peso/minuto. O coração bombeia 5 litros de sangue por minuto e a frequência cardíaca é de 60 batidas por minuto. Em exercício pesado, o corpo gasta 3 litros de oxigênio por minuto, o coração bombeia 30 litros de sangue por minuto e a frequência cardíaca é de 200 batidas por minuto. A quantidade de sangue que passa pelos pulmões aumenta aproximadamente seis vezes e, por isso, é necessário mais ar para fornecer o oxigênio necessário.

Quando a atividade muscular é intensa, ocorre aumento considerável da taxa de CO_2 no sangue, provocando redução do pH sanguíneo. O centro respiratório, então, é estimulado e descarrega impulsos nervosos. Assim, o ritmo respiratório intensifica-se, promovendo eliminação mais rápida de CO_2 e maior captação de oxigênio.

A frequência máxima cardíaca para uma pessoa sadia é assim calculada:

$$\text{FC máx} = (220 - \text{idade}) \times \text{fator atividade}$$

No Mecanismo da Proteólise

O fator atividade varia de 70%, para nível limiar mínimo de atividade (sedentários), a 90%, nível máximo de atividade (atletas), da zona sensível de treinamento.

No exercício físico, ambos, glicose e ácidos graxos, são oxidados pelo ciclo de Krebs para produzir ATP. A produção excessiva de acetil CoA se condensa com apropriado suprimento de oxalacetato. Apesar de concentração de oxalacetato ser mantida pelo ciclo de Krebs, ela deve ser complementada por um dos atalhos do ciclo, isto é, por meio do succinil CoA proveniente do catabolismo dos aminoácidos, isoleucina e valina.

Nos minutos iniciais da atividade física o corpo utiliza suas reservas de ATP e creatina-fosfato. Mas essa via é muito ineficiente comparada ao rendimento da via aeróbica. Como o cérebro e as células vermelhas do sangue são incapazes de usar ácidos graxos como combustível, o glicogênio armazenado é sacrificado para suprir a energia, fornecendo glicose para a cadeia respiratória.

No exercício intenso, a reserva de triglicerídeos no tecido adiposo é mobilizada para prover ácidos graxos livres para oxidação na cadeia respiratória, resultando em combustível para o músculo.

À medida que a atividade física continua, o hormônio epinefrina--sensitive é ativado e sinaliza para o fígado a liberação de ácidos graxos do tecido adiposo com o objetivo de serem oxidados para continuar o exercício. A lipólise é induzida pela adrenalina, a qual estimula a lipase hormônio-sensitive para gerar ácidos graxos livres e glicerol e inibe a enzima acetil CoA carboxilase para síntese de ácidos graxos. Essa reação é revertida pelo aumento dos níveis de insulina, quando há suprimento de glicose. No fígado, os ácidos graxos livres são metabolizados a corpos cetônicos, cuja concentração aumenta muito, o que permite sua subsequente oxidação na fosforilação oxidativa para gerar ATP para o músculo e o cérebro.

Durante o exercício intenso, a β-oxidação compete com o ciclo de Krebs, sendo inibida pelo excesso de NAD^+ produzido. O excesso de acetil CoA produzido pela β-oxidação limita a glicólise. Então, a demanda de oxigênio torna-se insuficiente e o corpo ultrapassa sua capacidade de fornecer energia através da gordura.

Quando a velocidade de formação de corpos cetônicos é maior que sua utilização, seus níveis começam a aumentar na corrente sanguínea. Cada grupo carboxila dos corpos cetônicos perde um H^+, que permanece circulante na corrente sanguínea, diminuindo assim o pH do corpo e resultando em acidose. Os produtos do catabolismo dos corpos cetônicos são excretados na urina (cetonúria).

O fígado não possui a enzima acetoacetato CoA transferase e, por isso, é incapaz de usar corpos cetônicos como combustível e de produzir glicose a partir de ácidos graxos. Portanto, a fonte de energia para continuar o exercício fica deficiente.

Uma vez que a reserva de glicogênio é depletada, o cérebro e as células nervosas utilizarão os corpos cetônicos originários de ácidos graxos para gerar ATP. Consequentemente, o uso de glicose como combustível do cérebro é consideravelmente reduzido. Como os ácidos graxos derivados de triglicerídeos não podem ser utilizados para gliconeogênese, as proteínas do músculo devem ser degradadas para manter a homeostase glicolítica, causando, entretanto, desgaste do músculo esquelético e contribuindo para diminuir a massa magra corporal.

Assim, para suprir a energia necessária para a manutenção do exercício ocorre proteólise das proteínas musculares, com a liberação de aminoácidos glicogênicos. Nessa condição, a atividade física pode ser mantida por mais tempo.

Certos aminoácidos podem ser utilizados completamente ou parcialmente para cetogênese, por exemplo, isoleucina, leucina, fenilalanina, tirosina, lisina e triptofano, originando acetil CoA. Outros aminoácidos, como alanina, cisteína, glicina, glutamato, glutamina, prolina, serina, aspartato, asparagina, arginina, metionina, valina e treonina, contribuem para a gliconeogêsene, originando piruvato ou um dos compostos intermediários do ciclo de Krebs.

Após a remoção dos grupos amínicos dos aminoácidos pela desaminação ou transaminação, os esqueletos carbônicos dos aminoácidos são convertidos em intermediários do ciclo do ácido cítrico ou em compostos relacionados, podendo dar origem a duas ou três moléculas diferentes. Durante o exercício físico, o músculo libera alanina, íons amônio e glutamina a taxas aceleradas. Os grupamentos amínicos dos aminoácidos são retirados do organismo pelo ciclo da ureia, que é sintetizada no fígado e excretada na urina.

Quando o exercício termina e ocorre a reposição de nutrientes, a glicose é metabolizada no músculo a piruvato para depois ser reduzida anaerobicamente à lactato. O lactato é então transportado ao fígado para gliconeogênese, isto é, para a síntese de glicogênio.

Nas Montanhas

A hemoglobina é um forte transportador de oxigênio para os tecidos. Mas, ao chegar ao seu destino, a hemoglobina é persuadida a se desligar do oxigênio pela presença de íons H+ nos músculos contraídos e também devido ao composto, intermediário da glicólise, o 2,3 BPG (2,3-bifosfoglicerato), que tem maior afinidade pelo oxigênio da respiração que a hemoglobina.

O 2,3 BPG exerce efeito alostérico sobre a hemoglobina, isto é, desempenha sua capacidade de reversibilidade da forma ativa para a inativa, provocando diminuição da afinidade da hemoglobina pelo oxigênio com maior adaptação nas várias condições de disponibilidade de oxigênio.

Em circunstâncias de baixas concentrações de oxigênio, uma via alternativa de produção de energia na glicólise é desenvolvida (Fig. 4.10). Nessa via, duas enzimas, a bifosfoglicerato mutase e a 2,3-bifosfolicerato mutase, estimulam 3-fosfoglicerato para aumentar a concentração de 2,3 BPG. Quando isso acontece, não há produção de ATP, e a glicólise, nessas circunstâncias, tem menor rendimento energético.

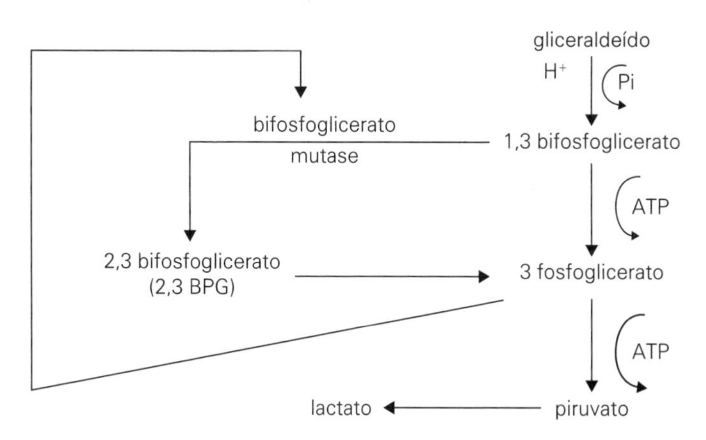

Fig. 4.10 – *Obtenção de energia em grandes altitudes.*

Nas montanhas, onde o ar é rarefeito, seus habitantes usam essa via para produzir energia, com menor liberação de hidrogênio livre na célula. Quando pessoas acostumadas a viver em baixas altitudes se deslocam para lugares de altitudes mais elevadas, sofrem desconforto respiratório e, então, sentem fadiga e falta de ar ao praticar qualquer tipo de esforço físico.

Entretanto, em poucos dias essas pessoas se adaptam ao meio por causa do aumento da concentração de 2,3 BPG nas células vermelhas, o que permite a obtenção de oxigênio apesar da sua baixa disponibilidade no ar das montanhas. Ao retornarem para as baixas altitudes, a concentração de 2,3 BPG nessas pessoas volta rapidamente ao normal, uma vez que ela tem meia-vida de 6 horas.

A hemoglobina fetal (formada por duas cadeias α e duas cadeias γ) tem menor afinidade pela 2,3 BPG que a hemoglobina de adultos (formada por duas cadeias α e duas cadeias β) e, portanto, maior afinidade pelo oxigênio. Consequentemente, há maior facilidade para as trocas gasosas da placenta entre mãe e filho.

Funções da 2,3 BPG

1. *Efeito da 2,3 BPG sobre a afinidade com o oxigênio:* a 2,3 BPG é reguladora da ligação hemoglobina-oxigênio (Hb-O_2). É o fosfato mais orgânico e mais abundante nas hemácias, onde sua concentração é semelhante à da hemoglobina. A 2,3 BPG diminui a afinidade da hemoglobina pelo O_2, por meio de sua ligação à desoxiemoglobina (Hb-2,3 BPG): Hb-O_2 + 2,3 BPG → Hb-2,3 BPG + O_2. Essa afinidade reduzida permite que a hemoglobina libere O_2 eficientemente nas pressões parciais dos tecidos.
2. *Resposta dos níveis de 2,3 BPG à hipóxia ou anemia:* a concentração de 2,3 BPG aumenta nas hemácias em resposta à hipóxia, causada, por exemplo, no enfisema pulmonar ou em altitudes elevadas. As pessoas nativas das grandes altitudes têm o tamanho do tórax aumentado, o tamanho do corpo diminuído e o coração maior, necessário para bombear sangue por um sistema capilar grandemente expandido. Nesses indivíduos, a liberação de O_2 é maior devido à maior quantidade de hemoglobina, isto é, a quantidade de sangue arterial é maior e a de sangue venoso é menor do que a de habitantes de planícies. Na aclimatação, o débito cardíaco frequentemente aumenta até 30% imediatamente após uma pessoa ascender a uma altitude elevada, mas então diminui em direção ao normal quando o hematócrito aumenta, de modo que a quantidade de oxigênio transportado para os tecidos permanece em torno do normal. Na anemia, a

concentração de 2,3 BPG é elevada e menos hemácias que o normal estão disponíveis para suprir as necessidades de oxigênio corporal. Níveis elevados de 2,3 BPG diminuem a afinidade da hemoglobina pelo oxigênio, permitindo maior descarga de oxigênio nos capilares dos tecidos.

3. *Hemoglobina fetal:* a hemoglobina fetal (HbF) tem maior afinidade pelo oxigênio que a hemoglobina do adulto (HbA). Isto porque a HbF liga-se fracamente a 2,3 BPB devido à ausência de aminoácidos positivos na HbF. Essa característica facilita a transferência de oxigênio da circulação materna através da placenta para as hemácias do feto.
4. *Sangue transfundido:* a baixa concentração de 2,3 BPG em sangue estocado dificulta a liberação de oxigênio da hemoglobina para os tecidos dos pacientes.
5. *Adaptações dos seres vivos em caso de mutação celular com deleção da produção de 2,3 BPG:* ausência de 2,3 BPG nos seres vivos: neste caso, o oxigênio estaria totalmente ligado à hemoglobina e sua liberação talvez fosse tão lenta que a velocidade metabólica não poderia resistir. O processo de oxidação da glicose até CO_2 e H_2O estaria seriamente comprometido, uma vez que não haveria oxigênio totalmente livre e disponível para receber H+ proveniente da desidrogenases. Com isso, a produção de energia (ATP) seria afetada, diminuindo consideravelmente a capacidade da célula de manter suas atividades. Sem oxigênio livre, a célula morreria por asfixia, pois com o aumento da concentração de H+ a célula sofreria, acidificando, alterando o pH celular para a atividade enzimática ideal. A síntese de NAD+ e NADP+ estaria comprometida e o carreamento de H+ até a cadeia respiratória seria deficiente. Uma adaptação remota possível seria o desvio da oxidação da glicose, via glicolítica, até piruvato e, então, lactato, em fase anaeróbica, no citosol. Essa via exige menos oxigênio livre mas, em contrapartida, produz menor quantidade de energia (ATP). Nesses novos seres adaptados talvez houvesse uma involução da mitocôndria: diminuição de seu tamanho ou até mesmo sua ausência. Isto porque a cadeia respiratória (aeróbica) não mais teria função na ausência de oxigênio livre. Se isso acontecesse, as enzimas sintetizadas na matriz mitocondrial para a oxidação do piruvato (ciclo de Krebs),

aminoácidos e ácidos graxos seriam eliminadas. Como o ciclo de Krebs não ocorreria, toda a produção de energia para a célula estaria restrita ao ciclo de Cori. Mas, com o ciclo de Cori, há aumento da concentração de lactato para níveis maiores que 5 mmol/L, provocando acidose láctica, e o pH do sangue cai de 7,35 – 7,45 para 7,0 ou menos. Esse ácido láctico acumulado teria então que ser removido da corrente sanguínea pelo fígado para evitar a hiperlactatemia. Se no fígado não houver disponibilidade de oxigênio suficiente, o lactato não será oxidado a piruvato. A gliconeogênese estará comprometida. Na célula não haverá reserva de glicogênio e a produção de ATP será apenas emergencial, com acidificação celular provocada pelo acúmulo de ácido graxo. Em células normais, na via lactato, o NAD+ é reduzido a NADH + H+ pela gliceraldeído 3 fosfato desidrogenase. Em presença de oxigênio, NADH + H+ vai para a cadeia respiratória, é oxidado e o NAD+ é recuperado, para ser reutilizado. Se na célula não está ocorrendo síntese de 2,3 BPG para liberação de oxigênio da hemoglobina, o NAD+ não poderá ser regenerado pela lactatodesidrogenase para continuar a via glicolítica. A lactatodesidrogenase estimula NADH + H+ ser oxidado a NAD+. Como a glicólise terá seu ponto final em piruvato, não haverá conversão para acetil CoA citosólico

Balanço Energético da Respiração

Nas células do fígado e do coração são produzidos 38 ATP, enquanto nas células nervosas e musculares apenas 36 ATP são obtidos por mol de glicose. A menor quantidade de ATP produzido é devido à perda de hidrogênio para atravessar a membrana da mitocôndria (Tabela 4.5).

Em laboratório, a combustão da glicose libera 686 kcal/mol no calorímetro. No processo respiratório, a energia utilizável que a célula obtém é de aproximadamente 304 kcal/mol (38 ATP × 8 kcal/mol). Isso quer dizer que a célula consegue extrair 45% da energia existente na glicose, na forma de ATP.

Uma molécula-grama de glicose (1 mol) = 180 g, então 686 kcal/180 g é aproximadamente igual a 4 kcal/g. No organismo, a energia produzida é distribuída na forma de ATP e calor.

Tabela 4.5 Balanço Energético da Oxidação da Glicose		
Glicólise	4 ATP −2 ATP (de ativação)	2 ATP
	2 $NADH_2$ × 3 ATP	6 ATP
Rendimento total da glicólise	8 ATP	
Ácido pirúvico	acetil CoA: 1 NADH2 × 3 ATP	3 ATP
	3 $NADH_2$ × 3 ATP	9 ATP
Ciclos de Krebs	1 $FADH_2$ × 2 ATP	2 ATP
	1 ATP	1 ATP
Rendimento total do ciclo de Krebs		15 ATP
Rendimento total da transformação de duas moléculas de ácido pirúvico (2 × 15 ATP)		30 ATP
TOTAL de ATP produzidos por molécula de glicose		38 ATP

Mecanismo de Eliminação de CO_2 do Organismo

O sangue arterial leva aos tecidos o oxigênio proveniente da inspiração através das hemácias, enquanto o sangue venoso traz o CO_2 dos tecidos para os pulmões, principalmente através do plasma sanguíneo, para ser eliminado ao ar atmosférico na forma de bicarbonatos (Tabela 4.6). Um homem de 70 kg respira, em repouso, aproximadamente, 25.000 vezes por dia. Isso significa que ele inspira 1.700 litros de ar, que corresponde a 360 litros de oxigênio por dia (em média, 0,25 mLO_2/minuto).

Tabela 4.6 Composição dos Gases da Respiração nos Alvéolos		
Ar	***O_2 (%)***	***CO_2 (%)***
Inspirado	21	0,03
Expirado	14	5

Apenas uma parte de CO_2 (cerca de 1/5 do total) se liga à hemoglobina (Hb), formando a carboemoglobina ($HbCO_2$). Outra pequena parcela permanece no plasma. A maior parte, porém, é carregada na forma de íon bicarbonato (HCO_3^-), dissolvido no plasma (Fig. 4.11).

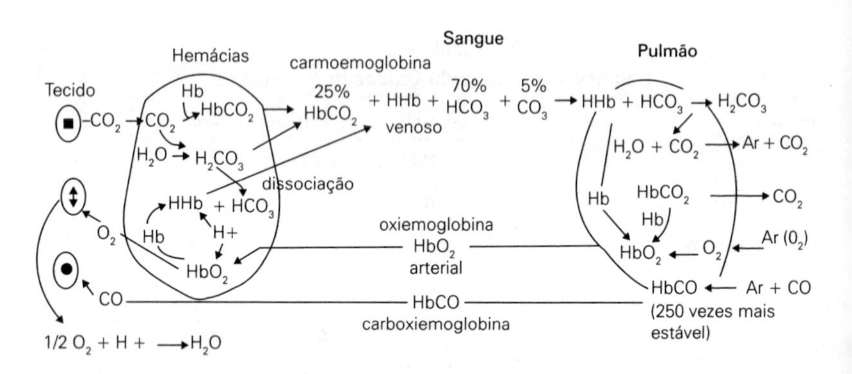

Fig. 4.11 – *Esquema da troca de gases nos tecidos, no sangue e no pulmão.*

A hematose, isto é, o transporte de gases no organismo, se apresenta em valores aproximados:

- 5% CO_2 está dissolvido no plasma.
- 25% CO_2 está combinado à hemoglobina (carboemoglobina).
- 70% CO_2 está sob a forma de íons bicarbonatos no plasma.

O CO_2, dentro das hemácias, reage com a água, formando ácido carbônico (H_2CO_3) sob a ação catalisadora da enzima anidrase carbônica. O ácido carbônico ioniza-se, formando H^+ e HCO_3^- (íon bicarbonato).

Do interior das hemácias, o íon bicarbonato (HCO_3^-) difunde-se para o plasma, sendo então transportado aos pulmões. Nos pulmões, as reações ocorrem em sentido inverso, formando novamente CO_2 e H_2O pela anidrase carbônica. O íon H^+ provoca uma grande variação de pH, tornando o meio ácido. Esse efeito é contornado porque a oxiemoglobina (HbO_2) o capta, passando a HHb, liberando o oxigênio para as células e formando H_2O.

No sangue venoso haverá então aumento das concentrações de HHb e HCO_3^-, que serão transportados para os pulmões a fim de eliminá-los. Uma parte de HCO_3^- fica no plasma sob a forma de $NaHCO_3$, para funcionar como substância tampão de regulação do pH.

Nos alvéolos pulmonares, o oxigênio inspirado desloca o H^+ da HHb, passando a HbO_2. O HCO_3^- do sangue venoso combina-se então ao H^+, dando H_2O e CO_2. O CO_2 livre difunde-se do sangue venoso dos capilares para os alvéolos, e daí para o exterior.

Na respiração é possível inspirar determinados gases altamente tóxicos, como o monóxido de carbono (CO) expelido por motores, queima de lenha etc. O CO forma com a hemoglobina uma ligação 250 vezes mais estável do que com o oxigênio, a carboxiemoglobina (HbCO). Sua inspiração, mesmo que em pequenas quantidades, pode provocar a morte por asfixia em recintos fechados e mal ventilados.

O fumo é um causador da destruição progressiva dos alvéolos e, com isso, a eficiência respiratória diminui, surgindo tosse e pigarro típicos dos fumantes, e abrindo caminho para a instalação de doenças infecciosas, bronquite crônica e enfisema, pelo fato de o fumo provocar inibição do movimento dos cílios que limpam as vias respiratórias. Essas doenças causam deficiência de oxigenação em órgãos vitais como o coração, o cérebro e os músculos.

Gripes e resfriados desencadeiam irritação das mucosas das vias respiratórias. A mucosa reage à proliferação de vírus, inchando e produzindo um intenso fluxo de muco, a ponto de dificultar a respiração. Num ataque de asma, os bronquíolos se contraem, prejudicando a troca de gases.

Balanço da Água

O organismo humano é composto por aproximadamente 60% de água, reposto diariamente pela ingestão e pela oxidação de alimentos e complementado pela ingestão de bebidas (Tabela 4.7).

Tabela 4.7
Fontes de Água no Organismo

Fontes de Água	*Nutrientes*	*Quantidade (%)*
Alimentos		4 a 9
Oxidação dos nutrientes (100 g)	Lipídeo	107
	Carboidrato	55
	Proteína	41
Oxidação mista dos alimentos	200 a 300 mL/dia	
Ingerida		Complemento

A água ingerida é controlada pela sede. A sede é estimulada quando a osmolaridade celular aumenta ou quando o volume extracelular de líquido decresce. A necessidade diária adequada de água para adultos sadios é de 2,5 a 3,5 litros (Tabela 4.8).

Tabela 4.8 Balanço de Água Ingerida e Excretada no Organismo		
Volume de Água	***Fontes de Água (mL)***	***Metabolismo***
Líquidos	500 a 1.700	Ingestão diária
Água dos alimentos	800 a 1.000	
Oxidação dos alimentos	200 a 300	
Total	***1.500 a 3.000***	
Urina	600 a 1.600	Excreção diária
Fezes	50 a 200	
Pele e pulmões	850 a 1.200	
Total	***1.500 a 3.000***	

A perda de 20% da água corpórea pode causar a morte. A perda de 10% de água corporal causa distúrbios severos. Em temperatura moderada, o homem sobrevive até 10 dias sem água.

Volemia Gravídica

A volemia é dada pela soma da quantidade de plasma e glóbulos. O volume de sangue normal de uma pessoa é: do homem, de 5,3 litros (78 mL/kg de peso); da mulher, de 3,8 litros (66 mL/kg de peso).

Na gravidez, o volume sanguíneo aumenta aproximadamente um litro, o que corresponde a um aumento no volume de 40% a 50% até o final da gestação. O volume sanguíneo aumenta progressivamente a partir da 6ª semana gestacional, expande-se mais rápido no segundo trimestre, alcançando o pico na 24ª semana, para depois estabilizar até o final. O aumento do volume plasmático é necessário para suprir a demanda do sistema vascular hipertrofiado de um útero também aumentado.

A quantidade de eritrócito aumenta apenas 20% a 30%, e a concentração de hemoglobina é reduzida. A gestação é uma situação que demanda maior consumo de oxigênio (eleva a necessidade em torno de 16%), conduzindo consequentemente a um aumento na atividade da eritropoetina.

Na gestação, a necessidade de ferro é aumentada devido ao desenvolvimento do feto, placenta e cordão umbilical e também para as perdas sanguíneas no parto e puerpério. O ferro será utilizado para a síntese de eritropitina. A regulação de ferro orgânico é controlada pela sua absorção, mas nem todo ferro da circulação materna será destinado à mãe. Por isso, é necessário suplementação de ferro total entre 600 e 800 mg, o que corresponde a 5 a 6 mg ferro por dia para evitar anemia.

A anemia é considerada presente quando o hematócrito é menor que 32% e o nível de hemoglobina cai para menos de 11 g/dL.

O aumento do volume sanguíneo aumenta a pressão sanguínea sistêmica média, provocando aumento do débito cardíaco de 30% a 50% a partir da sexta semana até atingir o valor máximo entre a 16ª e a 28ª semana. O aumento do débito cardíaco causa aumento do retorno venoso para o coração. A frequência cardíaca de repouso passa de 80 para 90 batimentos por minuto.

Ao final da gestação, o útero recebe cerca de um quinto de todo o suprimento sanguíneo da mãe. Na gravidez, o trabalho do coração aumenta por causa do aumento do requerimento cardíaco.

A quantidade de eritrócito passa de 50 mL na 20ª semana de gestação para 250 mL na 40ª, e o hematócrito reduz de 40-42% para 32% na mulher grávida. A hemoglobina diminui aproximadamente 30%, passando de 12-16 g% para 10-12 g% na gravidez. O volume globular aumenta 250 mL devido à produção acelerada de hemácias. Nesse período a pressão arterial sistólica é de 3-4 mmHg e a diastólica é de 10-15 mmHg.

Alcoolismo

O etanol, ou o álcool etílico, é uma das mais antigas drogas, considerada psicotrópica porque causa modificações no psiquismo. É uma droga como a cocaína, a maconha ou o tranquilizante.

O alcoolismo é consequência do abuso da ingestão de bebidas alcoólicas. A pessoa não sabe quando termina o uso social e começa o uso patológico. Para a maioria dos médicos, o que realmente demarca o limite entre o bebedor social e o alcoólatra é a perda de liberdade de decisão sobre o ato de beber. O paciente direciona toda a sua vida em função do álcool, abrindo mão de outras atividades e interesses.

Pode-se basear na frequência e na quantidade de álcool ingerido para saber se a pessoa é ou não alcoólatra. Para o homem essa quantidade é de 80 g de álcool por dia, e para a mulher é de 40 g, em média. Acima desse consumo começam a surgir doenças hepáticas, gástricas e neurológicas provocadas pelo álcool.

O alcoolismo é uma doença progressiva, isto é, quanto mais a pessoa bebe, mais aumenta a sua tolerância à bebida e maiores são os danos aos órgãos envolvidos para sua eliminação. O estudo das causas é importante para determinar a linha de tratamento.

Existem dois tipos de alcoólatras: o primário, desencadeado por predisposições genéticas, e o secundário, causado por problemas psiquiátricos.

O alcoolismo primário é mais comum e incurável, só podendo ser controlado pela abstinência total. Já o alcoolismo secundário é praticado por pessoas que apresentam diversos motivos para consumir alguma bebida alcoólica, como:

a. Esquecer, funcionando como anestésico para o espírito.
b. Buscar segurança e alívio para a ansiedade resultante da insegurança.
c. Sentir-se viril, isto é, reafirmar algo em que as pessoas precisam crer.
d. Desinibir e dar ao indivíduo a coragem de enfrentar situações;
e. Não sentir medo de ser julgado inferior.
f. Aliviar as tensões ou traumas de infância.

O fígado não atua apenas na digestão de alimentos, mas realiza várias outras funções vitais, entre elas promover a eliminação do etanol e de toxinas do organismo.

A ação do álcool na vida de uma pessoa começa irritando a boca e o esôfago e é logo passada ao estômago e ao intestino delgado, onde é absorvido. Daí vai para o fígado, onde parte é metabolizada com consumo de glicose, vitaminas B_1 (tiamina) e B_6 (piridoxina).

Inicialmente, o álcool é transformado em aldeído acético ou acetaldeído, substância altamente tóxica. Logo a seguir entra em ação a enzima aldeído-desidrogenase, que converte o acetaldeído em acetato com destino para o ciclo de Krebs para formar os produtos finais, CO_2 e H_2O (Fig. 4.12). Portanto, 90% do álcool ingerido é, assim, eliminado. O resto do etanol não metabolizado é eliminado na respiração ou na urina, por difusão. Ao coração, o etanol chega pela veia cava, cai na circulação sanguínea e é distribuído para todos os órgãos como acetaldeído.

O acúmulo de acetaldeído causa rubor facial. A cefaleia alcoólica é provocada pela irritação do álcool nas meninges. Orientais têm deficiência da enzima aldeído-desidrogenase e por isso têm menor tolerância ao consumo de álcool que os ocidentais.

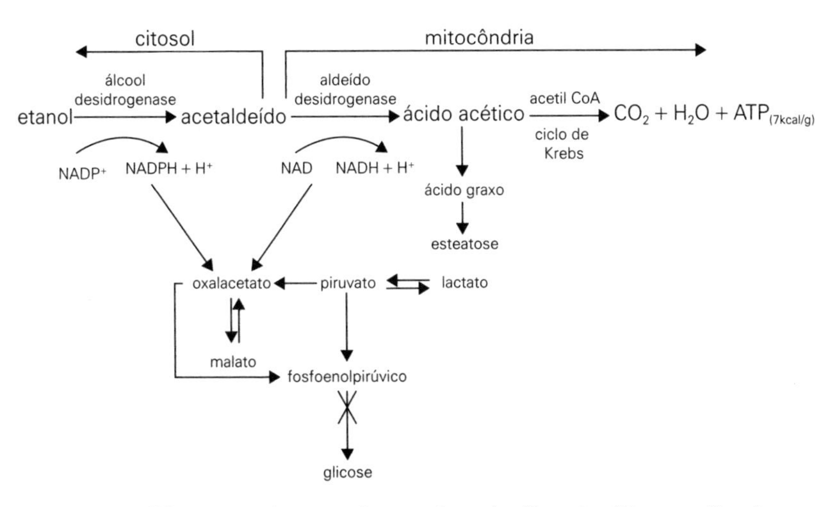

Fig. 4.12 – *Diagrama das transformações do álcool etílico no fígado.*

No processo de oxidação do etanol ocorre a desidrogenação. Os hidrogênios liberados são captados pelo sistema $NAD/NADH_2$, que os leva para a cadeia respiratória, formando água e ATP. Portanto, grandes quantidades de álcool geram muito hidrogênio suplementar, provocando distúrbios nas células hepáticas. Se há muito álcool no fígado, a necessidade de sua destruição ocupa grande quantidade de NAD. Sendo assim, a quantidade de moléculas de NAD disponível para o ciclo de Krebs e glicólise diminui muito, prejudicando o processo metabólico normal da célula.

No citosol a alta concentração de $NADPH + H^+$ produzido na oxidação do etanol induz a redução do piruvato a lactato e do oxalato a malato, impedindo a gliconeogênese. Isso causa a hipoglicemia, com aumento de agressividade e agitação. Na mitocôndria, a alta concentração de $NADPH + H^+$ inibe o ciclo de Krebs. O acetato será exportado para fora do fígado para ser metabolizado.

O álcool deixa um rastro de destruição por todo o organismo. As moléculas de etanol que circulam pelo corpo afetam as células nervosas, alterando a função dos neurotransmissores, que são substâncias responsáveis pela troca de informações entre os neurônios. Isso ocorre porque todos os nervos do organismo possuem um invólucro gorduroso chamado lipoide. O álcool tem a capacidade de dissolver substâncias gordurosas, e, sendo a lipoide dissolvida, surgem vários curto-circuitos no sistema nervoso.

Os efeitos iniciais do álcool são euforia e desinibição, fazendo muitas pessoas acreditarem que é uma droga estimulante. Mas isso não é verdadeiro. O álcool é classificado como depressor do sistema nervoso central, e em pequenas doses atua sobre os neurônios inibitórios, deprimindo-os e, assim, liberando as emoções contidas e fazendo a pessoa se sentir extrovertida e alegre.

Quando a dose aumenta, o álcool deprime todas as outras atividades do organismo, com diminuição crescente das funções cerebrais e da habilidade psicomotora, até chegar a uma fase de sono profundo, com perda de reflexos e de calor e, por fim, depressão cardiorrespiratória. Esse estado, ao extremo, é caracterizado como coma alcoólico, podendo levar à morte.

O fígado é o órgão mais afetado porque, conforme aumenta a sua exigência, aumenta também a sua capacidade de metabolizar o álcool, provocando um aumento na tolerância ao álcool pelo alcoólatra. Com o tempo, a produção de aldeído ultrapassa a capacidade do sistema, fazendo surgir várias alterações nas células hepáticas, como esteatose, hepatite alcoólica e cirrose.

A combinação de álcool e droga causa aumento do efeito do remédio (calmante) ou inativa o seu efeito (dor de cabeça contínua), podendo levar a taquicardia.

O aumento no consumo de álcool produz:

- Aumento da taxa de adrenalina e glucagon.
- Maior mobilização de triglicerídeos do tecido adiposo, provocando acúmulo de ácidos graxos no fígado.
- Aumento da oxidação de ácidos graxos, produzindo corpos cetônicos.

Das doenças causadas pelo álcool, as mais comuns são:

a. *Esteatose:* acúmulo de gordura no fígado, tornando-o amarelo e aumentado. Duas semanas de consumo excessivo e constante são suficientes para o aparecimento da doença. Essa lesão é reversível, e duas semanas de abstinência são suficientes para os sintomas desaparecerem.

b. *Hepatite alcoólica:* o alcoolismo determina interferência no metabolismo celular pelo fato de a glicólise e o ciclo de Krebs ocorrerem em marcha lenta, sobrando açúcares e ácidos graxos nas células, que acabam sendo convertidos em gorduras acumuladas aos poucos nas células hepáticas. As mitocôndrias dessas células aumentam de volume devido ao seu trabalho anômalo, isto é, ciclo de Krebs prejudicado, porém cadeia respiratória a todo vapor devido à desidrogenação do etanol. O NAD será utilizado na cadeia respiratória preferencialmente, não disponibilizando para o ciclo Krebs. As células hepáticas tentam se livrar das gorduras nelas depositadas e as liberam na circulação. No entanto, após alguns anos, essas células repletas de gordura começam a morrer, causando um processo inflamatório, pois há necrose (morte) das células e formação de fibroses (cicatrizes). Esse estado é conhecido como hepatite alcoólica.

c. *Cirrose hepática:* é uma insuficiência hepática crônica, incurável e potencialmente fatal, consistindo numa substituição da arquitetura normal do fígado por nódulos de regeneração. O fígado possui um sistema de vasos por onde o sangue circula. Esses vasos são orientados espacialmente por estruturas chamadas de arcabouço de reticulina. Conforme essas estruturas sofrem lesões, as células do fígado tendem a se regenerar, mas o fazem desordenadamente, formando-se vários nódulos circundados por cicatrizes que dificultam a passagem do sangue. O fígado encolhe, reduzindo sua função de filtrar o sangue. As alterações que podem surgir são:
   - Icterícia: caracterizada pela coloração amarela da pele porque o fígado não excreta a bilirrubina (morte da hemoglobina).
   - Hemorragia digestiva: o sangue não passa pelo fígado, procurando caminhos alternativos.
   - Acúmulo de líquido: inchaço da barriga (ascite);
   - Disfunção do baço, provocando anemia, inchaço dos órgãos e alterações hormonais.
   - Convulsão: como não ocorre o ciclo da ureia, esta acumula no cérebro.

d. *Síndrome da abstinência:* caracteriza-se, a princípio, por insônia, pesadelos ou tremores nas mãos. É uma das mais terríveis consequências do alcoolismo. A fase mais crítica é o *delirium tremens*: agitação intensa, convulsões e alucinações. É comum também a pessoa ouvir vozes ou sentir-se atacada por insetos ou animais.

A glicose é indicada no caso de hipoglicemia provocada pela ingestão excessiva de álcool, associada ao jejum prolongado, pois a glicose participa da oxidação do álcool, ajudando a eliminá-lo mais rapidamente.

A ressaca é um tipo de intoxicação causada quando a quantidade de álcool ingerida é grande. Seus principais sintomas são: boca seca, pois o álcool provoca contração nos vasos sanguíneos, causando a sensação de ressecamento e a necessidade de ingerir água; dor de cabeça e enjoo. Esses sintomas só desaparecem quando boa parte do álcool é eliminada pela urina.

O alcoolismo é uma doença que pode ser tratada e curada. O Alcoólicos Anônimos (AA) é uma organização de combate ao alcoolismo e que defende a abstinência total como tratamento. É um grupo de autoajuda no qual qual os alcoólatras compartilham seus problemas. O lema é "evite o primeiro gole". Para um bom tratamento, é preciso mudar padrões de comportamento que estavam muito ligados ao alcoolismo, pois o dependente direciona todo o seu dia a dia em busca e no consumo da droga.

A internação só é recomendada quando há complicações psiquiátricas sérias ou risco de agressividade. Muito raramente é recomendado ao paciente o uso de substâncias que provocam a aversão ao álcool, como o "dissulfiram" (dissulfeto de tetra-etiltiuram), que interfere no metabolismo do álcool, causando reações desagradáveis: rubor facial intenso (vermelhidão), queda da pressão arterial, tonturas, vômitos e aumento da frequência cardíaca, tornando-se uma droga perigosa que pode levar à morte.

O consumo de álcool entre as mulheres tem aumentado consideravelmente. Um fato curioso e ainda sem explicação é que o organismo feminino é mais sensível ao álcool. Normalmente as mulheres começam a beber mais tarde que os homens, mas apresentam-se para o tratamento da doença na mesma idade. Isso pode ser explicado por fatores hormonais ou devido a sua menor quantidade de água corpórea em relação ao peso, levando a um aumento da concentração alcoólica no sangue.

Na gravidez, o alcoolismo feminino pode ter consequências trágicas, pois o álcool tem a propriedade de atravessar a placenta, atingindo a circulação fetal. Por isso, a criança já nasce com a síndrome da abstinência, tornando-se agitada e nervosa pela ausência de bebida.

Pode, ainda, sofrer uma doença chamada FAS (síndrome alcoólica fetal), que provoca desde problemas de comportamento até retardo mental, muitas vezes acompanhado de má formação orgânica, como a microcefalia (cabeça em tamanho menor que o normal).

Como determinar a quantidade de álcool presente nas bebidas? Por exemplo: as bebidas destiladas têm aproximadamente 50% de álcool; o vinho tem de 10% a 18%; e a cerveja, de 4% a 6%.

Se uma pessoa ingerir 50 mL de cachaça, estará bebendo 25 mL de álcool (50%). Mas a densidade do álcool é 0,8 g/mL. Então, uma dose de cachaça conterá: 0,8 g/mL × 25 mL = 20 g de álcool. Se o limite do homem é de 80 g de álcool por dia, a ingestão de uma dose de cachaça significa um quarto do limite. Para a mulher, essa ingestão corresponde à metade do limite de 40 g/dia.

A bebida doce embriaga mais rapidamente pelo fato de a velocidade de absorção ser maior, pois o açúcar facilita o transporte. O álcool misturado ao café, que contém a cafeína, um agente estimulante que tira o sono, terá como resultado a situação do bêbado acordado.

A correspondência alcoólica com as outras bebidas pode ser resumida da seguinte forma: uma dose de uísque corresponde a duas de vinho tinto, quatro de vinho branco e dez de cerveja.

O teste do bafômetro é usado para medir a quantidade de etanol expirado, indicando o grau de alcoolismo de um indivíduo. A legislação brasileira determina que a concentração máxima permitida para motoristas é de zero grama de álcool por litro de sangue. A reação do álcool no teste do bafômetro que demonstra o grau de alcoolismo é dada pela alteração de cor do reagente, de amarelo para verde.

$$\underset{\text{etanol}}{3\,CH_3CH_2OH} + \underset{\text{(amarelo)}}{2\,K_2Cr_2O_7} + 8\,H_2SO_4 \longrightarrow \underset{\text{Ácido acético}}{3\,CH_3COOH} + \underset{\text{(verde)}}{2\,Cr_2(SO_4)_3} + 2\,K_2SO_4 + 11H_2O$$

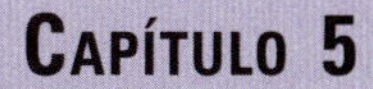

Capítulo 5

Lipídeos

Os lipídeos incluem todas as substâncias insolúveis em água, que podem ser extraídas de um material biológico com solventes usuais de gordura, como éter, clorofórmio, acetona e benzeno. Os triglicerídeos são considerados gorduras neutras, por serem constituídos por um mol de glicerol e três de ácidos graxos, e formam 95% da gordura corporal.

O organismo possui grande capacidade de armazenar gordura em seu tecido adiposo, que funciona como reserva energética. O homem tem 15% de gordura corpórea, enquanto a mulher tem 25%. Para um homem de meia-idade a energia potencial armazenada é de aproximadamente 100.000 kcal (80 kg × 15% × 9 kcal/g = 108.000 kcal).

Certos lipídeos são utilizados pelo organismo como fonte de energia para as células, fornecendo 9 kcal/g; outros são componentes estruturais, como os fosfolipídeos, que fazem parte da estrutura das fibras nervosas e da coagulação sanguínea; outros funcionam como coenzimas na forma de vitaminas A e K, coenzima Q e plastoquinonas; outros funcionam como hormônios na forma de vitamina D e prostaglandina, participando da regulação da pressão sanguínea, dos batimentos cardíacos, da dilatação vascular, da lipólise e do sistema nervoso central; outros, ainda, têm função de transporte, como as lipoproteínas. Os hormônios são derivados de esteróis (colesterol); lipídeos (prostaglandinas); glicoproteínas (eritropoína, que atua na secreção das hemácias).

A estocagem de gorduras é vantajosa para a manutenção da temperatura corporal, uma vez que a camada de gordura na pele atua como isolante térmico, protegendo o organismo de mudanças bruscas de temperatura do meio ambiente. Essa característica é importante nos recém-nascidos, que não dispõem de todos os mecanismos de regulação térmica suficientemente desenvolvidos. Durante a atividade física, os indivíduos mais gordos podem produzir calor corporal de 10 a 20 vezes acima do normal. A gordura também tem função de proteger o corpo de injúrias mecânicas (4%).

Além dessas funções, os lipídeos diminuem o volume da dieta, pois são ingeridos em forma pura, enquanto em outros alimentos uma considerável proporção de água é incorporada, pois eles contêm amido que absorve água. As gorduras ingeridas provocam a liberação de enterogastrona do duodeno, inibindo o esvaziamento do estômago e proporcionando uma sensação de maior saturação e plenitude gástrica devido a sua permanência mais prolongada no trato digestivo. Por isso o homem consegue ficar mais independente dos intervalos entre as refeições.

Os lipídeos também têm função de suporte às vísceras, de transporte de elétrons na atividade enzimática, na reprodução, no funcionamento renal, no desenvolvimento do cérebro, além de serem responsáveis pelas características de gosto, odor e aroma dos alimentos. Os ácidos graxos da camada fosfolipídica da membrana associados a proteínas específicas determinam a seletividade da membrana, controlando a passagem de substância para dentro e fora das células. Os fosfolipídeos, sintetizados no fígado, têm função estrutural da membrana plasmática, lisossomos, mitocôndria, retículo endoplasmático e nervos; participam da coagulação sanguínea.

Outra função dos lipídeos é a de funcionar como solvente de vitaminas lipossolúveis (A, D, E, K), que têm papel importante de proteção da saúde por meio da participação da síntese de anticorpos. Durante a refinação do óleo bruto ocorre perda dessas vitaminas e, portanto, a sua função de proteção à saúde fica diminuída. Por isso, é necessário adição de vitaminas aos óleos e margarinas depois do processo de refinação destes.

Os lipídeos são fundamentais na dieta por fornecerem ao organismo os ácidos graxos essenciais, como o ácido linolênico (encontrado no óleo de soja) e o ácido linoleico (encontrado no óleo de milho). São considerados essenciais por não serem sintetizados pelo organismo e, portanto, devem constar da dieta. O ácido araquidônico é encontrado somente em produtos animais, mas pode ser sintetizado a partir do linoleico e, por isso, não é considerado essencial.

A taxa de crescimento reduzida devido à desnutrição causa atraso no acúmulo de lipídeos na mielina (cérebro). O excesso de gordura corporal pode ser o responsável por certas doenças, como: diabetes, hipertensão, doença arterial coronariana e câncer de mama e cólon. O acúmulo de gordura no homem produz corpo com formato de maçã, com maior concentração de gordura na região do coração, e, na mulher, de pêra, concentrando-se na região dos quadris.

Definição

Por definição, lipídeo é a classe geral que engloba as gorduras e os óleos. As gorduras são triglicerídeos, de cadeia média a longa, sólidas à temperatura ambiente, e contêm mais ácido graxo saturado que os óleos. Os óleos são triglicerídeos, de ácido graxo de peso molecular médio (12 a 20 carbonos); são líquidos à temperatura ambiente e contêm mais ácido graxo insaturado que as gorduras. Exemplo: a margarina é o produto da hidrogenação de óleo para obtenção de gorduras (Tabela 5.1).

Tabela 5.1
Fonte Alimentar de Ácido Graxo Saturado

Ácido graxo	*PF (°C)*	*Alimento*
Butírico	–7,9	Manteiga
Láurico	44	Coco
Mirístico	54	Coco
Palmítico	63	Toucinho, óleo de palma, leite humano
Esteárico	70	Cacau
Araquídico	75	Amendoim
Lignocérico	84	Amendoim, mostarda, gergelim, girassol

Ácidos graxos formados por cadeia de 4 a 8 carbonos são encontrados, preferencialmente, em gorduras de laticínios. Os de cadeia entre 8 e 12 carbonos são encontrados em óleos de coco e palmeira, e os de cadeia com número maior que 12 carbonos estão presentes na gordura animal.

Os ácidos graxos polinsaturados ω-3 (linolênico, formado por 18 carbonos e 3 duplas; eicosapentanoico, formado por 20 carbonos e 5 duplas; docosapentanoico, formado por 22 carbonos e 6 duplas) são encontrados em óleos de peixe do

Atlântico Norte. Os ácidos graxos ω-3 são considerados alimentos funcionais, pois evitam a formação de coágulos sanguíneos na parede arterial, diminuem a pressão sanguínea, aumentam o HDL e reduzem o LDL. Os ácidos ω-6 (linoleico e araquidônico) são responsáveis pela integridade da pele e pelo funcionamento renal.

Os lipídeos da dieta são considerados saudáveis se apresentarem a relação poli-insaturado/saturado próximo de 1:1. Mas a melhor relação é a de 2:1, isto é, quando atinge menos de 10% de gordura saturada do total das calorias fornecido pelos lipídeos na dieta. O total recomendado de calorias fornecido pelos lipídeos deve ser formado por 20% a 30% do total energético da dieta (Tabela 5.2).

Tabela 5.2
Fontes Dietéticas Comuns de Gordura Saturada e Insaturada

Fonte alimentar	*Gordura (%)*	*Saturação (%)*	*Insaturação (%)*
Coração	6	50	50
Galinha	10 a 17	30	70
Carne	16 a 42	52	48
Carneiro	19 a 29	60	40
Presunto	23	45	55
Porco	32	45	55
Manteiga	81	55	36
Margarina	81	26	66
Óleo de girassol	47		73
Óleo de milho	100	7	78
Óleo de oliva	100	14	86
Óleo de soja	100	14	71,5

As gorduras dos animais diferem de espécie para espécie e também nas diferentes partes do animal, conferindo-lhes pontos de fusão específicos (Tabela 5.3).

Tabela 5.3
Temperatura de Fusão de Alguns Lipídeos de Origem Animal

Origem do lipídeo	*Ponto de fusão (°C)*
Porco	28
Vaca	45
Carneiro	50

Isso significa que a gordura de porco é de consistência mais mole que as outras e tem mais ácido graxo insaturado (menor ponto de fusão indica maior quantidade de ácido graxo insaturado).

Pode-se dizer que a ordem decrescente de qualidade nutricional dos óleos é: oliva, canola, girassol, soja, milho. Os óleos com maior porcentagem de insaturação são considerados melhores para a saúde, promovendo menores riscos coronarianos (Tabela 5.4).

Tabela 5.4
Fonte Alimentar de Ácido Graxo Insaturado

Ácido graxo	***PF (°C)***	***Alimento***
Palmitoleico	–0,5 a 0,5	Manteiga
Oleico	13	Óleo de oliva
Nervônico		Cérebro
Linoleico	–5 a –12	Óleo de milho e de algodão
Linolênico	–14	Óleo de soja
Araquidônico	–50	Ovo
ω-3		Peixe de água salgada do Norte

A digestibilidade varia com o tipo de gordura, isto é, o grau de insaturação (Tabela 5.5). As gorduras com baixo ponto de fusão (óleo), mais insaturadas, são de mais fácil digestão do que aquelas de alto ponto de fusão (manteiga), mais saturadas. De modo geral, pode-se considerar o coeficiente de digestibilidade dos lipídeos como sendo de 95%.

Tabela 5.5
Ponto de Fusão de Alguns Tipos de Lipídeos e Digestabilidade

Fonte de lipídeo	***PF (°C)***	***Digestabilidade (%)***	***Grau de insaturação***
Óleo	10	~100	+++++
Porco	28	98	++++
Manteiga	32	97	+++
de vaca	45	93	++
de carneiro	50	88	+

O ponto de ebulição dos lipídeos aumenta com o aumento do tamanho da cadeia. O ponto de ebulição dos ácidos graxos insaturados é menor que o dos saturados com o mesmo número de carbonos na cadeia.

Os alimentos envolvidos por capas gordurosas apresentam digestão retardada no estômago. Cozinhando as gorduras em altas temperaturas obtêm-se, na fritura, mudanças que tornam a digestão mais difícil. O glicerol da gordura pode produzir substâncias que provocam irritação das membranas do intestino, pois sofre transformações quando exposto a altas temperaturas e ao oxigênio. O glicerol é transformado em acroleína, de cheiro desagradável e ação irritante. Por essa razão, é desaconselhável o uso de muitas frituras na dieta e ainda se recomenda que a temperatura de fritura seja cuidadosamente controlada.

$$\underset{\text{Glicerol}}{\begin{array}{l} H_2C{-}OH \\ \;| \\ HC{-}OH \\ \;| \\ H_2C{-}OH \end{array}} \xrightarrow[\Delta T]{} \underset{\text{Acroleína}}{\begin{array}{l} H_2C \\ \;\;\| \\ HC \\ \;\;| \\ HC{=}O \end{array}} + 2\,H_2O$$

Os óleos vegetais são mais vantajosos quando usados em frituras, pois têm alto ponto de fumaça. Essa característica é importante porque proporciona a utilização de temperatura de fritura mais alta, sem alterar as propriedades organolépticas, tecnológicas e nutritivas do óleo. As panelas fundas, usadas em frituras, impedem que haja exposição do óleo ao ar, aumentando a temperatura do ponto de fumaça.

Ponto de fumaça é a temperatura na qual o óleo começa a queimar, alterando suas propriedades. A temperatura ideal de fritura é de aproximadamente 177 a 196 °C. Cada vez que um mesmo óleo é usado, seu ponto de fumaça diminui porque resíduos ficam agregados ao óleo. A adição de óleo novo ao óleo velho altera a qualidade do óleo e diminui o ponto de fumaça (Tabela 5.6).

Tabela 5.6
Ponto de Fumaça de Alguns Lipídeos

Gordura	***Ponto de fumaça (°C)***	
	Inicial	***Final***
Animal	177 a 184	165 a 168
Vegetal hidrogenada	180 a 188	169 a 176
Óleo	227 a 232	186 a 187
Banha	183 a 205	166 a 176

O ponto de fumaça é perceptível no ambiente, pois torna-se enfumaçado quando a temperatura diminui 50 °C do ponto de fumaça, aumentando a acidez do óleo.

Para maior segurança de reutilização de óleos, deve-se substituir 1/5 do óleo velho pelo novo. O limite de uso do mesmo óleo indicado é no máximo 20 vezes ou 30 horas.

A fritura é um processo de secagem do alimento que favorece a formação de compostos tóxicos por causa das alterações que o óleo sofre durante o aquecimento, como o aumento da temperatura (180 °C), a presença de umidade que provoca hidrólise e de oxigênio do ar, causando oxidação (Fig. 5.1). Os ácidos graxos *trans* também aumentam com a fritura e são absorvidos pelo organismo na ausência de óleo essencial, pois os ácidos graxos *trans* não são reconhecidos pelas enzimas.

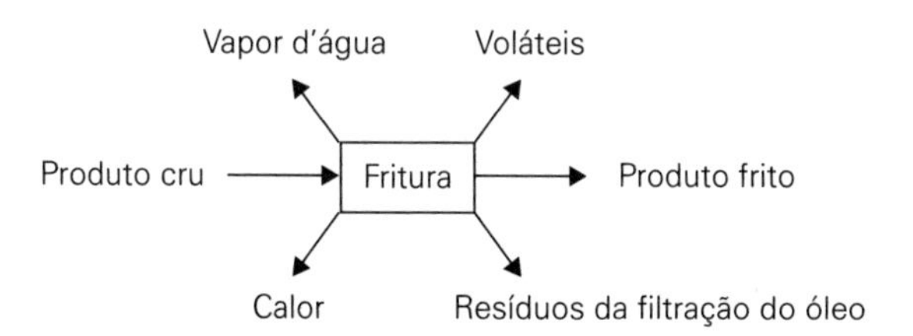

Fig. 5.1 – *Compostos resultantes durante o processo de fritura.*

Durante a fritura há passagem de ácidos graxos saturados do alimento para o óleo, diminuindo as chances de oxidação, porque há menos duplas ligações. No processo são formados compostos do tipo:

- *Polímeros:* resultantes da oxidação e desidratação dos triglicerídeos, produzindo compostos dímeros cíclicos, hidroperóxidos, cetonas, aldeídos e álcoois que dão caráter tóxico ao óleo.
- *Voláteis:* formados por compostos voláteis produzidos pela hidrólise do triglicerídeo durante e fritura. Carregam parte dos peróxidos formados, diminuindo os radicais livres.
- *Polares:* são formados por emulsificantes, que aumentam o tempo de cozimento e o de contato do alimento com o óleo. A consequência é o aumento da taxa de absorção de óleo pelo alimento. Sua formação durante a fritura pode ser percebida pela cor escura que confere ao óleo. Por lei,

quando sua concentração for maior que 25%, o óleo deve ser descartado. O óleo nessas condições apresenta espuma, cor escura, aumento de acidez e fumaça.

A presença de espuma se deve à formação de mono e diglicerídeos que agem como emulsificantes, aumentando a viscosidade do óleo e alterando características organolépticas. Se houver perda maior que 60% de água durante a fritura (por exemplo, de peixe), o alimento começa a absorver óleo.

O óleo mais indicado para a fritura é o de girassol, por conter alta porcentagem de ácido oleico e menos de 2% de ácido linolênico (ω-3). Ao resfriar, o óleo sofre oxidação mais rápida, o que pode ser minimizado, tampando-se o recipiente. O óleo usado deve ser armazenado sob refrigeração para evitar sua oxidação.

Em altas temperaturas os ácidos graxos podem também sofrer modificações como o fechamento da cadeia, formando poliaromáticos, que são eliminados na desodorização de óleos vegetais. Ou, durante o processo de hidrogenação do óleo para a fabricação de margarina, pode ocorrer a formação de cadeias isômeras na forma *cis* ou *trans*. A forma *trans* é mais estável, mas cancerígena. O limite máximo recomendado de ingestão é de 2 g por dia. A presença de gordura *trans* nos alimentos é detectada pelo aumento de sólidos, índice de refração, tendo como consequência o aumento da viscosidade do óleo. Quando isso ocorre é necessário fazer uma nova neutralização ou esterificação do óleo para sua remoção.

O óleo de petróleo, apesar de ser considerado um lipídeo, é indigerível porque não contém oxigênio em sua estrutura como os óleos e gorduras verdadeiros. Por isso é usado como lubrificante e laxativo.

Classificação dos Lipídeos

Os lipídeos mais comumente encontrados nos tecidos podem ser classificados em simples, complexos e derivados. Ácidos graxos são ácidos monocarboxílicos, geralmente de alto peso molecular, de cadeia linear e número par de carbonos na cadeia.

– *Lipídeos simples:* são compostos que, por hidrólise total, dão origem a ácidos graxos e álcoois. São divididos em:
  • Glicerídeos: podem ser mono, di ou triglicerídeos. São ésteres de ácido graxo e glicerol.

$$\begin{array}{l} CH_2-OH \\ \;| \\ CH-OH \\ \;| \\ CH_2-OH \end{array} + 3\,R-COOH \longrightarrow \begin{array}{l} CH_2-O-CO-R_1 \\ \;| \\ CH-O-CO-R_2 \\ \;| \\ CH_2-O-CO-R_3 \end{array} + 3\,H_2O$$

Glicerol — Ácido graxo — Triglicerídeo

- Cerídeos: são ésteres de ácido graxo e álcool mono-hidroxílico de alto peso molecular e geralmente de cadeia linear. Têm função de proteção e impermeabilização nas frutas, insetos e aves.

$$H_3C-CH_2-CH_2-CH_2-CH_2-O-CR=O$$

Álcool — Ácido graxo

– *Lipídeos compostos:* são compostos que têm outros grupos na molécula além de ácido graxo e álcool. Pertencem a essa classe:

- Fosfolipídeos: participam da coagulação sanguínea e da estrutura das fibras nervosas e membrana plasmática.
- Glicerofosfolipídeos: são ésteres de ácido graxo, fosfato (H_3PO_4) e um álcool aminado (aminálcool). São encontrados nas membranas dos tecidos animais e vegetais. Têm função de detergência no organismo, pois o ácido graxo atrai a gordura e o fósforo atrai a água.

Exemplos:

a) Lecitina: funciona como emulsificante e é utilizada na industrialização de alimentos para fabricação de produtos de dissolução instantânea, como o leite em pó e o chocolate.

$$\begin{array}{l} H_2C-O-CO-R \\ \;\;| \\ HC-O-CO-R \\ \;\;| \\ H_2C-O-POOH-O-\underbrace{CH_2-CH_2-NH\,(CH_3)_3}_{\text{Colina}} \end{array}$$

b) Cefalina

$$\begin{array}{l} H_2C-O-CO-R \\ \;\;| \\ HC-O-CO-R \\ \;\;| \\ H_2C-O-POOH-O-\underbrace{CH_2-HCNH_2-COOH}_{\text{Serina}} \end{array}$$

- Esfingolipídeos: são formados por ácido graxo, ácido fosfórico e duas bases nitrogenadas – a colina e a esfingosina. Exemplo:

Esfingomielina

$H_3C-(CH_2)_{12}-CH=CH-CH(OH)-CH-CH_2-CO-O-P-O-CH_2-CH_2-NH(CH_3)_3$

Esfingosina NH Ácido graxo Colina

$R-C=O$

- Fosfoinositídeos: nesse composto não existe base nitrogenada. O ácido fosfórico liga-se ao ácido graxo e ao inositol, que é um álcool não aminado.
- Cerebrosídeos ou glicolipídeos: contêm em sua estrutura a esfingosina, ácido graxo e um açúcar, que é a galactose, cuja função é estrutural. São encontrados em grandes quantidades nas membranas do cérebro, nas células nervosas e em menor quantidade no fígado, rins e baço.
- Sulfolipídeos: são compostos de estrutura pouco conhecida, que contêm enxofre em sua molécula.

– *Lipídeos derivados:* a essa classe pertencem os esteróis que possuem como base a estrutura do ciclopentanoperidrofenantreno, que dá origem a compostos como o colesterol, as vitaminas D_3 e D_2, aos ácidos biliares e aos hormônios sexuais e adrenocorticais.

Propriedades dos Triglicerídeos

I. *Hidrogenação:* é a saturação das duplas ligações de carbonos com hidrogênio. Esse processo é utilizado para a produção de margarina.

II. *Halogenação:* consiste na ligação de halogênios, principalmente o iodo, às duplas ligações. O índice de iodo permite determinar o grau de insaturação dos óleos. Quanto maior o índice de iodo, maior o número de duplas ligações.

III. *Rancificação:* nesse caso ocorre transformação dos triglicerídeos por processos hidrolíticos ou oxidativos. O processo hidrolítico dá-se por meio de enzimas bacterianas que atacam ácido graxo de cadeia curta. Ocorre principalmente na manteiga. O processo oxidativo dá-se com ácido graxo insaturado por ação da luz ou por meio de radicais, alterando as propriedades organolépticas dos óleos, formando compostos responsáveis pelo odor e sabor desagradáveis.

IV. *Hidrólise:* a lipase é responsável pela hidrólise dos triglicerídeos, produzindo ácido graxo e glicerol. Se a hidrólise ocorrer em presença de álcali, os produtos da reação serão glicerol e sais de ácido graxo, ou seja, sabão. Essa reação é chamada de saponificação. O índice de saponificação é usado para avaliar o peso molecular dos triglicerídeos. Quanto maior o índice de saponificação, menor o peso molecular e, portanto, o ácido graxo é de cadeia curta. Exemplo: manteiga.

V. *Detergência:* os detergentes são caracterizados por possuírem em sua estrutura uma porção hidrofóbica e uma hidrofílica. Os sais de ácido graxo possuem uma porção hidrofóbica (cadeia de hidrocarboneto, solúvel em gordura) e uma porção hidrofílica (grupo carboxila, solúvel em água). Mono e diglicerídeos geralmente têm essa função.

Digestão dos Lipídeos

Os lipídeos devem ser digeridos pelas suas lipases digestivas para serem absorvidos. A digestão dos lipídeos começa no estômago pela ação da lipase gástrica, mas a maior parte da digestão ocorre no intestino delgado pela ação da lipase pancreática e da bile. A bile é formada por sais de sódio, entre eles o bicarbonato de sódio, que dá caráter básico ao meio, permitindo que os lipídeos sofram um processo de saponificação, isto é, a tensão superficial dos glóbulos de gordura diminui, permitindo a emulsificação desses lipídeos.

Composição da bile: ácidos biliares, glicólico e taurocólico; pigmento bilirrubina; ácidos graxos; proteínas; sais minerais, $NaHCO_3$; colesterol; pH entre 7,0 e 7,7.

A emulsificação faz com que os grandes aglomerados de moléculas de gordura sejam transformados em frações menores, facilitando, portanto, a ação das enzimas.

Os ácidos graxos provenientes da digestão formam com a bile micelas, que são levadas até a membrana intestinal para absorção. Sem sais biliares, 50% da gordura ingerida é excretada nas fezes, sem digestão.

A lipase pancreática é a enzima mais importante da digestão dos lipídeos, que, pela ação dessa enzima, são transformados em glicerol e ácido graxo livre. Qualquer inflamação do pâncreas ou do fígado impede a síntese dessas enzimas e, portanto, não ocorre a absorção de lipídeos. Isso significa que 50% da gordura ingerida é excretado nas fezes sem digestão.

O monoglicerídeo com ácido graxo na posição 2 do glicerol é hidrolisado muito lentamente e, por isso, é provável que uma isomerase transfira o ácido graxo dessa posição para o carbono 1 ou 3 do glicerol, facilitando a atuação da lipase. Os monoglicerídeos conseguem atravessar a membrana intestinal na mesma velocidade que ácido graxo e glicerol. De todo lipídeo ingerido, 40% é absorvido na forma de glicerol e ácido graxo livre, e 60% como mono e diglicerídeos (Fig. 5.2).

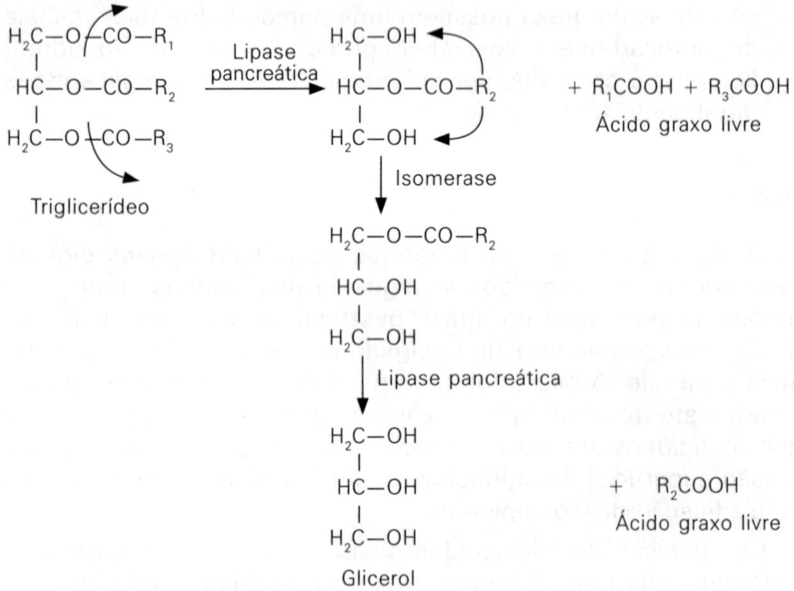

$H_2C{-}O{-}CO{-}R_1$ / $HC{-}O{-}CO{-}R_2$ / $H_2C{-}O{-}CO{-}R_3$ (Triglicerídeo) $\xrightarrow{\text{Lipase pancreática}}$ $H_2C{-}OH$ / $HC{-}O{-}CO{-}R_2$ / $H_2C{-}OH$ + R_1COOH + R_3COOH (Ácido graxo livre)

$\downarrow$ Isomerase

$H_2C{-}O{-}CO{-}R_2$ / $HC{-}OH$ / $H_2C{-}OH$

$\downarrow$ Lipase pancreática

$H_2C{-}OH$ / $HC{-}OH$ / $H_2C{-}OH$ (Glicerol) + R_2COOH (Ácido graxo livre)

Fig. 5.2 – *Esquema das reações que ocorrem durante a digestão dos lipídeos.*

Os fosfolipídeos são hidrolisados por uma série de fosfolipases a glicerol, ácido graxo e ácido fosfatídeo (formado por aminoálcool e fosfato). O colesterol e as vitaminas lipossolúveis não precisam sofrer digestão. São prontamente absorvidos pela mucosa intestinal. O colesterol ligado a ácido graxo sofre hidrólise e é absorvido como colesterol livre. A síntese de colesterol endógeno varia de 0,2 a 2,0 g/dia, o que corresponde a 70% da necessidade do organismo. Pode ser maior quando a dieta for rica em ácido graxo saturado.

O colesterol é responsável pelas sínteses dos hormônios das características secundárias masculinas e femininas, estrogênio, androgênio e progesterona e das secreções biliares.

Os alimentos mais ricos em colesterol são: ovo, carnes vermelhas, vísceras, moluscos e produtos lácteos. O limite máximo de ingestão diária de colesterol é de 100 mg/1.000 kcal de alimento ingerido, o que corresponde à quantidade contida numa gema de ovo grande (Tabela 5.7).

Tabela 5.7
Conteúdo de Colesterol e Gordura Saturada em Alguns Alimentos

Alimento	*Tamanho da porção*	*Colesterol (mg)*	*Gordura saturada (g)*
Rim	90 g	680	3,8
Fígado	90 g	370	2,5
Ovo	60 g	275	1,7
Camarão	90 g	128	0,2
Cachorro-quente	90 g	75	9,9
Carne magra	90 g	73	3,7
Sorvete	1 bola	59	8,9
Peixe magro	90 g	43	0,8
Leite integral	120 mL	33	5,1
Manteiga	20 g	31	7,1
Iogurte	120 mL	14	2,3
Leite desnatado	120 mL	4	0,3
Margarina	20 g	0	2,1
Chocolate	90 g	18	16,3

Absorção dos Lipídeos

Os produtos da digestão dos lipídeos são absorvidos pela mucosa intestinal, onde são ressintetizados em triglicerídeos ou fosfolipídeos. Esse processo é chamado de "síntese de novo" e ocorre na mucosa intestinal após absorção do glicerol, ácido graxo livre e monoglicerídeos. Esses novos triglicerídeos são expelidos das vilosidades intestinais pelos quilomícrons.

Os ácidos graxos de cadeia média (com menos de 10 carbonos) cruzam a mucosa do estômago ou do intestino sem reesterificação e vão direto para o fígado.

A quantidade de lipídeo no sangue varia de 10 até o máximo de 200 mg/100 mL de plasma. A lipemia máxima ocorre após quatro horas da ingestão da dieta. A quantidade de colesterol varia de 140 a 260 mg por 100 mL de plasma.

Sendo os lipídeos apolares o suficiente para não circularem num meio aquoso como o plasma, há necessidade de compostos como as lipoproteínas e os quilomícrons para funcionarem como carregadores e levá-los aos tecidos. A albumina é proteína da estrutura das lipoproteínas que ajuda no transporte dos lipídeos pela corrente sanguínea. A cirrose impede a síntese de albumina, portanto a síntese de lipoproteínas.

Tanto os quilomícrons como as lipoproteínas contêm triglicerídeos, fosfolipídeos, vitaminas lipossolúveis e colesterol, envolvidos por um envelope de proteínas. As proteínas parecem formar uma camada externa em volta do lipídeo, estando ligadas a ele por forças não polares. Há quatro tipos de lipoproteínas no plasma sanguíneo: HDL, LDL, VLDL e quilomícrons (Tabela 5.8).

Tabela 5.8
Composição das Lipoproteínas do Plasma Sanguíneo

Lipoproteína	*Densidade*	*Proteína (%)*	*Gordura (%)*	*Colesterol (%)*
HDL	1,21	52	6	18
LDL	1,063	22	10	45
VLDL	1,006	10	55	16
Quilomícron	< 0,95	2	90	4

- *VLDL:* é uma lipoproteína de muito baixa densidade, que contém maior porcentagem de gordura e menor de proteína e é responsável por levar energia para as células. Transportam os triglicerídeos sintetizados no fígado.
- *LDL:* é uma lipoproteína de baixa densidade, que possui afinidade pela parede arterial. A alta ingestão de gordura saturada provoca aumento de LDL e, com isso, há risco de ataque cardíaco por ocorrer a aterosclerose, pois carrega colesterol

para dentro do tecido arterial. É aconselhável ingerir uma dieta pobre em gorduras saturadas e em pouca quantidade. Danifica e estreita as artérias. Altos teores de LDL formam placas de gordura chamadas ateroma, que reduzem o fluxo sanguíneo e, portanto, o transporte de oxigênio.

- *HDL:* é uma lipoproteína de alta densidade composta de maior porcentagem de proteína e menos colesterol e que tem como função proteger o indivíduo contra ataques cardíacos. Compete com LDL para ingressar nas células do tecido arterial. Funciona como o "caminhão de lixo" da célula, pois remove o colesterol dos tecidos, levando-o para o fígado para ser eliminado como sais biliares (fezes). Se a dieta é rica em gordura, principalmente saturada, o HDL não consegue carregar todo o colesterol ingerido, ficando acumulado nas artérias e provocando a aterosclerose. O exercício físico aumenta a HDL. Bloqueia a entrada de LDL na célula.
- *Quilomícrons:* são formados por maior quantidade de lipídeos e são os primeiros transportadores de gordura após sua digestão. Levam a gordura sintetizada na borda das escovas do intestino para o fígado.

Os triglicerídeos entram na corrente sanguínea e são decompostos em ácido graxo livre e glicerol pela lipase da parede dos vasos capilares. O ácido graxo livre é utilizado como fonte de energia pelas células musculares ou armazenado no tecido adiposo.

As gorduras absorvidas que não são requisitadas para uso imediato são estocadas em depósitos localizados no tecido adiposo para serem usadas em situações de emergência. No tecido adiposo ocorre hidrólise de triglicerídeos para a liberação de ácidos graxos que serão oxidados na mitocôndria com a finalidade de fornecer energia.

A baixa concentração de glicose na corrente sanguínea para suprir a necessidade energética do organismo provoca menor síntese de insulina pelo pâncreas. Então, dois hormônios, cortisol e epinefrina, liberam lipase para hidrolisar triglicerídeos do tecido adiposo. Os ácidos graxos liberados ligam-se à albumina e são levados para os tecidos do músculo.

O óleo de oliva é rico em ácido oleico (ácido graxo monoinsaturado), cuja propriedade é diminuir LDL e aumentar HDL.

Metabolismo dos Ácidos Graxos

A maioria dos triglicerídeos absorvidos é removida pelo fígado para sofrer processos de produção e consumo de energia. Os dois processos mais importantes que envolvem os triglicerídeos são a β-oxidação e a síntese de ácidos graxos. A primeira etapa do catabolismo dos triglicerídeos é a hidrólise em ácido graxo e glicerol (Fig. 5.3).

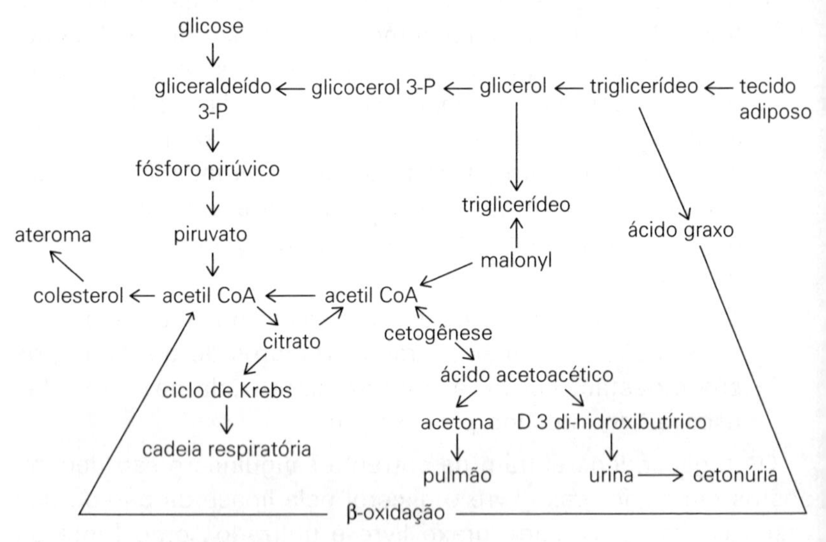

Fig. 5.3 – *Metabolismo dos ácidos graxos.*

O glicerol é utilizado para a síntese de novos ácidos graxos ou é transformado por uma enzima em um composto intermediário da glicólise, o glicerol-fosfato, terminando como ácido pirúvico.

O ácido graxo livre obtido é oxidado num processo chamado β-oxidação, na mitocôndria, envolvendo diversas enzimas e coenzimas, onde somente dois átomos de carbono do ácido graxo são oxidados de cada vez até a produção de acetil coenzima-A, cujo destino é o ciclo de Krebs para produção de água, gás carbônico e energia. A oxidação do glicerol fornece 19 ATP.

Glicerol → Gliceraldeído 3-P → Ácido pirúvico → Acetil CoA → Ciclo de Krebs

4 ATP 3 ATP 12 ATP

Quando ocorre diminuição da atividade do ciclo de Krebs e aumento da concentração de acetil CoA, há formação de corpos cetônicos. Os corpos cetônicos são formados pelos ácidos aceto-acético e di-hidroxibutírico e pela acetona. A oxidação dos corpos cetônicos como fonte energética não ocorre no fígado, mas nos músculos, rins, cérebro e células nervosas, durante o jejum.

Quando o organismo depende inteiramente de gordura para produção de energia, grande quantidade de triglicerídeos vai para o fígado, produzindo o ácido acetoacético, que não consegue ser oxidado completamente. Parte dele é, então, convertida em ácido di-hidroxibutírico e acetona, que são acumulados. O excesso desses ácidos produz alterações no equilíbrio ácido-básico do organismo com o aparecimento de acidose, isto é, acúmulo de ácido no sangue.

No jejum prolongado ou no diabetes, o decréscimo da utilização da glicose e a intensificação do catabolismo de ácidos graxos causam o acúmulo de acetil CoA e, consequentemente, a cetose, isto é, o acúmulo de corpos cetônicos no sangue.

Nessas condições, a acetona é eliminada pelos pulmões enquanto os ácidos são eliminados pela urina, fenômeno conhecido como cetonúria. Nessa situação há redução das reservas alcalinas do organismo, principalmente de sódio, que, combinado aos ácidos, é eliminado. A diminuição de álcalis do organismo provoca redução do pH do sangue, o que pode ser fatal.

O processo de síntese de ácidos graxos utiliza acetil CoA, gás carbônico e energia para produzir os ácidos graxos saturados e insaturados de que o organismo necessita, em fase aeróbica ou anaeróbica.

CO_2 + ATP + acetil CoA ⇔ malonil-CoA + ADP
acetil-CoA + malonil-CoA ┈► ácido graxo saturado ⟶ ácido graxo insaturado

Os triglicerídeos são formados na mitocôndria a partir de glicerol, ácidos graxos ativados, isto é, ATP e CoA. Os fosfolipídeos são formados a partir do ácido fosfatídeo.

O colesterol é sintetizado a partir de três moléculas de acetil CoA e ATP no fígado, intestino, suprarrenal, pele, aorta e órgãos reprodutores. É absorvido em quantidade influenciada pela disponibilidade de sais biliares.

A principal via de degradação do colesterol é a sua transformação em sais biliares. Toda dieta contendo lipídeos necessita de sais biliares para promover a digestão. Quando a quantidade de ácidos biliares enviada pelo fígado para promover essa digestão for maior que a necessária, parte dela voltará ao fígado. Se isso acontecer, a transformação de colesterol em ácidos biliares é inibida, ficando ele acumulado.

Qualquer substância ingerida que impeça a reabsorção dos ácidos biliares pelo fígado facilitará a maior conversão do colesterol hepático em sais biliares. Admite-se que algumas frações de fibras dietéticas possam desempenhar esse papel. Aproximadamente 0,8 g de colesterol se transforma em sais biliares diariamente.

O fígado compensa uma alta ingestão de colesterol pela síntese de pequenas quantidades e por converter mais colesterol em ácidos biliares.

Riscos Provocados pelo Acúmulo de Lipídeos

A qualidade de vida, o grau de industrialização, o fumo, a obesidade, as tensões nervosas e a vida sedentária contribuem para o aparecimento de doenças como: angina peitoris, enfarte, trombose cerebral, bloqueio da circulação das pernas, elevação da pressão arterial e catarata. O fumo causa entupimento dos capilares do aparelho respiratório, diminuindo a capacidade de oxigenação e provocando hipertensão e problemas cardíacos.

O acúmulo de triglicerídeos no fígado é devido ao aumento da síntese de triglicerídeos, à baixa oxidação de ácidos graxos e à baixa captação de triglicerídeos e ácidos graxos do sangue para o tecido adiposo ou uma combinação de qualquer um desses fatores.

A presença de alta concentração de triglicerídeos no fígado pode causar lesões como fígado gordo. Mas isso pode também ser provocado por inanição, diabetes, drogas, venenos ou bebidas alcóolicas. A baixa ingestão de lipídeos combinada ao excesso de bebidas alcoólicas causa doenças hepáticas graves. Nos animais é mais comum o acúmulo de ácidos graxos saturados, e nos vegetais é observada maior quantidade de ácidos graxos insaturados.

O acúmulo de colesterol e seus derivados causam muitas doenças coronárias devido ao depósito desses compostos nas paredes das artérias, provocando dificuldades para a circulação sanguínea, processo conhecido como ateroscleсose. À medida que o processo aterosclerótico progride, ocorre arteriosclerose, que é o endurecimento e, finalmente, a calcificação dos vasos sanguíneos.

A deposição de colesterol pode ser evitada priorizando-se a ingestão de gorduras vegetais, poli-insaturadas e o baixo consumo de produtos lácteos, saturadas. Além disso, sob orientação médica, é possível fornecer compostos na dieta que mantenham o colesterol em solução, como:

- *Lecitina:* diminui a taxa de colesterol no sangue.
- *Colina, vitamina B12, metionina:* são substâncias que impedem a deposição de lipídeos no fígado. A vitamina B12 previne a anemia.
- *Ácido ascórbico, tocoferol:* são substâncias redutoras que previnem a formação de radicais livres e peróxidos que prejudicam os tecidos.
- *Neomicina:* droga que estimula a excreção fecal de sais biliares.
- *Colestamina:* droga que absorve ácidos biliares.
- *Ácido nicotínico:* interfere na síntese de colesterol pelo fígado.

Há quatro classes de lipoproteínas, divididas em dois grupos: I – ricas em TG, maiores e menos densas, constituídas pelos quilomícrons, de origem animal, e pelas VLDL (*very low density protein*), de origem hepática; II – ricas em colesterol, como as de densidade baixa (LDL) e as de densidade alta (HDL). Outras duas classes de lipoproteínas são a de densidade intermediária (IDL) e a Lp(a). A Lp(a) resulta da ligação covalente de uma partícula da LDL à apolipoproteína (a), cuja função parece estar ligada à formação da placa aterosclerótica.

Os TG hidrolisados em ácidos graxos (AG) e então absorvidos pelas células intestinais são utilizados para produzir quilomícrons que irão circular pelo sistema linfático. Enquanto circulam, sofrem hidrólise pela lipase lipoproteica, liberando AG e glicerol, que serão capturados pelas células musculares e adipócitos como reserva de TG. Os quilomícrons restantes são utilizados para a formação de VLDL no fígado.

As VLDL são catabolizadas, dando origem à IDL por ação da lipase lipoproteica e à LDL por meio da lipase hepática. Durante a hidrólise das VLDL ocorre ainda trocas lipídicas por ésteres de colesterol com as HDL e LDL.

Níveis elevados de TG estão frequentemente associados a baixos níveis de HDL e altos níveis de LDL, aumentando o risco de doença coronariana.

Os valores de referência do perfil lipídico para adultos e adolescentes estão apresentados nas Tabelas 5.9 e 5.10, respectivamente.

Tabela 5.9
Valores de Referência do Perfil Lipídico para Adultos (Maiores de 20 Anos), Conforme Avaliação de Risco Cardiovascular[1]

Lipídeos	*Com jejum (mg/dL)*	*Sem jejum (mg/dL)*	*Categoria referencial*
Colesterol total*	< 190	< 190	Desejável
HDL-c	> 40	> 40	Desejável
Triglicerídeos	< 150	< 175	Desejável
			Categoria de risco
LDL-c	< 130	< 130	Baixo
	< 100	< 100	Intermediário
	< 70	< 70	Alto
	< 50	< 50	Muito alto
Não HDL-c	< 160	< 160	Baixo
	< 130	< 130	Intermediário
	< 100	< 100	Alto
	< 80	< 80	Muito alto

* Valores de colesterol total ≥ 310 mg/dL em adultos podem ser indicativos de HF, se excluídas as dislipidemias secundárias. O médico deverá prescrever exame de TG com jejum de 12 horas se os níveis de triglicerídeos estiverem acima de 440 mg/dL (sem jejum).
[1] Consenso Brasileiro para a Normatização da Determinação Laboratorial do Perfil Lipídico. Disponível em: http://www.sbpc.org.br/upload/conteudo/consenso_jejum_dez2016_final.pdf.

Tabela 5.10
Valores Referenciais Desejáveis do Perfil Lipídico para Crianças e Adolescentes[1]

Lipídeos	*Com jejum (mg/dL)*	*Sem jejum (mg/dL)*
Colesterol total*	< 170	< 170
HDL-c	> 45	> 45
Triglicerídeos (0-9 a)**	< 75	< 85
Triglicerídeos (10-19 a)**	< 90	< 100
LDL-c	< 110	< 110

* C T ≥ 230 mg/dL há probabilidade de HF (hipercolesterolemia familiar).
** Quando os níveis de triglicerídeos estiverem acima de 440 mg/dL (sem jejum), o médico fará outra prescrição de TG com jejum de 12 horas.
[1] Consenso Brasileiro para Normatização da Determinação Laboratorial do Perfil Lipídico. Disponível em: http://www.sbpc.org.br/upload/conteudo/consenso_jejum_dez2016_final.pdf.

O nível de colesterol sérico é afetado por certos distúrbios do próprio organismo, como:

- O excesso da secreção de hormônios da glândula tireoide diminui a taxa de colesterol.
- O diabetes aumenta a taxa de colesterol por causa do aumento da mobilização de lipídeos.
- Os problemas renais aumentam a concentração de triglicerídeos e fosfolipídeos no sangue por causa da menor remoção de lipoproteínas, devido à inibição da lipase lipoproteica.

Pode-se expressar o perfil de risco cardíaco pelo Índice de Castelli por meio da relação: colesterol total/colesterol bom (HDL). Quando essa relação for menor que o valor ideal de 3,5, o risco coronariano é baixo. Mas, se a relação for maior que 4,5, valor indesejável, isso significa que o risco coronariano é alto. Já a quantidade de triglicerídeo total na corrente sanguínea deve estar entre 10 e 200 mg%.

O acúmulo de gordura nas artérias provoca fluxo sanguíneo dificultado, acarretando aumento da pressão arterial, com aumento da retenção de líquido por deficiência renal, podendo levar à morte por hipertensão. Nessas condições, é recomendada a redução da ingestão de sal com a dieta, para reduzir a retenção de líquido.

Homens e mulheres diabéticos têm risco cardiovascular triplicado, e por essa razão é necessária a redução de LDL desses indivíduos.

Uma boa recomendação para a manutenção dessa relação ideal seria substituir a gordura saturada da dieta por alimentos ricos em ω-3 (como peixe); reduzir peso, ingestão de bebidas alcoólicas, açúcares simples, carboidratos; aumentar atividade física para aumentar HDL e reduzir LDL.

Atualmente nos estudos clínicos o LDL-c (colesterol da LDL) vem sendo calculado pela fórmula de Friedewlad (válida somente para coleta de sangue de jejum): LDL-c = CT – (HDL-c + TG/5). O TG/5 refere-se ao colesterol ligado à VLDL.

A fração não HDL-c consiste na estimativa do número de partículas aterogênicas no plasma (VLDL + IDL + LDL). Um cálculo de subtração é utilizado para determinar o valor do colesterol não HDL: não HDL = CT – HDL-c. O colesterol não HDL pode fornecer maior indicativa de risco coronariano em comparação à LDL-c, principalmente nos casos de hipertrigliceridemia associada ao diabetes, síndrome metabólica ou doença renal.

Exemplo Clínico

Um indivíduo masculino de 45 anos, fumante, apresentou em seu exame de sangue de jejum CT de 185 mg/dL. Se só tivesse realizado o CT, esse indivíduo não receberia nenhuma abordagem terapêutica, uma vez que seu CT foi inferior a 190 mg/dL, e, portanto, considerado desejável. A realização do HDL-c revelou taxa de 23 mg/dL. Por essa razão, foi solicitado exame de perfil completo de lipídeos. Foram encontrados os valores de 169 mg/dL para LDL-c; 90 mg/dL para TG e não HDL-c de 162 mg/dL. Nessa condição, o indivíduo passa a pertencer ao grupo de risco e merece intervenção dietética e/ou medicamentosa para reduzir as taxas de LDL-c a valores inferiores a 100 mg/dL.

Cálculo Energético da β-Oxidação

A energia fornecida depende do ácido graxo que está sendo oxidado. Tomando como exemplo a oxidação do ácido palmítico –$C16H_32O_2$.

Como somente há oxidação de dois átomos de carbono de cada vez e são 16 carbonos, ocorrem sete ciclos completos. Cada ciclo fornece 5 ATP. Portanto, são produzidos 35 ATP. Mas um ATP é consumido na fase inicial para energia de ativação. Então, o rendimento líquido é de 34 ATP.

Além disso, é formado um acetil CoA em cada ciclo, totalizando oito moléculas de acetil CoA, cujo destino é o ciclo de Krebs. Cada volta do ciclo produz 12 ATP. Então, a energia produzida no ciclo de Krebs será de 96 ATP.

A energia total produzida pelo ácido palmítico é de 34 + 96 = 130 ATP × 8 kcal/mol de ATP = 1.040 kcal. O calor de combustão do ácido palmítico é de 2.338 kcal.

$$C_{16}H_{32}O_2 + 23\ O_2 \xrightarrow[\text{Combustão}]{} 16\ CO_2 + 16\ H_2O + 2.338\ \text{kcal}$$

A eficiência energética desse composto é de: (1.040/2.338) × 100 = 48%. O restante da energia produzida é liberado na forma de calor.

A energia de combustão fornecida por um mol de ácido palmítico (peso molecular = 256 g) é 2.338/256 ≅ 9 kcal/g no calorímetro, e a energia da oxidação desse mesmo ácido na oxidação no organismo é de 1.040/256 ≅ 4 kcal/g. A diferença de energia, de 4 para 9 kcal, não é suficiente para formar um ATP, sendo armazenada na forma de calor.

Efeito dos Hormônios no Metabolismo dos Ácidos Graxos

Os hormônios são derivados de esteróis (colesterol); lipídeos (prostaglandinas); glicoproteínas (eritropoína, que atua na secreção das hemácias). No homem, os hormônios contribuem para o maior desenvolvimento de ateromas, enquanto nas mulheres atuam como protetores do entupimento arterial.

Os efeitos mais comuns dos hormônios no metabolismo são:

- A baixa concentração de insulina provoca baixa síntese de gordura no tecido adiposo porque ativa lipase lipoproteica, produzindo hidrólise de triglicerídeos para produção de energia (aumenta a taxa de colesterol).
- A tirosina aumenta a mobilização de ácidos graxos pelo aumento da taxa do metabolismo energético de cada célula (diminui a taxa de colesterol).
- Os glicocorticoides aumentam a taxa de mobilização dos lipídeos por aumentarem a permeabilidade da membrana das células adiposas (renal).
- Os adrenocorticoides aceleram a mobilização de gorduras porque estimulam os glicocorticoides (renal).
- A adrenalina aumenta a taxa de mobilização de gorduras porque libera ácido graxo do tecido adiposo para o metabolismo.

O exercício físico aumenta a HDL por causa da maior síntese de proteína e diminui a LDL por causa do gasto de gordura do tecido adiposo para fornecer energia. Por isso, a relação colesterol total/HDL diminui, minimizando o risco coronariano.

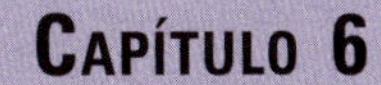

Capítulo 6

Proteínas

Proteína significa o que mantém o primeiro lugar, isto é, de primeira importância. Foi a primeira substância reconhecida como parte vital dos tecidos vivos.

As proteínas são moléculas de alto peso molecular, formadas pela polimerização de aminoácidos, e constituem 50% do peso celular. São formadas por carbono, hidrogênio e oxigênio e contêm cerca de 16% de nitrogênio e ainda podem ter elementos como: fósforo, ferro, cobalto e enxofre. A representação de um aminoácido é:

$$R-CH(NH_2)-COOH$$

Chamado de carbono α, nele estão ligados os grupos NH_2 e COOH

A massa corporal humana é formada por 12% a 15% de proteínas. A maior parte, aproximadamente 65% das proteínas, encontra-se no tecido muscular. O restante se distribui nos tecidos moles, nos ossos, nos dentes, no sangue e em outros fluidos orgânicos.

As proteínas exercem papel importante no organismo nos seguintes sistemas:

- Funcionam como biocatalisadores controlando processos como: crescimento, digestão, absorção, transporte, reprodução e atividades metabólicas. Exemplo: enzimas e hormônios.

- Participam da manutenção da pressão osmótica do sangue. As duas formas (COO^- e NH_3^+) apresentam-se equilibradas num meio aquoso:
  - Em meio ácido: $RCHCOOH(NH_3^+)$.
  - Em meio básico: $RCH(NH_2)COO^-$.
- Participam da formação de anticorpos, que têm função de defesa.
- Funcionam como elementos estruturais da pele, dos ossos e dos músculos.
- Fazem o transporte de substâncias, como lipídeos, oxigênio, ferro: albumina, lipoproteínas, mioglobina.
- Agem como neurotransmissores em específicos tipos de neurônios ou regiões do cérebro. Glutamato é um dos transmissores do sistema nervoso central. GABA atua em sinapses inibitórias no cérebro, dificultando a despolarização dos neurônios e provocando sedação.
- São elementos da estrutura de hormônios. Tiroxina e tri-iodotironina são hormônios derivados da tirosina que estimulam o metabolismo nos tecidos.
- Alguns aminoácidos têm papel relevante no sabor dos alimentos, contribuindo para o desenvolvimento de aromas. Alguns são doces, como glicina, alanina, serina, triptofano. Outros apresentam gosto amargo, como histidina, metionina, leucina, fenilalanina. Enquanto outros são insípidos, como treonina, isoleucina, lisina, valina. Há também os que se apresentam com gosto sulfuroso ou metálico, como cisteína, metionina.

As Ligações na Proteína

Os aminoácidos sofrem reação de polimerização para formar uma proteína pela união da carboxila de um aminoácido com o grupo amino do outro aminoácido (Fig. 6.1).

Ligação peptídica primária é a que une os aminoácidos por meio da ligação carbono-nitrogênio (–C–N–), para formar polipeptídeos. A ligação peptídica da cadeia de aminoácidos determina a estrutura primária da proteína.

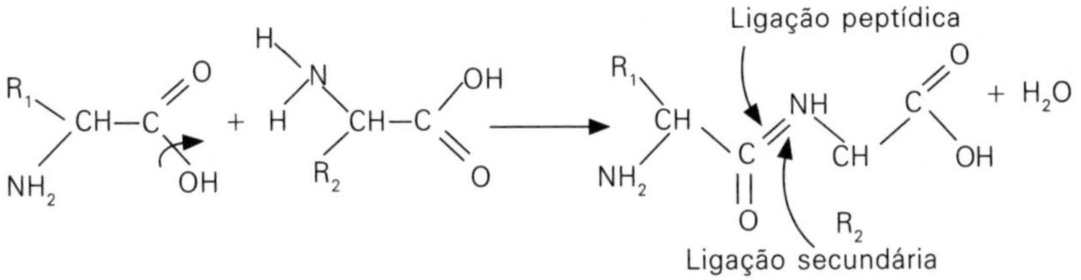

$$R_1\text{-}CH(NH_2)\text{-}C(=O)OH + H\text{-}NH\text{-}CH(R_2)\text{-}C(=O)OH \longrightarrow R_1\text{-}CH(NH_2)\text{-}C(=O)\text{-}NH\text{-}CH(R_2)\text{-}C(=O)OH + H_2O$$

Ligação peptídica

Ligação secundária

Fig 6.1 – *Reação de polimerização de aminoácidos.*

A atração entre o grupo amínico (positivo) e o grupo carboxila (negativo) forma a estrutura secundária estabilizada por ligações de hidrogênio, na forma helicoidal ou foliar. A forma helicoidal é formada por ligações de hidrogênio intramolecular, fazendo com que a estrutura se enrole, originando a α-hélice. Como a α-hélice é uma estrutura de menor energia livre, sua formação é mais espontânea e depende da natureza e da sequência dos aminoácidos ou dos radicais envolvidos na síntese proteica. A estrutura foliar é resultante da ligação de hidrogênio intermolecular quase perpendicular ao eixo principal da cadeia peptídica.

A estrutura terciária é o arranjo espacial da cadeia polipeptídica (Fig. 6.2). As cadeias laterais dos diferentes aminoácidos projetam-se para fora e perpendicularmente ao eixo central da hélice. Os radicais "R" dos aminoácidos também vão exercer interações entre si, fazendo com que a hélice dobre a si mesma, formando então a estrutura terciária da proteína (estruturas globulares rígidas ou fibrosas). Os radicais hidrofóbicos ficam localizados no interior da hélice.

As ligações que estabilizam a estrutura terciária da proteína são:

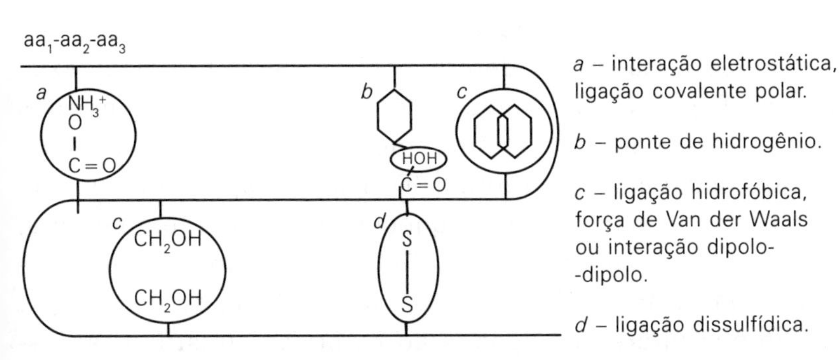

Fig. 6.2 – *Estrutura terciária: tipos de ligação para estabilização da α-hélice.*

A polimerização de duas ou mais cadeias polipetídicas resulta na estrutura quaternária da proteína. Pode formar uma estrutura globular: tem forma circular, isto é, enrola-se como um novelo. Ou forma uma estrutura fibrosa com porções cristalinas (Fig. 6.3).

A desnaturação é o processo de alteração da estrutura tridimensional (estruturas quaternárias e terciárias) causado pelo calor ou por agentes químicos ou físicos, sem alteração da sequência de seus aminoácidos. A desnaturação pode ser um processo reversível ou irreversível, dependendo da ação do agente desnaturante.

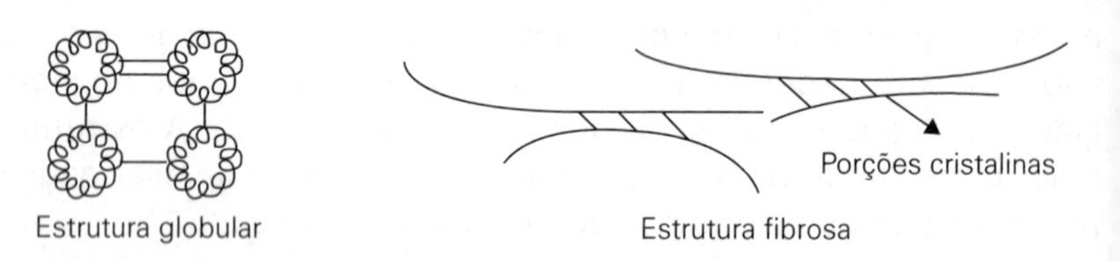

Fig. 6.3 – *Estrutura quaternária da proteína.*

Uma função importante que geralmente é negligenciada na discussão sobre proteína é o seu papel como fonte de aminoácidos essenciais, necessários ao homem e aos animais. Tais aminoácidos são facilmente sintetizados por plantas, mas devem ser ingeridos pelo homem na sua dieta.

São vinte os aminoácidos que podem ser encontrados na natureza, e a quantidade, tipo e disposição em que são encontrados na cadeia determinam as várias proteínas existentes (Fig. 6.4). Os aminoácidos naturais são encontrados somente na natureza e são somente encontrados na forma "L". Os aminoácidos na forma "D" não são aproveitados pelo organismo humano. Com o aquecimento, a alta temperatura, a forma "L" é convertida em "D", diminuindo o valor nutricional da proteína. A forma "D" ou "L" depende da posição de grupos diferentes ligados ao carbono α (distribuição assimétrica de elétrons).

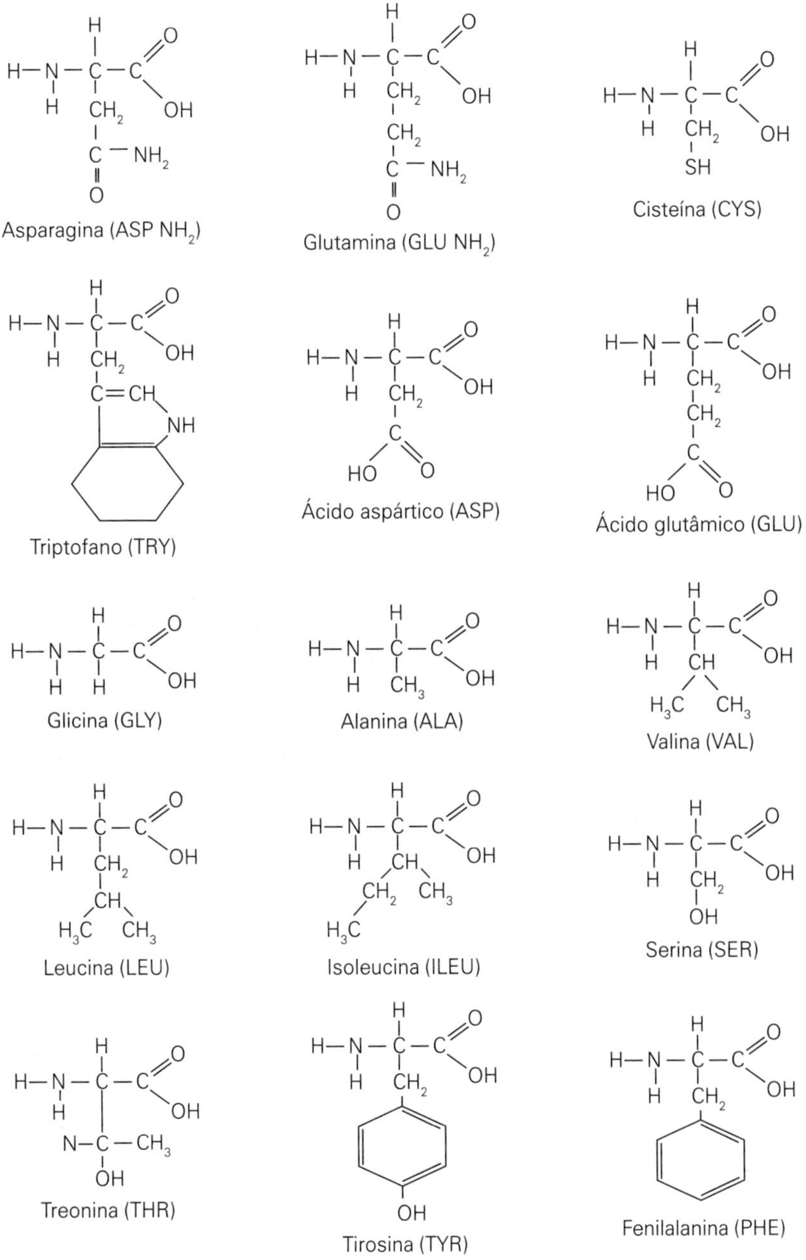

Asparagina (ASP NH_2)

Glutamina (GLU NH_2)

Cisteína (CYS)

Triptofano (TRY)

Ácido aspártico (ASP)

Ácido glutâmico (GLU)

Glicina (GLY)

Alanina (ALA)

Valina (VAL)

Leucina (LEU)

Isoleucina (ILEU)

Serina (SER)

Treonina (THR)

Tirosina (TYR)

Fenilalanina (PHE)

Fig. 6.4 – *Estrutura dos vinte aminoácidos naturais que compõem as proteínas (continua)*

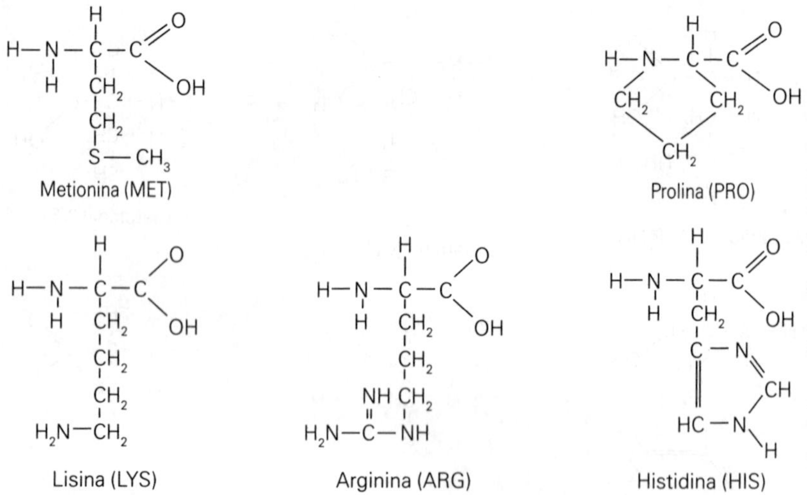

Metionina (MET)

Prolina (PRO)

Lisina (LYS)

Arginina (ARG)

Histidina (HIS)

Fig. 6.4 – *Estrutura dos vinte aminoácidos naturais que compõem as proteínas. (continuação)*

No organismo humano existem aproximadamente 10^{10} a 10^{12} combinações de proteínas. Uma proteína com peso molecular de 13.000 teria um comprimento igual a 400 vezes a sua espessura caso não se enrolasse.

Há oito aminoácidos classificados como essenciais porque o organismo não consegue sintetizá-los. São eles: valina, lisina, treonina, leucina, isoleucina, triptofano, fenilalanina e metionina. A histidina é considerada essencial para crianças.

Classificação das Proteínas

São classificadas de acordo com sua solubilidade.

– *Proteínas simples:* por hidrólise fornecem somente aminoácidos.
  - Fibrosas: têm função estrutural.
    - a. Colágeno: encontrado no tecido conjuntivo. Produz gelatina.
    - b. Elastina: semelhante ao colágeno. Não produz gelatina. É a proteína das artérias.
    - c. Queratina: cabelo.
  - Globulares:
    - a. Anticorpos: imunoglobulinas.
    - b. Hormônios: insulina.
    - c. Albumina: lipoproteínas.

– *Proteínas conjugadas:* por hidrólise fornecem outros componentes além dos aminoácidos.
  - Lipoproteína: lipídeo mais proteína. Tem função estrutural e de transporte. Exemplo: colesterol e fosfolipídeos.
  - Glicoproteína: açúcar mais proteína. Aumenta a solubilidade da proteína e é responsável pela alta viscosidade da clara de ovo. Exemplo: ovomucina.
  - Metaloproteína: metais como cobre, magnésio, zinco e ferro ligado a proteína. Os metais facilitam o transporte das proteínas pelo organismo. Exemplo: hemoglobina (Fe).
  - Fosfoproteína: o fósforo mantém-se ligado ao cálcio, impedindo a precipitação pelo aquecimento. O fósforo mantém a estabilidade da molécula no pH natural do fluido. A presença de grupos fosfatos dificulta a ação de enzimas digestivas, resultando na hidrólise parcial dos fosfolipídeos, que podem ter importante papel na fixação do cálcio. Exemplo: caseína (leite), vitelina (ovo).
  - Nucleoproteína: formada por proteínas básicas mais ácidos nucleicos. São encontradas no núcleo celular.

Funções Importantes de Alguns Aminoácidos

- *Triptofano:* é o precursor da tiroxina e importante para a formação da adrenalina.
- *Arginina e citrulina (aminoácidos não essenciais):* são importantes no ciclo da ureia.
- *Glicina:* combina-se com substâncias tóxicas, tornando-as inócuas que são, então, executadas. Também é utilizada na síntese da hemoglobina e sais biliares.
- *Histidina:* importante para a síntese de histamina, que causa vasodilatação no sistema circulatório.
- *Creatina:* formada a partir da arginina, metionina e glicina, funcionando como reserva de ATP.
- *Glutamina, ácido glutâmico, asparagina:* funcionam como reserva do grupo NH_2.
- *Fenilalanina:* responsável pela síntese dos hormônios, tiroxina e adrenalina.

Digestão das Proteínas

No estômago, o ácido clorídrico presente confere ao meio um pH entre 1 e 2. Essa condição provoca a desnaturação da proteína, abrindo a cadeia, isto é, a quebra das estruturas quaternárias e terciárias, facilitando assim a ação das enzimas digestivas sobre a proteína. Para as enzimas digestivas agirem é necessário que as ligações peptídicas estejam expostas para a atuação dessas enzimas.

Primeiramente, as estruturas quaternária e terciária são rompidas pelo efeito do pH do ácido clorídrico do estômago (Fig. 6.5).

Depois, então, as proteínas ingeridas, de cadeia aberta, sofrem a ação de uma enzima específica do estômago, a endopeptidase, chamada pepsina, que é produzida por glândulas situadas nas paredes do estômago e que hidrolisa aminoácidos aromáticos do tipo tirosina e fenilalanina.

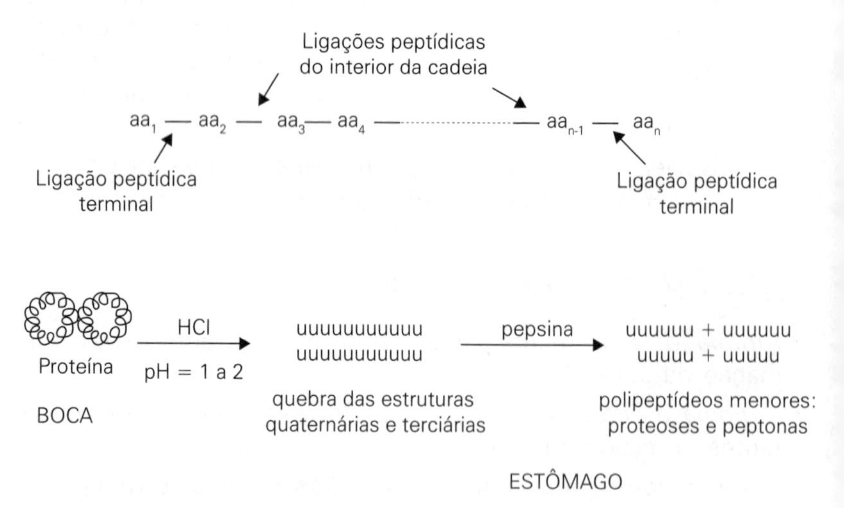

Fig. 6.5 – *Digestão enzimática de uma cadeia polipeptídica.*

A pepsina é considerada uma endopeptidase porque hidrolisa ligações peptídicas do interior da cadeia de aminoácidos, formando moléculas menores de polipeptídeos que seguirão para o intestino delgado. Seu pH ótimo situa-se entre 1 e 2.

A digestão das proteínas é completada no intestino delgado (duodeno), que mede aproximadamente 6,7 m e compõe-se de três seções distintas: duodeno, jejuno (onde ocorre a absorção) e íleo (onde há digestão por bactérias e absorção de água e minerais).

Os polipeptídeos provenientes do estômago sofrem no intestino a ação de três sucos digestivos: do pâncreas, do intestino delgado e do fígado. Esses sucos são alcalinos e, por isso, elevam o pH dos conteúdos ácidos do estômago a um valor próximo da neutralidade (pH = 8).

No intestino delgado, os polipeptídeos provenientes do estômago sofrem primeiramente a ação das enzimas tripsina (age na ligação peptídica onde a carboxila seja fornecida por um aminoácido dibásico como lisina e arginina), elastase (seletiva para as cadeias laterais menores) e quimotripsina (seletiva para ligações peptídicas no lado –COOH, de cadeias laterais aromáticas de tirosina, triptofano, fenilalanina e de grandes radicais hidrofóbicos, como a metionina) (Fig. 6.6).

Todas essas enzimas são endopeptidases porque hidrolisam as ligações peptídicas do interior da molécula formando peptídeos pequenos.

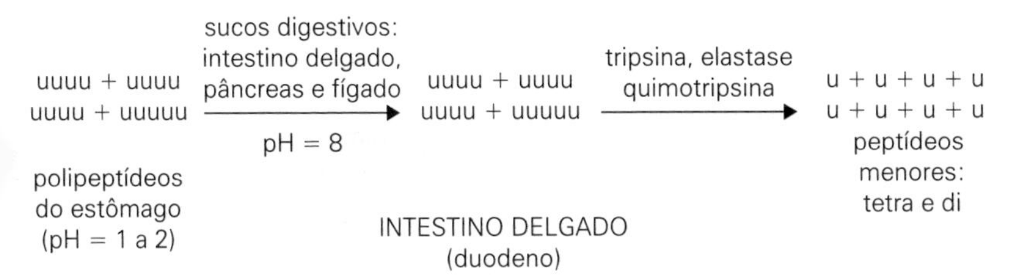

Fig. 6.6 – *Digestão dos polipetídeos no intestino delgado.*

Ainda no intestino delgado esses peptídeos menores sofrerão a ação de dipeptidases e exopeptidases (Fig. 6.7).

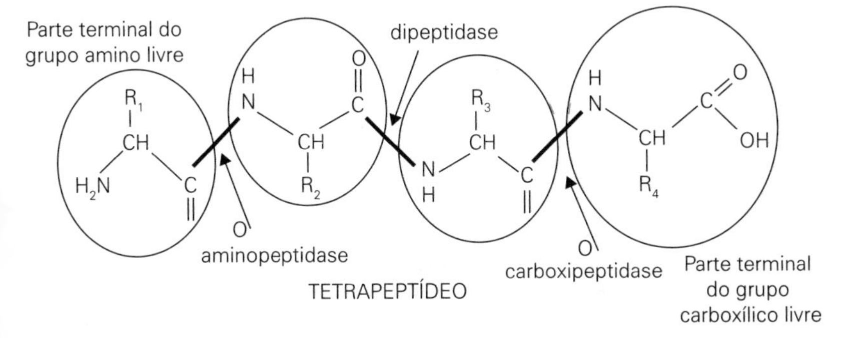

Fig. 6.7 – *Digestão de um tetrapeptídeo.*

São consideradas exopeptidases as enzimas que hidrolisam as ligações peptídicas terminais, ou seja, das pontas da cadeia. As duas exopeptidases são a carboxipeptidase e a aminopeptidase.

A carboxipeptidase ataca a parte terminal da cadeia que possui o grupo carboxílico livre e libera, assim, esse aminoácido terminal da cadeia peptídica. A aminopeptidase ataca a parte terminal da cadeia que possui o grupo amino livre.

Se, ao final da hidrólise proteica, sobrar um dipeptídeo, a dipeptidase será a responsável por essa hidrólise, liberando, então, os aminoácidos livres.

Ao final, após a ação dessas enzimas, as proteínas ingeridas são totalmente hidrolisadas, obtendo-se aminoácidos livres e peptídeos não digeríveis (Fig. 6.8).

Os fatores antinutricionais das proteínas devem ser inativados por tratamento térmico para não afetar a digestibilidade e o aproveitamento pelo organismo. De toda proteína digerida, da dieta ou de origem endógena, 10% é eliminado nas fezes.

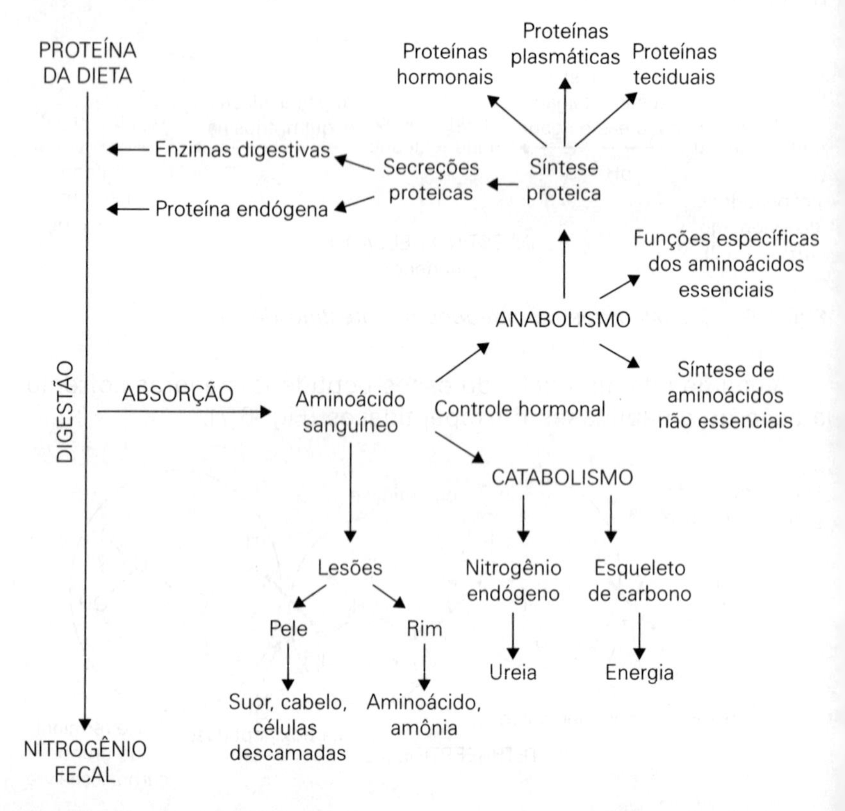

Fig. 6.8 – *Distribuição proteica no organismo: digestão e absorção.*

A digestibilidade depende da estrutura da proteína, das condições do tratamento térmico e dos fatores antinutricionais. A digestibilidade média das proteínas de uma dieta é de 92% (Tabela 6.1).

Tabela 6.1
Digestibilidade (D) de Fonte Proteica Animal e Vegetal

Fonte	*Alimento*	*D (%)*
Animal	Ovo	90
	Leite	97 a 90
Vegetal	Milho	82 a 67
	Feijão	80 a 85

Se não houver glicose ou ácido graxo para produção de energia ocorrerá degradação da proteína tissular do pâncreas, isto é, as enzimas. Se não há enzimas, consequentemente não há digestão de proteína ingerida ou endógena e, portanto, não ocorre absorção. O indivíduo tem como sintoma a diarreia.

Absorção das Proteínas

Os aminoácidos livres que atravessam as paredes do intestino delgado são absorvidos, passam para a circulação e são utilizados para a síntese das proteínas necessárias ao organismo. Os peptídeos não digeridos não podem ser absorvidos e são, portanto, eliminados através das fezes.

A absorção ocorre no interior do jejuno e do íleo, onde existem projeções minúsculas, moles, semelhantes a tufos de pelos, denominados vilosidades (Fig. 6.9). Os aminoácidos livres são absorvidos por transporte ativo utilizando o mecanismo de cotransporte de sódio, com consumo de energia, e levados pela corrente sanguínea até o fígado para posterior distribuição às células.

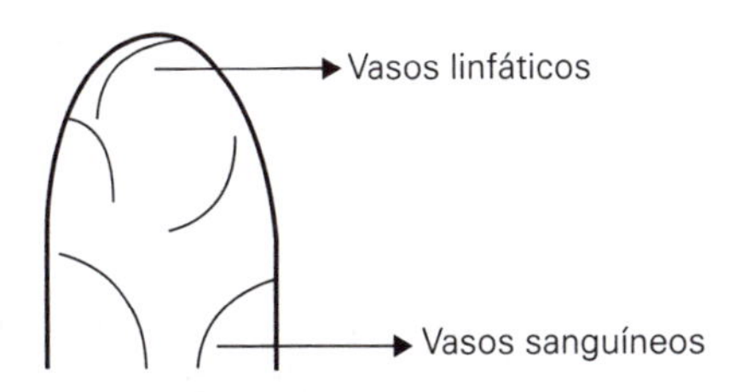

Fig. 6.9 – *Vilosidade do intestino.*

A concentração de aminoácidos na corrente sanguínea é de 30 mg%. Essa concentração é baixa porque os aminoácidos são prontamente absorvidos assim que chegam às células. O fígado armazena aminoácido temporariamente, apenas para regular a sua concentração no sangue.

Através delas, os nutrientes – no caso, os aminoácidos – são absorvidos, passando do interior do intestino delgado para a corrente sanguínea e levados para o fígado, onde são convertidos em formas utilizáveis pelas células do corpo. O fígado é o principal regulador do catabolismo de aminoácidos essenciais.

A síntese e a degradação de proteínas são constantes no organismo, e as proteínas que não são vasos linfáticos utilizadas são eliminadas.

A taxa média diária de um adulto de renovação de proteína é de aproximadamente 3% do total corpóreo de proteína. Na pele são perdidas e renovadas cerca de 5 g de proteínas diariamente. No sangue, 20 g; no trato intestinal, 70 g; e na massa muscular, 25 g.

A amônia produzida pela oxidação dos aminoácidos é eliminada através da ureia. O ciclo da ureia ocorre no fígado (Fig. 6.10).

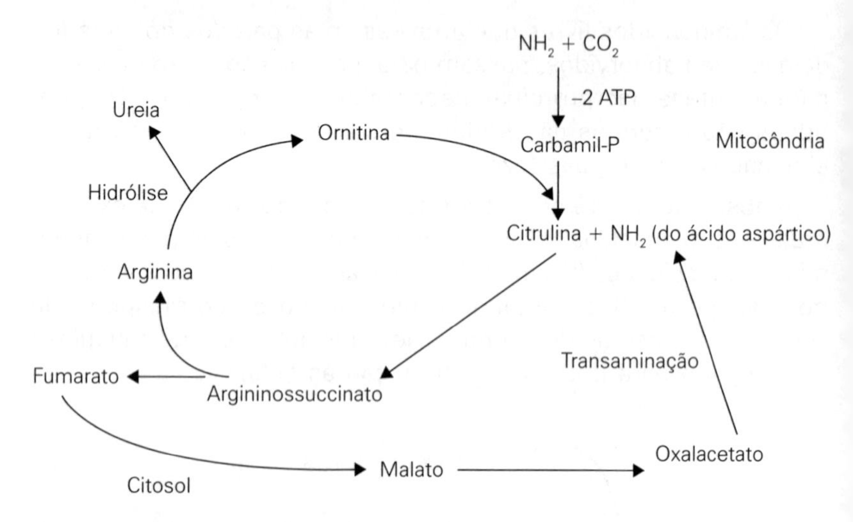

Fig. 6.10 – *Diagrama do ciclo da ureia.*

Após a retirada do nitrogênio do aminoácido, a cadeia carbônica segue para o ciclo de Krebs, onde ocorre a oxidação total do aminoácido, produzindo energia. As cadeias de alguns aminoácidos são transformadas em piruvato, daí a glicose e depois a glicogênio, pelo processo da gliconeogênese. Outros aminoácidos dão origem a acetil CoA e, por sobrecarregar o ciclo, formam corpos cetônicos que serão posteriormente eliminados.

Metabolismo das Proteínas e dos Aminoácidos para Obtenção de Energia

Três reações estão envolvidas no metabolismo dos aminoácidos: desaminação, transaminação e descarboxilação, que acontecem nas células musculares e hepáticas (Fig. 6.11):

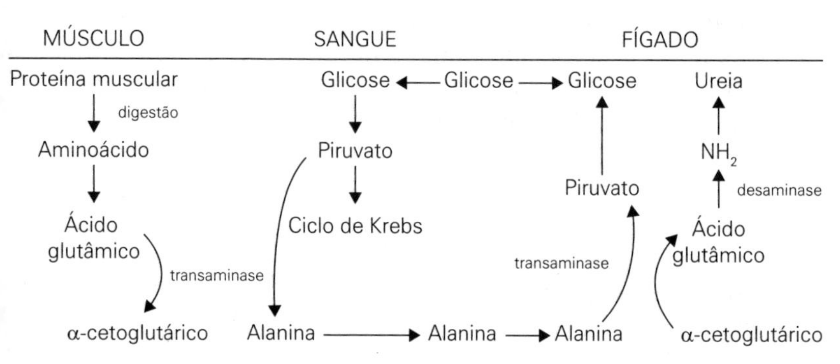

Fig. 6.11 – *Diagrama da produção de glicose a partir de proteína muscular pelo o ciclo de Krebs.*

- *Desaminação:* essa reação acontece no fígado, onde o grupo NH_2 é retirado do aminoácido por meio de desaminases. Serve para coletar aminoácidos de outros aminoácidos sob a forma de ácido glutâmico. Essas reações ocorrem no citoplasma, e, sendo o ácido glutâmico permeável à membrana mitocondrial, entra e sai na mitocôndria com facilidade. O ácido glutâmico é responsável pela aminação de cadeias carbônicas para formar novos aminoácidos no citoplasma. O ácido glutâmico é um composto intermediário do ciclo de Krebs. A desaminação pode ser oxidativa ou não oxidativa. A desaminação oxidativa ocorre através das enzimas laminoácido oxidase, resultando em ácido carboxílico e gás carbônico. A desaminação não oxidativa se dá em microrganismos e plantas (Fig. 6.12).

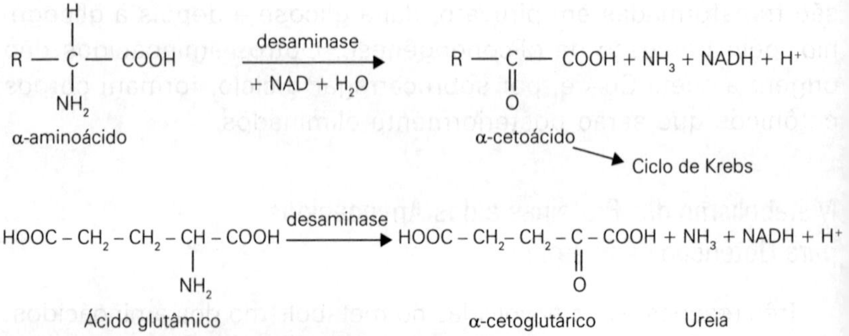

$$R-\underset{NH_2}{\overset{H}{C}}-COOH \xrightarrow[+\ NAD\ +\ H_2O]{desaminase} R-\underset{O}{\overset{}{\underset{\|}{C}}}-COOH + NH_3 + NADH + H^+$$

α-aminoácido — α-cetoácido → Ciclo de Krebs

$$HOOC-CH_2-CH_2-\underset{NH_2}{CH}-COOH \xrightarrow{desaminase} HOOC-CH_2-CH_2-\underset{O}{\underset{\|}{C}}-COOH + NH_3 + NADH + H^+$$

Ácido glutâmico — α-cetoglutárico — Ureia

Fig. 6.12 – *Reação de desaminação das proteínas.*

– *Transaminase:* o nitrogênio é transferido de um α-aminoácido para um α-cetoácido, resultando no ácido glutâmico, que é desaminado, produzindo amônia. Ocorre tanto no citoplasma quanto na mitocôndria (Fig. 6.13).

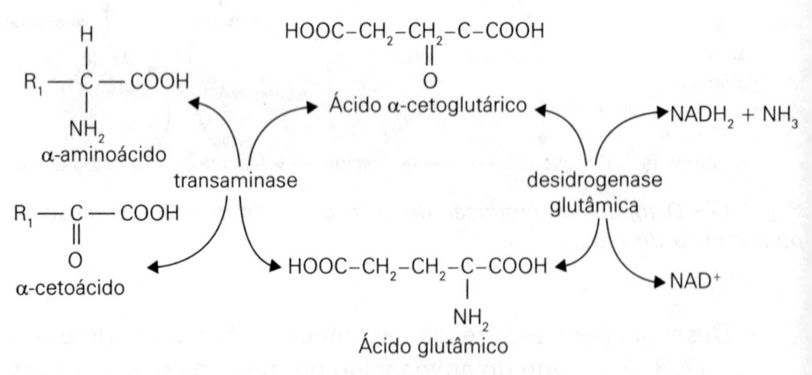

Fig. 6.13 – *Reação de transminação das proteínas.*

Exemplo:

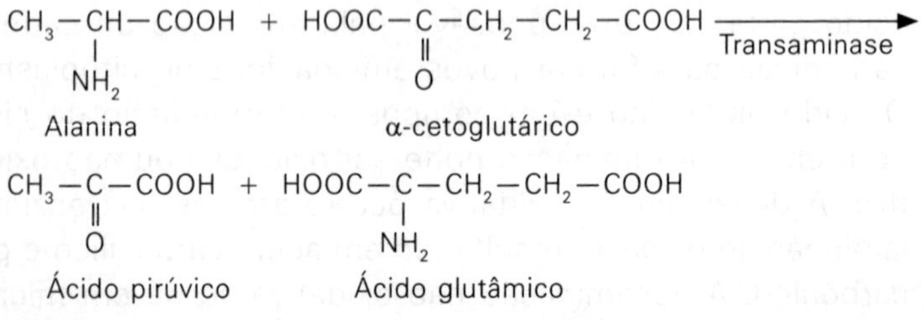

$$\underset{NH_2}{CH_3-CH-COOH} + HOOC-\underset{O}{\underset{\|}{C}}-CH_2-CH_2-COOH \xrightarrow[Transaminase]{}$$

Alanina — α-cetoglutárico

$$CH_3-\underset{O}{\underset{\|}{C}}-COOH + HOOC-\underset{NH_2}{C}-CH_2-CH_2-COOH$$

Ácido pirúvico — Ácido glutâmico

A transaminase permite a síntese de aminoácidos não essenciais a partir de uma cadeia carbônica proveniente da glicose. A amônia produzida é excretada via ureia.

A cadeia carbônica, livre de NH_2, segue o destino do ciclo de Krebs. Alguns aminoácidos, como alanina, treonina, serina e glicina, são transformados em piruvato, podendo chegar a glicogênio. Outros aminoácidos, como glicina, arginina e metionina, participam da síntese de creatina, que é usada para regenerar ATP muscular. Seu produto de excreção é a creatina-fosfato, que funciona como indicador de degradação tecidual. Os aminoácidos ramificados, como valina, leucina e isoleucina, são transformados em acetil CoA, podendo originar corpos cetônicos.

O ácido glutâmico é o mais usado nas reações de desaminação e transaminação por ser facilmente permeável à membrana mitocondrial, ficando, assim, responsável pela aminação de várias cadeias carbônicas para formar novos aminoácidos. Ele sai da mitocôndria para buscar NH_2 e levá-lo para a mitocôndria para a síntese de aminoácido.

– *Descarboxilação:* produção de compostos aminos, farmacologicamente ativos, como:

$$R_1-\underset{NH_2}{\overset{H}{\underset{|}{\overset{|}{C}}}}-COOH \longrightarrow R_1-CH_2-NH_2 + CO_2$$

- Dopaminas: neurotransmissores sintetizados a partir da tirosina. Importantes na síntese de adrenalina, substância vasoconstritora lançada no sangue quando o indivíduo se torna enfurecido ou amedrontado;
- Histamina: vasoldilatador, sintetizado a partir da histidina. Responde às reações alérgicas e inflamatórias
- Tiramina.
- Serotonina: inibidor sináptico das terminações nervosas, sintetizado a partir do triptofano. Responsável pela percepção da dor, distúrbios afetivos, regulação do sono, temperatura e pressão.
- Endorfina: responsável pela supressão da dor no hipotálamo.

Síntese de Proteínas

É dirigida pelo DNA, que contém, em forma codificada, a informação necessária para determinar a sequência específica dos aminoácidos constituintes da cada proteína. A maior parte da síntese proteica ocorre no citoplasma.

Proteínas sintetizadas pelo nosso organismo:

- *Proteínas estruturais:* as mais importantes desse grupo são o colágeno e a elastina, encontradas na pele, na cartilagem e nos ossos dos animais.
- *Proteínas contráteis:* encontradas nos tecidos dos animais (actina e miosina), principalmente no músculo.
- *Anticorpos:* são proteínas que participam do mecanismo de defesa dos animais em resposta a qualquer material estranho que invada o corpo. O material estranho é chamado de antígeno. O anticorpo une-se ao antígeno, inativando-o. Assim, este não pode mais provocar danos ao organismo do animal. Essas proteínas de defesa, ou seja, os anticorpos, são classificados como γ-globulinas.

  Proteínas sanguíneas:
  - Albuminas: mantêm a capacidade tampão do sangue, estrutura das lipoproteínas.
  - Fibrinogênio: desempenha papel na coagulação do sangue.
  - Hemoglobina: carrega o oxigênio dos pulmões para todas as células do corpo.
  - Hormônios: regulam muitas reações metabólicas.
  - Enzimas: catalisam reações de degradação e síntese no organismo.

Destino Metabólico dos Esqueletos Carbônicos dos Aminoácidos Avaliação da Qualidade Nutricional da Proteína

A eficiência com a qual a proteína é utilizada para o crescimento e manutenção dos tecidos determinará a sua qualidade nutricional. Assim, todos os parâmetros utilizados para avaliar a qualidade nutricional de uma proteína tentam prever a eficiência de sua utilização.

A qualidade de uma proteína é determinada em primeiro lugar pela quantidade de aminoácidos essenciais que entram na sua composição, mas outros fatores também determinam a qualidade da proteína, como a disponibilidade e o balanço dos aminoácidos essenciais.

Quanto à disponibilidade dos aminoácidos essenciais, devemos lembrar que uma baixa digestibilidade da proteína torna os aminoácidos não disponíveis à absorção. Esses, então, serão eliminados nas fezes, diminuindo a qualidade da proteína.

Por balanço dos aminoácidos entende-se a proporção que os aminoácidos observam entre si, e que, numa proteína de boa qualidade nutricional, é próximo ao balanço das proteínas que serão sintetizadas pelo nosso organismo.

Tabela 6.2
Produto Final de Conversão dos Aminoácidos nos Processos Metabólicos

Aminoácido	***Produto final***
Alanina, serina, cisteína, glicina, treonina (2)*	Ácido pirúvico
Leucina (2)	Acetil CoA
Fenilalanina, tirosina, leucina, lisina, triptofano (4)	Ácido acetoacético
Arginina, prolina, histidina, glutamina, ácido glutâmico (5)	Ácido α-cetoglutárico
Metionina, isoleucina, valina (4)	Succinil CoA
Fenilalanina, tirosina (4)	Fumarato
Asparagina, ácido aspártico (4)	Ácido oxalacético

Proteínas completas são aquelas que contêm todos os aminoácidos essenciais em quantidade suficiente e na proporção correta para manter o equilíbrio de nitrogênio e permitir o crescimento. Exemplo: ovoalbumina do ovo, caseína do leite, proteínas da carne, do peixe e das aves. As proteínas que não fornecem essa condição são chamadas de proteínas incompletas, como as proteínas dos vegetais e dos cereais.

Para medir a qualidade de uma proteína há vários métodos, que se dividem em três grupos: químicos, microbiológicos e biológicos.

Método Microbiológico de Avaliação da Qualidade Proteica

Nesse método, primeiramente tem-se que verificar a essenciabilidade do aminoácido ao microrganismo que se quer analisar. Para isso, incuba-se o inóculo da cultura do microrganismo em um meio contendo todos os nutrientes exigidos pelo microrganismo, exceto o aminoácido que se quer avaliar. Se o aminoácido for absolutamente essencial ao microganismo, ele não irá se desenvolver nesse meio, e assim conclui-se que esse aminoácido é essencial ao microrganismo. Tem-se, então, o ponto zero da curva de crescimento do microrganismo (Fig. 6.14).

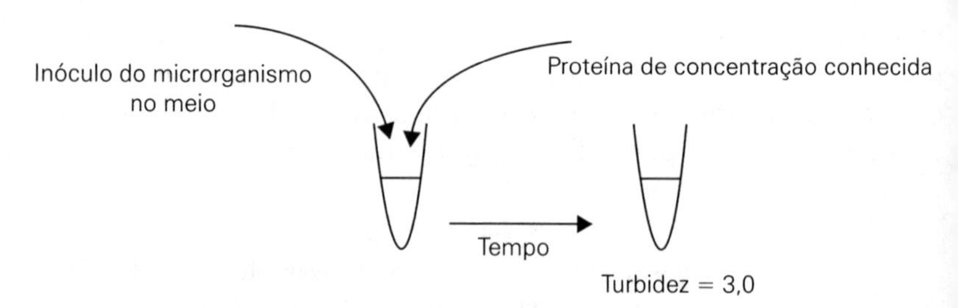

Fig. 6.14 – *Determinação da biodisponibilidade do aminoácido.*

Em seguida, uma curva padrão de crescimento do microrganismo escolhido é graficada, introduzindo quantidades crescentes do aminoácido no meio de crescimento do microrganismo. O crescimento é avaliado medindo-se a turbidez da suspensão de células que se desenvolveram, nas diferentes concentrações do aminoácido em estudo. Deve-se manter o mesmo tempo de crescimento e as mesmas condições para todos os tubos.

Construída a curva padrão, é possível determinar a concentração de metionina disponível, o aminoácido limitante na proteína de soja. Para isso, basta incubar, de forma idêntica à realizada na curva padrão, o inóculo do microrganismo em um meio contendo a proteína teste em concentração conhecida e medir o crescimento do microrganismo, com base na turbidez, no mesmo período de incubação utilizado na curva padrão. O resultado obtido é comparado ao da curva padrão, e obtém-se então a concentração do aminoácido disponível na proteína estudada (Fig. 6.15).

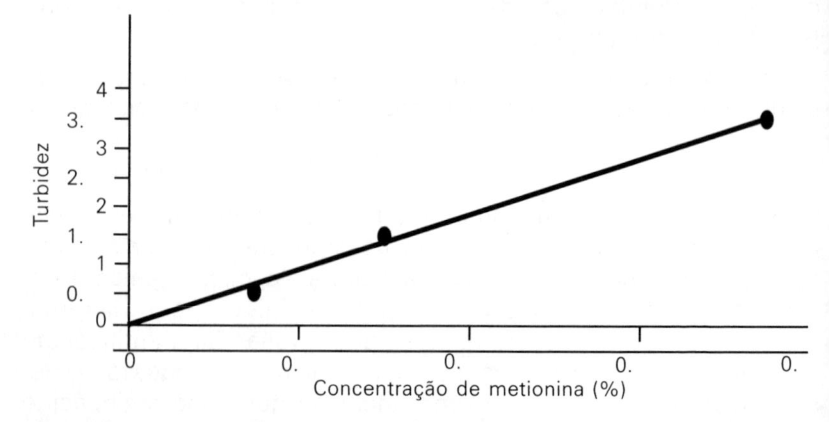

Fig. 6.15 – *Curva padrão para a determinação da biodisponibilidade de metionina pelo método microbiológico.*

Métodos Químicos de Avaliação de Qualidade Proteica

Escore Químico (SQ)

Nesse método, a qualidade da proteína é determinada comparando-se sua composição, em aminoácidos essenciais, com a dos aminoácidos essenciais de uma proteína padrão ou ideal.

Como padrão, pode-se utilizar a proteína do ovo, do leite, da carne ou a proteína determinada pela FAO (*Food and Agriculture Organization*). A proteína padrão é considerada ideal sob o ponto de vista nutricional, de alto valor biológico, com composição de aminoácidos completamente utilizáveis para os propósitos anabólicos e de manutenção. É uma proteína considerada completa (Tabela 6.3).

Tabela 6.3
Composição dos Aminoácidos Essenciais das Proteínas Padrão

Aminoácido essencial	*FAO*	*Ovo*	*Leite humano*	*Leite de vaca*	*Carne*
Isoleucina	40	54	46	47	48
Leucina	70	86	93	95	81
Lisina	55	70	66	78	89
Metionina + cisteína	35	57	42	33	40
Fenilalanina + tirosina	60	93	72	102	80
Treonina	40	47	43	44	46
Triptofano	10	17	17	14	12
Valina	50	66	55	64	50
Histidina	–	22	26	27	34

Fonte: Sgarbieri/FAO/WHO,1973.

O valor biológico é definido como a proporção de nitrogênio absorvida que é retida pelo organismo para manutenção do crescimento.

Então, para determinar a qualidade nutricional, por exemplo, da proteína de soja, por esse método, deve-se comparar as quantidades dos aminoácidos essenciais presentes na soja com as quantidades correspondentes na proteína padrão.

O aminoácido limitante, isto é, aquele que apresentar maior déficit, determinará a qualidade da proteína teste.

A relação matemática que expressa a quantidade de um aminoácido na proteína teste e a quantidade desse mesmo aminoácido na proteína padrão é chamada de *Escore Químico* (SQ) *do aminoácido*, dada pela seguinte equação:

$$SQ\% = \frac{\text{mg do aminoácido presente em 1 g da proteína teste}}{\text{mg do aminoácido presente em 1 g da proteína padrão}} \times 100$$

A análise quantitativa dos aminoácidos das proteínas é feita em um analisador automático de aminoácidos, onde se injeta o produto de uma hidrólise ácida da proteína que se quer avaliar. Essa hidrólise é realizada *in vitro* (isolado de organismo vivo e assim mantido artificialmente) com cerca de 25 mg da proteína hidrolisada, e ácido clorídrico 6N, por 22h, a 115-120 °C, em ausência de oxigênio.

A grande falha desse método é que considera que todos os aminoácidos liberados pela hidrólise ácida estarão disponíveis ao organismo, embora saibamos que isso não é verdade, pois a digestão feita pelo organismo animal é diferente da hidrólise ácida realizada *in vitro.* Outra falha é que ele só leva em conta o aminoácido que se encontra em menor concentração, e não necessariamente será a concentração de um aminoácido essencial.

Exemplo:

Determinar o nível seguro de ingestão proteica para um indivíduo de 18 anos, masculino (Tabela 6.4).

Tabela 6.4
Níveis Seguros de Proteína por Dia

Grupo etário	*Gênero/idade (anos)*	*g proteína/kg/dia*	*g proteína/pessoa/dia*	*SQ (%)*		
				80	*70*	*60*
Adolescente	Masculino					
	13-15	0,72	37	46	53	62
	16-19	0,60	38	47	54	63
	Feminino					
	13-15	0,63	31	39	45	52
	16-19	0,55	30	37	43	50
Adulto	Masculino	0,57	37	46	53	62
	Feminino	0,52	29	36	41	48

Nível seguro de ingestão = (100/SQ) × g proteína/pessoa/dia
= (100/80) × 38 = 47 g proteína/dia.

É essencial que os aminoácidos das proteínas estejam biodisponíveis para atender às necessidades de nitrogênio do organismo (Tabela 6.5). Então, a biodisponibilidade dos aminoácidos é dada pela fração total de aminoácidos ingeridos que é absorvida em forma metabolicamente ativa e que será utilizada pelo organismo.

Tabela 6.5
Necessidades Estimadas em Aminoácidos para um Homem Adulto e uma Criança, mg/kg de Peso/dia

Aminoácido	*Homem adulto*	*Criança (4-6 anos)*	*Criança (10-12 anos)*
HIS	–	33	–
ISO	12	83	28
LEU	16	135	42
LIS	12	99	44
MET	10	49	22
FEN	16	141	22
TRE	8	68	28
TRI	3	21	4
VAL	14	92	25

Protein Digestibility – Corrected Amino Acid Score (PDCAAS)

É um método adotado pela FAO para medir o valor da proteína na nutrição humana (Tabela 6.6). Compara a concentração do primeiro aminoácido essencial limitante da proteína teste com a concentração desse aminoácido na proteína padrão de referência.

Tabela 6.6
Valores de PER, Digestabilidade, Escore Químico, PDCAAS Não Truncado para Algumas Proteínas

Proteína	*PER*	*D (%)*	*SQ%*	*PDCAAS*
Ovo	3,8	98	121	118
Leite de vaca	3,1	95	127	121
Bife	2,9	98	94	92
Soja	2,1	95	96	91
Trigo	1,5	91	47	42

Fonte: FAO/WHO Expert Consultation 1990, European Dairy Association 1997, and Renner 1983.

$$PDCAAS = \frac{\text{mg aminoácido proteína teste}}{\text{mg aminoácido proteína padrão}} \times D^*$$

*D = digestibilidade

O valor obtido corresponde à digestibilidade fecal real da proteína teste. Valores de PDCAAS maiores que 100% são truncados. Ainda há muitas críticas na comunidade científica para adotar esse método. As questões mais relevantes em relação ao PDCAAS para correção do escore químico são:

- Validade das necessidades de aminoácidos essenciais para crianças.
- Validade para correção por digestibilidade fecal ao invés de ileal: a digestibilidade fecal contém proteínas e aminoácidos perdidos de síntese proteica e que foram excretados na urina como amônia. Também fatores antinutricionais contribuem para diminuir o valor nutricional da proteína.
- Truncagem dos valores maiores que 100%: desconsidera fontes proteicas da dieta mista.

Os aminoácidos essenciais encontrados como limitantes na maioria dos alimentos são: lisinas, metioninas e tripofano.

Analisando a Tabela 6.7, pode-se concluir que:

1. O aminoácido limitante dos cereais é a lisina.
2. O aminoácido limitante das leguminosas é a metionina.
3. O SQ da proteína dos cereais é maior do que das leguminosas e, portanto, proteína de melhor qualidade (exceção é a soja). A mistura de cereais e leguminosas melhora o aproveitamento de ambos.
4. O SQ da proteína do trigo é maior que o da farinha de trigo. Portanto, o trigo contém proteína de melhor qualidade que sua farinha, pois é perdida durante a extração.
5. O SQ da proteína animal é alto, indicando melhor valor nutricional.
6. O VB dos cereais é maior que o das leguminosas. Isso indica melhor proteína.
7. O VB do trigo é maior que o da sua farinha. Então, no trigo há proteína de melhor qualidade.
8. Os valores do SQ e do valor biológico são diferentes; porém; quando um é alto, o outro também o é. Logo, os dois podem ser utilizados para avaliar a qualidade de uma proteína.
9. Vantagem do SQ sobre o VB: o SQ diz o que está limitando a qualidade nutricional da proteína, isto é, determina o aminoácido limitante.
10. Vantagem do VB sobre o SQ: se houver fatores tóxicos ou antinutricionais, o VB indica com um valor baixo, mas o SQ não.

Tabela 6.7
Escore Químico (SQ) e Valor Biológico (VB) de Alguns Alimentos Utilizando a Proteína do Ovo como Padrão

Alimento		*SQ (%)*	*VB (%)*	*Amininoácido limitante*
Cereais	Cevada	53	–	metionina/lisina
	Milho	38	59	lisina
	Farinha de aveia	53	65	metionina
Cereais	Arroz polido	54	64	lisina
	Sorgo	29	73	lisina
	Trigo	44	65	lisina
	Farinha de trigo	34	52	lisina
Leguminosas	Feijão	32	59	metionina
	Lentilha	23	45	metionina
	Soja	41	73	metionina
Carnes	Vaca	73	74	valina
	Peixe	51	76	isoleucina

Exercícios:

1. Determinar o SQ% das proteínas abaixo, utilizando a proteína da FAO como padrão (Tabela 6.8).

Tabela 6.8
Composição de Aminoácido por 1 g de Proteína (mg/g)

Aminoácido essencial	*Soja mg/g*	*SQ (%)*	*Arroz mg/g*	*SQ (%)*	*Lentilha mg/g*	*SQ (%)*
Isoleucina	51	128	44		63	
Leucina	77	110	86,4		109	
Lisina	68	124	38		80	
Metionina	15	43	22,4		7	
Fenilalanina	50	83	50,9		63	
Treonina	43	107	34,8		45	
Triptofano	13	130	12		12	
Valina	54	108	60,7		54	
Histidina	–	–	24,5		–	

Observando a Tabela 6.8, pode-se dizer que, para o caso da proteína da soja, o primeiro aminoácido limitante é a metionina, com 43%, por se encontrar em menor porcentagem. O segundo aminoácido limitante é a fenilalanina, com 83%.

2. Um indivíduo ingeriu no café da manhã quatro fatias de pão (100 g) e dois copos de leite (480 mL). O pão fornece 8,5 g de proteína/100 g de pão e o leite, 16,8 g de proteína/100 g de leite. Compare os aminoácidos fornecidos pelo pão e pelo leite ingeridos com a necessidade mínima de aminoácido de um adulto. Determine o escore químico dessa mistura, utilizando a proteína do ovo como padrão (Tabela 6.9).

Tabela 6.9
Composição de Aminoácidos Presentes em 100 g de Pão e 480 mL de Leite

Aminoácido essencial	*Quantidade (g)*			
	Pão	*Leite*	*Necessidade mínima*	*SQ (%)*
TRI	0,091	0,235	0,25	
TRE	0,282	0,773	0,5	
ISO	0,429	1,07	0,7	
LEU	0,668	1,651	1,1	
LIS	0,225	1,306	0,8	
MET	0,342	0,562	1,1	
FEN	0,708	1,67	1,1	
VAL	0,435	1,152	0,8	

3. Calcular o SQ% da mistura arroz e feijão nas proporções 1:1 e 2:1, utilizando a proteína do leite de vaca como padrão.
4. Quantos gramas de arroz e quantos de feijão são necessários para se ter uma mistura de proteína 2:1 (arroz:feijão)?

Métodos Biológicos de Avaliação da Qualidade Proteica

Esses métodos empregam geralmente animais como cobaias, porquinhos-da-índia ou franguinhos para sua realização. O valor nutricional da proteína pode ser medido em função de dois fatores:

- Crescimento de animal;
- Retenção da proteína no organismo do animal.

Tabela 6.10
Composição de Aminoácidos do Arroz e Feijão

Aminoácido	*Proteína de arroz*		*Proteína do feijão*	
	mg/g	*SQ (%)*	*mg/g*	*SQ (%)*
ISO	44,0		41,9	
LEU	86,4		76,2	
LIS	38,0		72,0	
MET	22,4		10,6	
FEN	50,9		52,1	
TRE	34,8		39,7	
VAL	60,7		45,9	
ARG	79,5		56,8	
HIS	24,5		28,3	
TRI	12,0		10,0	

I. Método baseado no crescimento do animal:

O mais comum é o PER = coeficiente de eficiência proteica (*protein efficience ratio*). É o método mais simples de avaliação da qualidade nutricional de uma proteína, definido como a relação entre o peso do ganho de um animal em crescimento e a unidade de proteína ingerida.

$$\text{PER} = \frac{\text{Ganho de peso}}{\text{Quantidade de proteína ingerida}}$$

Para obter o PER, submetem-se filhotes de cobaia a determinada dieta balanceada contendo 10% de proteína teste durante quatro semanas. Ao final desse período, é retirada a relação peso-ganho dividido por proteína ingerida. O alto valor do PER encontrado é atribuído ao alto valor nutricional da proteína, isto é, ela é necessária para o crescimento do animal.

Esse valor deve ser comparado ao PER da caseína, proteína do leite, cujo teste deve ser feito simultâneo ao da proteína que se está avaliando.

A principal fonte de erro desse método é que se assume que todo ganho de peso do animal é devido ao ganho de peso corporal da cobaia. Isso nem sempre acontece, pois o animal pode ter retido água, por exemplo.

II. Métodos baseados na determinação de nitrogênio:

Esse método determina a retenção de nutriente no organismo, ou seja, proteína, medido pela quantidade de nitrogênio retido no organismo.

A partir do esquema da Fig. 6.16, as seguintes relações podem ser estabelecidas:

- NTF (nitrogênio total fecal) = NF + NFE
- NTU (nitrogênio total urinário) = NU + NUE

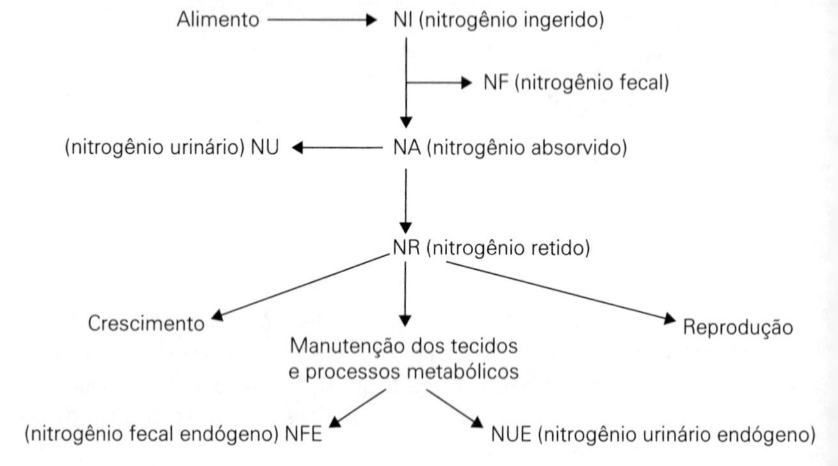

Fig. 6.16 – *Esquema do metabolismo de absorção e excreção de nitrogênio proteico.*

O nitrogênio ingerido (NI) provém das proteínas que ingerimos na dieta. Parte das proteínas ingeridas é totalmente digerida, sendo, então, seu nitrogênio absorvido (NA). As proteínas não digeridas são eliminadas nas fezes (NF).

Do nitrogênio absorvido, parte é aproveitada pelo organismo para a síntese de suas proteínas (NR). Portanto, esse nitrogênio é retido para a síntese de proteínas que se destinam ao crescimento do indivíduo (da infância até a adolescência), para manutenção de tecidos e processos metabólicos ou para reprodução. O não retido é eliminado na urina (NU). Essas são as proteínas que não têm função construtora para o organismo, ou seja, têm função energética.

As paredes do intestino sofrem descamações constantemente. As células mortas, proteicas, são excretadas nas fezes, constituindo o nitrogênio endógeno, isto é, nitrogênio fecal endógeno (NFE). Por outro lado, na urina será eliminado o nitrogênio urinário endógeno (NUE) proveniente da degradação das proteínas das várias reações metabólicas de produção de energia.

Uma cobaia em jejum também elimina nitrogênio, embora não o esteja ingerindo. Esse nitrogênio é de origem endógena, proveniente dos tecidos em decomposição ou, ainda, é o nitrogênio da cadeia carbônica do aminoácido quando houve utilização de proteína para produção de energia.

O nitrogênio total recolhido nas fezes é dado pela soma de NF e NFE. O nitrogênio total coletado na urina é dado pela soma de NU e NUE.

a) Balanço metabólico:

Os métodos de avaliação da qualidade proteica baseados na retenção de nitrogênio são chamados de *balanço metabólico*. O produto de excreção é o nitrogênio total presente na urina e nas fezes, isto é, substâncias eliminadas pelos rins, tubo intestinal, pele e pulmões.

BM (balanço metabólico) = ingestão de nutrientes – produtos de excreção

O balanço metabólico indica se houve perda ou retenção de nitrogênio pelo organismo. No indivíduo adulto normal, as quantidades ingeridas devem ser iguais às excretadas.

Quando as quantidades excretadas forem maiores que as ingeridas, diz-se que o indivíduo se encontra em balanço negativo, indicando má alimentação ou doença, isto é, a proteína ingerida não foi suficiente para satisfazer as necessidades do organismo. Esse indivíduo está usando proteína de natureza endógena para sua manutenção corporal.

Quando positivo, indica crescimento ou incorporação do nitrogênio pelo organismo. Um animal está em balanço positivo quando a quantidade ingerida é maior que a excretada, havendo, portanto, retenção de nutriente pelo organismo. Isso é o que ocorre nas fases de crescimento e reprodução dos animais.

b) Método do valor biológico (VB):

O método consiste na porcentagem de nitrogênio retido pelo organismo com relação ao nitrogênio absorvido.

$$VB = \frac{NR}{NA} \times 100$$

São utilizados dois grupos de cobaias de pesos, raças e idades iguais. O grupo 1 é mantido com uma dieta complemente isenta de proteína (0 g de proteína). O nitrogênio excretado por esse grupo será: NFE + NUE.

$$NFT = NF_1 \text{ e } NUT = NU_1$$

O grupo 2 é mantido com a mesma dieta do grupo 1 acrescida de 10% de proteína. O nitrogênio excretado por esse grupo será: NFT = NF + NFE e NUT = NU + NUE.

$$NF = NF_2 - NF_1$$

$$NU = NU_2 - NU_1$$

O valor de VB será obtido pela substituição de NA e NR, pelo nitrogênio ingerido e excretado conhecidos e calculados:

$$NA = NI - NF$$

$$NR = NA - NU$$

Portanto:

$$VB = \frac{NI - (NF_2 - NF_1) - (NU_2 - NU_1)}{NI - (NF_2 - NF_1)} \times 100$$

Dietas com valor biológico menor que 70% significam ingestão de alimentos com baixa qualidade proteica (Tabela 6.11).

Tabela 6.11
Valor Biológico de Alguns Alimentos

Alimento	*VB (%)*	*Alimento*	*VB (%)*
Carne de vaca	104	Suco de laranja	79
Leite de vaca	100	Levedo	71
Peixe	95	Espinafre	64
Arroz	88	Ervilha	56
Couve-flor	84	Farinha de trigo	40
Caranguejo	79	Farinha de milho	30
Batata	79		

Exemplo:

Para determinar o valor biológico da proteína X de um alimento foram utilizados dois grupos de cobaias. O grupo 1 ingeriu 0 g de proteína, enquanto o grupo 2 ingeriu em média 4 g na dieta.

Os resultados obtidos foram:

Produto excretado (g)	***Grupo 1***	***Grupo 2***
NF	0,5	1,0
NU	3,0	4,0

Calculando:

$$VB = \frac{4{,}0 - (1{,}0 - 0{,}5) - (4{,}0 - 3{,}0)}{4{,}0 - (1{,}0 - 0{,}5)} \times 100 = 71{,}4\%$$

Podemos concluir que a dieta contém proteína de boa qualidade (VB > 70%), indicando que a proteína presente está sendo aproveitada pelo organismo.

c) Índice de utilização proteica (NPU):

NPU significa *Net Protein Utilization*, isto é, proteína líquida corrigida. É um fator de correção que indica quanto de nitrogênio está sendo aproveitado pelo organismo. Por esse método pode--se determinar a proporção de nitrogênio do alimento retido pelo organismo animal.

Dois grupos de cobaias de peso, raça e idade iguais são utilizados para medir NPU. O grupo 1 é mantido com uma dieta completamente isenta de proteínas (0 g). Ao grupo 2 é dada a mesma dieta experimental acrescida de 10% da proteína conhecida.

Os dois grupos são sacrificados após 10 dias de experimento e o nitrogênio da carcaça é determinado. O animal é seco, desengordurado e o nitrogênio pode ser determinado por qualquer método de determinação de proteína.

$$NPU = \frac{N_2 - N_1}{NI} \times 100 = \frac{NR}{NI} \times 100 \qquad (1)$$

Sendo:

N_2 = nitrogênio total da carcaça do grupo 2

N_1 = nitrogênio total da carcaça do grupo 1

É possível relacionar NPU com o valor biológico (VB) e a digestibilidade (D) da proteína (Tabela 6.12).

Tabela 6.12 Digestibilidade (%) dos Nutrientes de Alguns Alimentos			
Alimento	***Proteína***	***Lipídeo***	***Carboidrato***
Animais	97	95	98
Cereais	85	90	98
Legumes secos	78	90	97
Açúcares e amido	–	–	98
Vegetais	83	90	95
Frutas	85	90	90
Total	**92**	**95**	**97**

Assim, se:

$$VB = \frac{NR}{NA} \Rightarrow NR = VB \times NA \tag{2}$$

$$D = \frac{NA}{NI} \times 100 \tag{3}$$

Substituindo as equações (2) e (3) em (1) obtém-se:

$$NPU = VB \times D \times 100$$

Para maior facilidade de cálculo e levando em consideração que a composição de uma dieta é mista, foram estabelecidos os seguintes valores de NPU para as várias classes de alimentos (Tabela 6.13).

Tabela 6.13 SQ%, NPU e Digestibilidade (D) de Algumas Proteínas de Alimentos			
Alimento	***SQ%***	***NPU***	***D%***
Ovo inteiro	100	94	97
Leite humano	100	87	97
Leite de vaca	95	82	97
Carne	94		97
Soja	74	65	78
Gergelim	50	54	
Amendoim	65	47	94
Semente de algodão	81	59	90

(*continua*)

Tabela 6.13
SQ%, NPU e Digestibilidade (D) de Algumas Proteínas de Alimentos (*continuação*)

Alimento	*SQ%*	*NPU*	*D%*
Milho	49	52	76
Arroz	67	59	75
Painço	63	44	79
Trigo integral	53	48	79
Peixe			97
Feijão	74	65	60
Caseína		55	96

De modo prático, o NPU das diferentes classes de alimentos, usados para efeito de cálculo em elaboração de cardápios, são valores médios e podem ser empregados como mostrado na Tabela 6.14.

Tabela 6.14
NPU Médio das Classes de Alimentos Vegetais

Alimento	*NPU*
Carnes, ovos e derivados	0,7
Leguminosas	0,6
Cereais	0,5
Outros	0

d) *NDPcal*:

NDPcal significa *Net Dietary Protein Calories,* ou seja, conteúdo de proteína da dieta em calorias, isto é, gramas de proteína corrigida vezes 4 kcal/g proteína.

$$\text{NDPcal} = \frac{\text{NPU}}{100} \times \text{g de proteína} \times 4 \text{ kcal/g de proteína}$$

e) *NDPcal%*:

Indica a energia metabolizável das proteínas em relação ao total de energia da dieta (VCT), expresso em porcentagem.

$$\text{NDPcal\%} = \frac{\text{NDPcal}}{\text{VCT}} \times 100$$

O valor de NDPcal% encontrado para uma dieta deve estar entre 6% e 14%. Valores menores que 6% indicam dieta pobre em qualidade proteica, portanto essa dieta é constituída de baixa concentração de aminoácidos não essenciais que não atendem às necessidades proteicas do organismo. Valores maiores que 14% ultrapassam as necessidades orgânicas de proteína de boa qualidade, e, como não há reserva de proteína no organismo, esse excesso é eliminado.

Na Tabela 6.15, encontram-se os valores proteicos de alguns alimentos para ilustrar a variação proteica entre o grupo dos cereais e o das raízes, tubérculos e frutos.

Tabela 6.15
Valores de NPU e NDPcal% de Alguns Alimentos Vegetais

Alimento		*Proteína (kcal%)*	*NPU (%)*	*NDPcal%*
Cereais	Cevada	14,0	60	8,4
	Milho	11,0	48	5,4
	Aveia	12,0	66	8,0
	Arroz	9,0	57	5,1
	Trigo	13,0	40	5,2
Raízes, tubérculos	Mandioca	2,0	50	1,0
	Cará	0,6	50	0,3
	Sagu	1,8	60	4,4
	Inhame	2,4	43	0,6
	Batata	2,0	67	1,3
Leguminosas	Ervilhas	24,0	50	12,0
	Grão-de-bico	20,0	40	8,0
	Feijão	20,0	47	9,4

Observe, por exemplo, que cevada e aveia apresentam NDPcal% maior que a dos outros alimentos, sugerindo melhor qualidade de suas proteínas, com valores dentro da faixa considerada proteína de boa qualidade (6 a 14).

Nenhum dos alimentos do grupo das raízes, tubérculos e frutos apresenta valores proteicos maiores que o mínimo tolerável, isto é, 6. Isso indica que os aminoácidos essenciais que compõem a estrutura de suas proteínas possuem baixa biodisponibilidade, estão em baixa concentração ou proporção na cadeia.

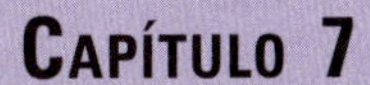

Capítulo 7

Fibras Alimentares

O interesse pela fibra, fração inaproveitável do alimento, surgiu de observações clínicas que ligaram a ocorrência de certas moléstias ao tipo de dieta pobre em fibra, natural de produtos vegetais.

Nos países africanos e em coletividades de países em desenvolvimento, são raras as moléstias tidas como comuns em sociedades desenvolvidas. Existe uma relação dessas moléstias tidas como típicas de coletividades desenvolvidas: hipertensão, perturbações cerebrovasculares, obesidade, hemorroidas, colite ulcerativa, diverticulites, câncer do intestino grosso, além de síndromes isquêmicas miocárdicas, colesterolemia e artrite reumatoide.

Ao longo dos últimos dois séculos, houve uma acentuada diminuição do consumo de fibras. Em 1770, consumia-se 6,23 g/dia por pessoa; em 1970, consumia-se 0,2 g/dia por pessoa. Essa diminuição no consumo de fibras deveu-se, em grande parte, à redução do consumo de farinha, que, em 1770, era de 500 g/dia por pessoa e, em 1970, passou a 200 g/dia por pessoa. Essas farinhas, ao longo dos anos, foram se tornando empobrecidas no teor de fibras, devido aos beneficiamentos industriais. Nos Estados Unidos, o consumo de fibra caiu 28% entre 1909 e 1957, tendo ficado praticamente estável de 1958 até 1965. Os dados obtidos correlacionados às estatísticas de morbidade suportam a hipótese da relação inversa entre consumo de fibras e aparecimento de moléstias degenerativas.

A indústria de alimentos está respondendo aos desejos dos consumidores atuais, que buscam produtos que podem ser usados para favorecer e melhorar sua saúde e vitalidade.

A fibra dietética é um bom exemplo dessa resposta e deixou de ser qualificada como "substâncias de difícil digestão" ou "substâncias pesadas e volumosas" para o *status* atual de "tópico de interesse máximo em alimentação e nutrição". A partir da propaganda feita em torno dos alimentos, os consumidores estão descobrindo uma vez mais, embora hoje de maneira mais moderna, que a fibra dietética constitui um recurso importante para a manutenção da saúde e do bem-estar do ser humano.

Em meados de 1970, o interesse público pela questão da fibra dietética foi reacendido pelas recomendações dadas pelo Comitê Americano de Seleção e Nutrição, que defendia, entre outras coisas, a inclusão de alimentos fibrosos nas dietas alimentares. Outras recomendações similares foram emitidas pelo Ministério Americano de Saúde e Serviços Humanos, bem como pelo Ministério da Agricultura, recomendações estas que incentivavam o aumento de consumo de carboidratos complexos e de fibras dietéticas. Essas recomendações são consistentes com as opiniões de muitos profissionais de saúde.

Para avaliar o papel das fibras em nutrição e para entender as evidências de correlação entre a ingestão de fibra dietética e o desenvolvimento de doenças do trato gastrintestinal, torna-se necessário rever as propriedades físicas e químicas dos diversos compostos considerados como fibra, métodos de determinação de conteúdo de fibras, efeitos fisiológicos associados à prevenção dessas doenças, como formulamos os produtos que contêm fibras, como tais produtos são vendidos e fiscalizados e como integramos esses conceitos em uma estratégia de mercado eficiente.

Definição

Definem-se como fibra dietética todos os polissacarídeos e lignina não digeríveis pelas secreções digestivas humanas. São, portanto, resíduos que chegam ao cólon sem terem sofrido modificações estruturais, onde são fermentados pelas bactérias da flora intestinal, produzindo ácidos graxos, gás e energia.

Consideram-se fibra da dieta a celulose lignina, hemicelulose, pectinas, gomas, mucilagens e ceras. Pequenos teores de proteínas, lipídeos e glicídeos, normalmente digeríveis, às vezes por circunstâncias várias não são digeridos e aumentam o valor da fibra da dieta. Portanto, a fibra é uma mistura de diversos componentes.

A simples citação dos integrantes da fração fibra mostra o desafio que ela representa para o analista que deseja ali discriminar e quantificar cada componente. Todavia, a necessidade de conhecer a fração fibra de cada componente é imperiosa, pois até hoje não se obtiveram resultados consistentes em numerosas pesquisas de caráter biológico e nutricional.

Apesar do progresso alcançado com os métodos analíticos para a mensuração da fibra, ainda estamos longe de desenvolver métodos confiáveis, baratos e rápidos para a análise de rotina dos alimentos. A Associação de Químicos Analíticos Oficiais (AOAC), no Estudo Colaborativo sobre a Análise da Fibra, salienta a extensão da variação analítica que ainda se encontra presente no sistema. A falta de métodos adequados, confiáveis e precisos para a análise dos alimentos representa um obstáculo para a nossa habilidade de suprir os dados faltantes com relação à composição dos alimentos. Essa falta de dados tem sido um dos fatores limitantes na determinação da quantidade, bem como do tipo de fibra que as pessoas realmente estão consumindo, além da determinação do que as pessoas deveriam comer.

Composição Química da Fibra

A distribuição média das frações componentes da fibra de cereais, vegetais e frutas pode ser encontrada na Tabela 7.1.

Assim como a função dessas frações varia na planta, também varia a composição química de cada fração. Na Tabela 7.2, é possível observar os componentes químicos encontrados nos vários tipos de fibras.

Na Fig. 7.1 encontram-se as estruturas dos principais polissacarídeos componentes das fibras.

Tabela 7.1
Composição Percentual de Fibras da Dieta Dada pelos Cereais, Vegetais e Frutas *in natura*

Fonte de fibras	*Polissacarídeos não celulósicos*	*Celulose*	*Lignina*
Cereais	75,7	17,4	6,7
Vegetais	65,6	31,5	2,98
Frutas	62,9	19,7	17,4

Tabela 7.2
Classificação dos Componentes Químicos das Fibras Dietéticas

Fibras		*Cadeia principal*	*Cadeia secundária*
Polissacarídeos	Celulose Não celulose	Glicose	
	Hemicelulose	Xilose Manose Galactose Glicose	Arabinose
	Substâncias pécticas	Ácido galacturônico	Rafinose Arabinose Xilose Frutose
	Mucilagens	Galactose-manose Glicose-manose Arabinose-xilose Ácido galacturônico Rafinose	Galactose
	Gomas	Galactose Ácido galacturônico Manose Rafinose	Xilose Fucose Galactose
	De algas	Manose Xilose Ácido galacturônico Glicose	Galactose
Lignina		Álcool sinafil Álcool coniferil Álcool p-coumaril	Estrutura tridimensional

A celulose é um polímero linear, formado por unidades de glicose dispostas paralelamente, mantidas juntas por ligações de hidrogênio, o que torna o composto inerte do ponto de vista químico. É o principal componente estrutural das células das plantas, sendo considerada relativamente solúvel. Cada grama pode reter 400 mg de água.

A pectina é composta principalmente de ácido D-galacturônico, embora possa ter outros carboidratos ligados. A metilação parcial dos grupos hidróxidos do ácido confere importantes propriedades à pectina. Ela é considerada altamente solúvel e é encontrada como parte da parede celular e como cimento intercelular. Pode formar gel no intestino e reter água.

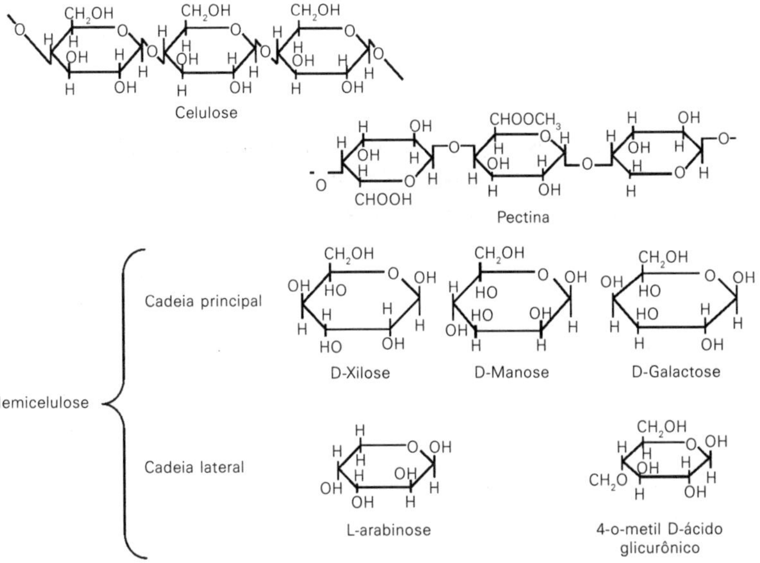

Fig. 7.1 – *Estruturas dos principais polissacarídeos das fibras.*

A hemicelulose é um composto heterogêneo que contém açúcares na cadeia principal e secundária. É solúvel em álcali diluído e mostra uma grande faixa de solubilidade, sendo essa associada com o maior ou menor grau de ramificação da cadeia.

A lignina purificada possui uma estrutura tridimensional complexa, considerada inerte, insolúvel e resistente à digestão. Pode ser definida como um polímero polifenólico contendo unidades estruturais fenilpropano. A lignina reveste a celulose e a hemicelulose e pode inibir os desdobramentos de carboidratos da parede celular, de modo que alimentos mais liquificados sejam menos digeridos no intestino. A lignina pode ligar-se a sais biliares e a outros materiais orgânicos e diminuir a absorção de nutrientes no intestino delgado.

As gomas e as mucilagens, complexos de polissacarídeos não estruturais, podem formar gel no intestino delgado e ligar-se a ácidos biliares e a outros materiais orgânicos.

Propriedades Físicas

As propriedades físicas das várias fontes de fibras são únicas e importantes na determinação de certas respostas fisiológicas.

Na Tabela 7.3, vemos um resumo dessas propriedades e das respostas fisiológicas associadas a cada fração das fibras.

Tabela 7.3
Respostas Fisiológicas Afetadas pelas Propriedades Físicas das Frações de Fibras

Propriedades físicas	*Frações de fibras*	*Respostas fisiológicas*
Degradação bacteriana	Polissacarídeos	Produção de ácidos graxos de cadeia curta, flatulência e acidez
Capacidade de retenção de água	Polissacarídeos com grupos polares	Efeitos na absorção de nutrientes, peso fecal, trânsito intestinal no estômago e intestino delgado
Adsorsão de material orgânico	Lignina, pectina	Ligação e excreção de ácidos biliares
Troca catiônica	Ácidos	Aumento da excreção polissacarídeos de minerais

Degradação Bacteriana

A fibra não pode ser degradada enzimaticamente no intestino delgado dos mamíferos. Contudo, é fermentável e degradada no intestino grosso. O grau de degradação varia entre os polissacarídeos: as pectinas, as mucilagens e as gomas parecem ser completamente degradáveis, enquanto a celulose sofre degradação apenas parcial.

O grau de degradação bacteriana tem várias implicações importantes: os subprodutos de ácidos graxos de cadeia curta podem influenciar a resposta fisiológica às fibras; a fermentação pode reduzir o pH do intestino grosso e afetar o metabolismo microbiano; e as células bacterianas podem ser partes significantes e contribuir para o peso do bolo fecal.

Capacidade de Retenção de Água (WHC)

Essa propriedade é enfatizada nos polissacarídeos pela presença de resíduos de açúcares com grupos polares livres. As pectinas, mucilagens e hemiceluloses têm os maiores valores de WHC. A hidratação da fibra resulta na formação de uma matriz de gel que pode aumentar a viscosidade do conteúdo do intestino delgado e ter efeitos críticos na absorção de nutrientes. Presume-se que a difusão dos nutrientes por absorção será reduzida pela participação dos nutrientes hidrossolúveis na matriz de gel e pelo aumento da viscosidade do conteúdo intestinal. Embora a capacidade de retenção de água tenha também sido associada ao aumento do bolo fecal, esta não é uma relação direta devido à degradação bacteriana da fibra no cólon.

Vegetais como a alface, a cenoura, o aipo, o pepino e a berinjela apresentaram maior poder de absorver água e trocar íons. Já o milho, a aveia, a batata, a banana e o farelo de trigo têm menos poder.

Adsorsão de Moléculas Orgânicas

A adsorsão de moléculas orgânicas, incluindo ácidos biliares, colesterol e compostos tóxicos, é outra propriedade de interesse. Alguns estudos mostram que a lignina e a pectina são potentes adsorventes de ácidos biliares. A celulose, porém, tem pouco poder adsorvente. A habilidade de certos polissacarídeos, como a pectina, de aumentar a excreção de ácidos biliares nas fezes tem sido relacionada com uma diminuição do colesterol no plasma. Outros estudos sugerem que a habilidade de ligar compostos tóxicos seria um mecanismo protetor do câncer gastrintestinal.

Troca Catiônica

A reduzida disponibilidade de minerais e a absorção eletrolítica associada a dietas ricas em fibra se devem à ligação desses minerais e eletrólitos às fontes de fibras, levando a um aumento da excreção fecal. O número de grupos carboxila livre dos resíduos de açúcar e o conteúdo de ácido urônico dos polissacarídeos estão relacionados com essa propriedade de troca de cátions das fibras.

Vegetais como alface, couve, cenoura, laranja e nabo funcionam como resinas trocadoras de íons.

Efeitos Fisiológicos

Dependendo das fontes de fibras, estas podem provocar uma série de efeitos fisiológicos, como: aumento do bolo fecal, redução da disponibilidade de nutrientes, redução do nível de colesterol do plasma e das respostas glicêmicas às refeições.

Os resultados de vários estudos sobre o aumento do bolo fecal produzido por suplementação de fibra na dieta podem ser vistos na Tabela 7.4.

Tabela 7.4
Efeitos da Suplementação de Fibras no Bolo Fecal

Suplemento de fibras	*% de aumento no peso do bolo fecal*
Farelo de aveia	15
Pectina	16 a 35
Goma guar	20
Maçã	40
Cenoura	59
Repolho	67
Celulose	75
Farelo de trigo (partículas)	80 a 127
Farelo de trigo (moído, fino)	24

Os fatores que contribuem para isso incluem a presença de resíduos de fibra não degradados e o aumento da água fecal e da massa bacteriana resultante da fermentação da fibra. A fonte mais efetiva para um aumento do bolo fecal é o germe de trigo moído grosseiramente, responsável por 80% a 120% de aumento no bolo fecal. Seguem-se o repolho, a cenoura, a maçã e as gomas. Além do consumo da fibra, a forma física desta é um fator que influencia também a sua efetividade. O germe de trigo finamente moído, por exemplo, tem uma atividade reduzida na produção do bolo fecal. Além disso, a fonte de fibras também influencia a habilidade de produção do bolo: pectina e gomas, por exemplo, tendem a ser ineficientes, pois são completamente degradadas pelas bactérias.

As dietas pobres em fibras têm um tempo prolongado de permanência nos intestinos, o que provocaria, segundo vários autores, patogenias do trato intestinal.

Correlacionando o tempo de trânsito dos alimentos pelo tubo digestivo com o teor de fibra ingerido, pode-se observar que um consumo elevado de fibra implica menor tempo de trânsito e maior volume de fezes, compostas de grande quantidade de produtos endógenos, ao lado da fração não digerível dos alimentos.

Estudos mostraram a existência de uma correlação logarítmica entre o peso das fezes e o tempo de trânsito intestinal, que parece representar papel biológico. Assim, um aumento de peso das fezes, de 20-30 g por dia para 150-200 g no mesmo período, reduz em cerca de três vezes o tempo de trânsito intestinal. O aumento de peso acima de 200 g, embora encurte o tempo de trânsito, não o faz de forma significativa. O ideal seria um trânsito rápido e regular do bolo intestinal, culminando numa fácil evacuação.

Os polissacarídeos não celulósicos que são viscosos parecem ser os mais eficientes na redução do colesterol do plasma, conforme demonstrado em indivíduos lipidêmicos e observado nos dados da Tabela 7.5. Certos alimentos formulados com gomas foram testados e provaram ser efetivos no tratamento de hipercolesterolemia.

Tabela 7.5
Efeitos das Fibras nos Níveis de Colesterol do Plasma

Fontes de fibras	***Quantidade de fibras ingerida (g/dia)***	***Mudança nos níveis de colesterol (%)***
Celulose	16	0
Farelo de trigo	17	+1
Aveia integral	15	–11
Farelo de aveia	27	–17
Pectina	25	–13
Goma guar	24	–16
Feijão	30	–19

A resposta glicêmica pós-prandial é reduzida mais efetivamente com polissacarídeos viscosos. Vários estudos sugerem que a viscosidade, ou seja, a habilidade de formar gel, é um fator importante na medição das respostas fisiológicas à ingestão de fibras. Além dessas respostas fisiológicas específicas, as propriedades físicas e a indigestibilidade das fibras são fatores-chave no metabolismo de dietas ricas nesses componentes.

Pode-se dizer que a fibra regula e diminui a taxa de digestão e de absorção por pelo menos três mecanismos:

a) O grau de plenitude e o esvaziamento gástrico pode ser reduzido por certas fibras.

b) A atividade de enzimas digestivas no intestino delgado pode ser reduzida pela presença de fibras.

c) A difusão e a absorção de nutrientes, enzimas e substratos no trato intestinal podem ser alteradas por certas fibras.

Por meio desses mecanismos e da fermentação da fibra no intestino grosso, esta pode afetar o processo metabólico.

O grau de plenitude gástrica é dado pela taxa de ingestão de alimento. Acredita-se que a distensão do estômago seja um dos sinais para a parada da ingestão de alimentos, e por isso alguns autores especulam que as fibras induzem no indivíduo uma sensação de saciedade e reduzem, consequentemente, a ingestão de alimentos. Esses resultados precisam, porém, ser reavaliados para se verificar o grau de adaptação e compensação dos seres humanos ao efeito da distensão das fibras no estômago.

O grau de esvaziamento gástrico controla a taxa de absorção de alimentos no intestino delgado. Estudos mostram que a pectina, que aumenta a viscosidade do bolo alimentar, atrasa o esvaziamento. Já a celulose não o afeta. Como os polissacarídeos viscosos diminuem a taxa de esvaziamento estomacal, eles podem ser úteis no tratamento de diabetes, por reduzir a taxa de absorção de carboidratos no intestino delgado.

A fibra no intestino delgado pode também afetar o processo metabólico pela interação e alteração dos mecanismos digestivos e de absorção. A difusão de enzimas e substratos dentro do conteúdo intestinal inicia a hidrólise das macromoléculas da dieta. No lúmen do intestino delgado, a hidrólise envolve a hidratação do alimento, a emulsificação de lipídeos e a disponibilidade de enzimas hidrolíticas. Os nutrientes produzidos por hidrólise se difundem para a superfície celular para serem absorvidos. Na absorção, os compostos lipossolúveis são transportados pela via linfática para utilização do organismo. Os compostos hidrossolúveis são transportados pelo sangue. Algumas fibras podem atuar na fase digestiva para reduzir a hidrólise e a difusão e, na fase de absorção, para alterar a superfície celular e o mecanismo de transporte.

Teor de Fibra nos Alimentos e Aplicações Tecnológicas

As tabelas de teor de fibra em alimentos podem expressar o teor de fibra crua ou dietética. A fibra crua tem sido usada até agora para designar o resíduo não digerível nos alimentos, mas essa fibra apresenta somente uma porção da celulose e lignina presente nos alimentos. Tem-se usado o termo fibra dietética, que inclui a soma dos carboidratos não digeríveis e dos componentes similares, como a celulose, a lignina, a hemicelulose, as pentosanas, as gomas e as pectinas. Não existe, porém, uma correlação entre teor de fibra crua e dietética. O teor de fibra dietética pode ser tanto 1,6 vez maior como 15,7 vezes maior que o teor de fibra crua, como nos morangos e nos flocos de milho, respectivamente.

Vários ingredientes ricos em fibras estão à disposição dos engenheiros de alimentos para serem utilizados no desenvolvimento de novas fórmulas de alimentos ou no enriquecimento de alimentos já formulados (Tabela 7.6).

Tabela 7.6
Valores de Fibra Crua e Dietética para os Ingredientes mais Utilizados em Enriquecimento de Alimentos

Ingredientes	*Fibra crua (g/100 g)*	*Fibra dietética (g/100 g)*
Farinha de trigo integral	2,3	11
Farinha de centeio (escura)	2,4	–
Farinha de arroz	1,5	–
Farelo de trigo	7,5 a 12,0	–
Farelo de milho	12,5 a 13,0	–
Farelo de milho refinado	17,0 a 18,0	88 a 92
Farelo de soja	38	76
Fibra de ervilha	36,5	45
Farelo de arroz	6,0 a 8,0	–
Celulose purificada (de celulose)	70,0 a 90,0	–

Fonte: Vetter, 1984; Toma & Curtis, 1986.

Os princípios de enriquecimento usados para pães e cereais matinais normalmente podem ser aplicados a vários outros produtos, com talvez apenas uma mudança na seleção dos ingredientes. Esse enriquecimento pode ser classificado como pequeno, moderado ou alto, dependendo dos ingredientes utilizados.

No pequeno enriquecimento de pães, usa-se normalmente uma mistura de farinha de trigo integral e farinha branca em proporções na faixa de 40 a 60 até 60 a 40 dessas respectivas farinhas. A farinha branca melhora o volume e diminui o gosto característico da farinha integral.

Um enriquecimento moderado pode ser conseguido pela utilização de farinha integral ou pela adição de um ingrediente diferente, de alto teor de fibra. Usando 5% de fibra de ervilhas e

36,5% de fibra crua (com base nas farinhas), consegue-se elevar o conteúdo de fibra do pão de 0,9 para 1,9 g/100 g. Este é um teor um pouco maior que o conseguido com o uso da farinha integral (1,6 g/100 g) e obtém-se um pão mais similar ao de farinha branca em termos de volume, textura, cor e sabor.

O alto enriquecimento normalmente dá um aumento de 300% a 400% em relação ao teor de fibra do pão comum ou integral. O ingrediente que possibilita tal aumento é a celulose purificada, e tanto a formulação como o processamento do produto devem ser modificados para chegarmos a um produto aceitável, pois o alto teor de celulose interfere no desenvolvimento da massa, e esse efeito tem que ser compensado com a adição de glúten.

Os cereais matinais podem ser enriquecidos do mesmo modo e seguir a mesma classificação: pouco enriquecidos (2 a 3 g de fibra dietética/porção servida) e altamente enriquecidos (7 a 9 g de fibra dietética/porção servida). O ingrediente mais utilizado nesse enriquecimento é o farelo de trigo.

Estudou-se a composição de fibra dietética em algumas leguminosas e frutas tropicais (Tabela 7.7); as amostras analisadas foram: abacaxi, carambola, sapoti, mamão, manga, laranja, batata-doce e inhame. Os índices de celulose, hemicelulose, lignina, cutina (a substância serosa que, junto com a celulose, forma a epiderme dos vegetais), cinzas, o detergente residual neutro (NDR) e as frações enzimáticas insolúveis e solúveis foram obtidos. O resíduo de detergente neutro obtido foi de 0,9-1,2%. O valor para a celulose foi de 0,1-0,9%, com exceção do sapoti (2,4%) e da casca de batata-doce (1,4-1,9%). Para a lignina, obteve-se valor ao redor de 0,025-0,17%; carambola 0,3%; sapoti 2,3% e a pele de batata-doce, 0,4%, foram exceções. Para a hemicelulose obteve-se valor em torno de 0,04-0,4%; à exceção de abacaxi (0,5%), sapoti (0,6%) e a pele da batata-doce (0,9%). Os componentes fibrosos de valor nutricional são relativamente concentrados e considerados fontes potenciais de frações fibrosas concentradas com propriedades fisiológicas úteis. O sapoti, em particular, parece ser uma fonte abundante de lignina e celulose.

Em geral, algumas frutas e leguminosas tropicais contêm quantidades significantes de certos componentes fibrosos; por exemplo, a lignina relativamente alta em carambola, no sapoti e na pele da batata-doce; a hemicelulose alta em abacaxi, sapoti e na pele de batata-doce. Uma vez que esses componentes fibrosos podem ter propriedades fisiológicas úteis, algumas dessas frutas e leguminosas tropicais são fontes de fibra dietética.

Tabela 7.7
Conteúdo de Fibra Dietética de Algumas Frutas e Vegetais Tropicais *in natura* e Industrializados

Alimento		*Celulose*	*Hemicelulose*	*Lignina*
Frutas	Abacaxi	0,370	0,510	0,050
	Carambola	0,460	0,320	0,310
	Sapoti	2,400	0,720	0,630
	Mamão	0,103	2,280	0,086
	Manga	0,670	0,340	0,053
	Grapefruit	0,104	0,036	0,025
Vegetais	Batata-doce	0,760	0,600	0,370
	Inhame	0,202	0,068	0,056

Fonte: Toma & Curtis, 1986.

Fibras Patogênicas

Estudos demonstraram que a diminuição de fibras na dieta predispõe a um número de doenças e alterações típicas das culturas ocidentais, incluindo a constipação, doenças diverticulares, câncer de cólon, moléstias cardíacas. Além disso, a fibra tem alto valor na prevenção da diabete e da obesidade.

Constipação

A diminuição de fibras na dieta tem como consequência uma diminuição do bolo fecal, representada por uma variação química e microbiana, endurecimento, diminuição do volume e da frequência da defecação, levando a um aumento do tempo de trânsito intestinal.

Certos microrganismos podem digerir frações da fibra, produzindo metabólitos e alterando o tempo de trânsito do bolo fecal, no sentido de diminuí-lo. A flora intestinal desempenha, portanto, papel importante na função colônica, sendo provável que essa mesma flora seja influenciada, em sua qualidade e quantidade, pelo tipo de resíduos (fibra) dos alimentos ingeridos.

Câncer de Cólon

Diversos ensaios epidemiológicos têm sugerido um baixo risco da moléstia em populações nas quais o consumo de dietas com teores de fibra é relativamente alto. A dieta com fibras é considerada um fator de prevenção do câncer de cólon.

Em pesquisa realizada em grupos populacionais com escassa incidência de câncer no cólon ou reto, observou-se o abundante consumo de alimentos de origem vegetal: feijões, milhos, farinhas integrais e legumes variados.

Resumindo os estudos sobre as relações entre fibras e câncer do cólon, os resultados apontaram os seguintes mecanismos prováveis da diminuição da incidência da moléstia:

a) Redução da duração do tempo de trânsito e, consequentemente, da exposição a carcinogênicos.
b) Redução da formação de potenciais carcinogênicos a partir dos ácidos biliares.
c) Diluição dos carcinogênicos pelo aumento do volume das fezes, pela capacidade de fixar água, esteróis, gorduras e os próprios ácidos biliares.
d) Alteração da flora intestinal.

Diverticulite de Cólon

É a patologia mais comum do intestino grosso e está presente em mais de 1/3 dos indivíduos com mais de 40 anos e em mais de 2/3 naqueles com idade superior a 80 anos. A origem da doença diverticular pode ser explicada pela segmentação do cólon, em consequência do esforço para eliminar o pequeno volume das fezes nos indivíduos acostumados a dietas pobres em fibras.

A escassez da fibra na dieta aponta para uma distribuição geográfica da diverticulite e das moléstias isquêmicas do coração, havendo certa correlação entre ambas as patologias. Estudos observaram que os vegetarianos são menos sujeitos à diverticulite que os não vegetarianos.

Hemorroidas

O aparecimento frequente de hemorroidas no mundo ocidental desenvolvido é relacionado, indiretamente, ao problema da escassez de fibra na dieta, parecendo decorrer da conjunção entre constipação e aumento da pressão intra-abdominal.

A fibra da alimentação afeta o funcionamento do intestino delgado, mas de modo discreto, aumentando os lipídeos fecais sem causar significativa esteatorreia. Há afirmação de que frações fibra de diferentes origens podem ter diferentes efeitos.

Visto que a fração fibra pode compreender maior ou menor proporção de celulose, lignina e polissacarídeos não celulósicos, é fácil perceber que ora predominarão as propriedades de um, ora de outro componente.

Em consequência, as propriedades presentes e, eventualmente, predominantes no conjunto, chamadas fibras, serão devidas ao componente predominante. Por exemplo, a lignina tem a propriedade de ligar-se *in vitro* a sais biliares que adsorve, enquanto os resíduos de ácidos urônicos (polissacarídeos não celulósicos) não substituídos podem funcionar como intercambiadores de íons, fixando cátions bivalentes.

Colecistopatias

Vários estudos relacionam a fração fibra dos alimentos com a variação do nível de colesterol no soro sanguíneo, verificando correlação nas incidências de moléstias cardíacas isquêmicas e hiperlipedemia. Esses estudos concluíram que os grupos que se alimentavam com vegetais ricos em fibras tinham teores mais baixos de colesterol sérico e menor ocorrência de isquemia cardíaca.

Diabetes

Epidemiologicamente, países como Japão e Índia, onde a dieta de fibra ingerida é alta, mostraram menor incidência de diabetes. Até recentemente, a tradicional dieta de fibras recomendada por médicos e nutricionistas contém 40% do total de calorias como carboidratos Dieta com fibras inclui celulose, hemicelulose, mucilagem, pectina, goma e lignina, e essas fibras estão presentes em frutas, vegetais e em grupos de cereais.

O diabetes melito é uma moléstia que aflige um significativo porcentual de indivíduos no mundo civilizado. Vem sendo tida como exclusivamente resultante do distúrbio do metabolismo dos glicídeos em virtude de produção deficiente de insulina.

Uma refeição contendo goma ou pectina parece promover diminuição significante na concentração de glicose do sangue e nos níveis de insulina sérica.

Várias matérias fibrosas, diferentes nas propriedades físicas e químicas, afetam a tolerância da glicose e mostram também que a viscosidade tem um considerável efeito na absorção e no tempo de trânsito; a goma guar, que é a substância mais viscosa, tem diminuição mais efetiva na glicose e insulina pós-prandial. O aumento da viscosidade resulta numa maior barreira de difusão, provocando demora de absorção da glicose.

Obesidade

A adição de fibras na dieta pode afetar positivamente o metabolismo de glicose e lipídeos. Verificou-se que massas contendo farinha branca e goma guar reduziram a resposta à glicose e à insulina quando comparadas com massas contendo somente farinha branca.

Estudos recentes vinculam a eventual correlação à capacidade que os alimentos têm de promover sensação de saciedade. No caso de alimentos possuidores de escassa fração indigerível é baixa a capacidade de saciar, isto é, de eliminar a sensação de fome.

A ingestão de teores equivalentes de glicídeos, sob a forma de produto puro e de frações de vegetais integrais, ricos em amido ou fécula, atua no centro de fome diferentemente em ambos os casos, sendo mais estimulada na ausência de fibra. Por sua vez, a liberação de insulina pelo pâncreas parece manter alguma relação com a presença de eventual componente da fração fibra de alimento.

Capítulo 8

Vitaminas

Vitaminas são compostos muito pequenos e simples quando comparados a outras substâncias presentes no organismo, mas indispensáveis para o metabolismo das células. O que se necessita é apenas que a alimentação normal seja balanceada. As vitaminas intervêm em quase todos os processos, atuando de forma seletiva sobre determinados órgãos e funções.

Absorvidas no organismo, as vitaminas hidrossolúveis (C e complexo B) são mantidas no meio líquido do corpo e eliminadas principalmente através do suor e da urina. As lipossolúveis (A, D, E, K) ficam nos tecidos gordurosos e no fígado.

Vitaminas Lipossolúveis

Vitamina A

O retinol, conhecido como vitamina A, forma pigmentos na retina, mantém os tecidos e regula algumas glândulas. Está presente no ovo, no fígado, no leite, na manteiga, nas folhas verdes, nos talos e nos legumes amarelos e vermelhos, como a cenoura. A recomendação diária é de 600 a 700 µg para adultos.

Vários compostos nos alimentos, como retinol, retinil éster, retina e ácido retinido, têm alguma atividade de vitamina A. Nos alimentos de origem vegetal, a vitamina A aparece na forma de seus precursores, que são os carotenoides α, β, γ carotenos.

O fígado é o órgão de reserva de vitamina A, normalmente na forma de retinil éster. A vitamina A vai para os demais tecidos através da circulação sanguínea na forma de retinol ligada a uma proteína de baixo peso molecular.

A carência dessa vitamina acarreta nictalopia ou cegueira noturna (diminuição da acuidade visual em ambientes pouco iluminados), hemeralopia (baixa reação ao ofuscamento), xeroftalmia (queratomalácia, ulceração da córnea e cegueira), pele seca e áspera, baixa resistência a infeções (queratinização dos epitélios, facilitando a penetração de agentes patogênicos), transtornos do crescimento, na reprodução e no desenvolvimento dos dentes.

A hipervitaminose A prolongada e grave resulta em fragilidade óssea, espessamento dos ossos longos, dor óssea profunda e incapacidade de andar. Os sintomas desaparecerão em alguns dias após a suspensão da vitamina.

Sinais de Intoxicação por Vitamina A

- Ingestão máxima diária de 600 a 3.000 μg/dia (UL = limite superior tolerável);
- Dor e fragilidade óssea;
- Hidrocefalia e vômitos (criança);
- Pele seca com fissuras;
- Unhas frágeis;
- Perda de cabelos (alopecia);
- Gengivite;
- Queilose (inflamação da boca e língua);
- Anorexia;
- Irritabilidade;
- Fadiga;
- Hepatomegalia e função hepática anormal;
- Ascite e hipertensão portal.

Vitamina D

Os raios ultravioleta provocam uma fotólise em uma substância (7-deidrocolesterol) presente na pele, gerando o calciferol ou vitamina D. Ela ajuda o organismo a assimilar cálcio e fosfato que, juntos, respondem pelo crescimento e regeneração dos ossos, prevenindo raquitismo, osteosporose (velhice), osteomalácia (idade adulta) e maior incidência de cárie dentária.

Suas melhores fontes são peixes (lambari, piaba, arenque, atum, cação, óleo de fígado de bacalhau), leite, fígado, manteiga e gema de ovo.

Recomenda-se a ingestão diária de 5 μg/dia para crianças, gestantes e nutrizes. A adultos são recomendados 5 μg/dia, mas os sadios e ativos, que se expõem ao sol normalmente, não requerem vitamina D na dieta, pois a sintetizam.

O excesso dessa vitamina pode causar cefaleia, vômitos, diarreia, redução ponderal, cálculos renais, hipercalcemia (nos pulmões e membrana timpânica).

Vitamina E

Germe de trigo, óleos vegetais, gema de ovo, vegetais folhosos e legumes são as maiores fontes de vitamina E (ou tocoferol). Há evidências de que a vitamina E contida nesses alimentos contribui para a fertilidade. Por isso, é conhecida como a vitamina antiesterilidade, mas exerce também outras funções importantes no organismo, como a de proteger as demais substâncias contra a oxidação.

A vitamina E é armazenada no tecido adiposo e nas glândulas pituitária e adrenal. A deficiência dessa vitamina pode causar problemas de reprodução, distrofias musculares, problemas do sistema nervoso e anemia macrocítica. Admite-se que para adultos a necessidade de vitamina E deve ser de 15 mg/dia.

Grandes doses podem interferir na atividade da vitamina K, havendo efeito anticoagulante e prolongamento do tempo de coagulação sanguíneo. Doses acima de 400 UI provocam hipertensão, tromboflebite, embolismo pulmonar, fadiga, redução significativa do hormônio tireóideo e elevação dos níveis de triglicerídeos nas mulheres.

Vitamina K

Fígado, porco, alface, couve, espinafre, repolho e cereais (trigo e aveia) são as melhores fontes das vitaminas K_1 (filoquinona), K_2 (menaquinona) e K_3 (manadiona), um complexo essencial para a coagulação do sangue, favorecendo a síntese da pró-trombina.

Um pequeno estoque é mantido no fígado para emergências (como um sangramento), mas a que circula no organismo tem que ser reposta diariamente.

A absorção da vitamina K requer bile e suco pancreático. Após a absorção, ela é incorporada aos quilomícrons e lipoproteínas. Do trato intestinal é transportada para o fígado. Indivíduos com hiperlipidemia apresentam níveis elevados de vitamina K.

A ingestão recomendada para um adulto é de 70 a 90 μg por dia, quantidade que pode ser facilmente fornecida pela dieta. A deficiência de vitamina K é improvável, exceto em crianças recém-nascidas ou quando ocorre má absorção pelo trato intestinal ou incapacidade de utilizá-la no fígado. Doses excessivas de vitamina K podem produzir anemia hemolítica.

Vitaminas Hidrossolúveis

Vitamina C

É também conhecida como ácido ascórbico, ácido hexônico, ácido cevitâmico ou fator antiescorbútico. Ocorre na natureza, principalmente nos frutos e folhas. Entre os frutos, são particularmente ricas as frutas cítricas, como: limão, laranja, tangerina, pomelo, manga, goiaba, abacaxi, caju e tomate. Dos vegetais, as melhores fontes são: brócolis, couve, repolho, couve-flor, vagem, espinafre, nabo, mostarda, ervilha, pimentão e agrião.

A vitamina C exerce diversas funções no organismo. É conhecida por aumentar a resistência às infecções, como na prevenção de gripes e resfriados. Mas também previne o escorbuto, ajuda a absorver o ferro, cicatriza feridas, sustenta as fibras do colágeno, evitando rugas e, em parceria com o cálcio, fortalece os dentes, gengivas e os vasos sanguíneos capilares.

Essa vitamina não é estocada ou sintetizada pelo organismo. Pede reposição diária de 65 a 75 mg, o que corresponde a uma laranja. O alimento em que a vitamina está presente, se cortado, deve ser consumido imediatamente devido à sua instabilidade. Em situações de calor ou armazenamento inadequado, ou contato com meio alcalino ou metais como ferro e cobre, a vitamina C pode sofrer oxidação, com perda de suas características funcionais.

Doses exageradas de vitamina C (mais de 1 g/dia) podem causar diarreia e ter efeito diurético. O excesso da vitamina será eliminado via urina, tornando-a ácida. Isso provoca aumento na concentração de oxalatos e uratos na urina, proporcionando o aparecimento de pedras nos rins.

A ação da vitamina C em altas doses exerce efeito benéfico sobre a resistência à fadiga muscular, pois há aumento da taxa de glicogênio, diminuindo a concentração de ácido láctico nos músculos. O esforço muscular diminui o teor de ácido ascórbico nos vários órgãos. A ingestão exagerada de vitamina C pode causar, em certas pessoas, aumento do metabolismo do cálcio e do fosfato, o que pode ajudar ou prejudicar na formação dos ossos.

Vitamina B_1

A tiamina ficou conhecida por evitar uma doença que ataca o sistema nervoso e o coração: o beribéri. Quase todos os alimentos contêm tiamina: carne, legumes, raízes, leite, pescado, gema de ovo, integrais e oleaginosas, como o amendoim. Os cereais beneficiados são desprovidos dessa vitamina, pois são reduzidos à fração amilácea do grão.

A deficiência de vitamina B_1 é de difícil diagnóstico, pois sua carência está associada a outras vitaminas, B_2, B_3, A e C, e a algumas proteínas. A sua falta provoca atrofia muscular, paralisia parcial, cardiopatia e convulsões, podendo levar à morte. A quantidade recomendada situa-se entre 0,8 e 1,2 mg diárias. As necessidades de tiamina aumentam no crescimento, na gravidez e na lactação.

Vitamina B_2

A riboflavina participa do metabolismo de lipídeos, proteínas e carboidratos. Sua falta provoca glossite (inflamação da língua), queilose (fissuras nos cantos da boca), estomatite, conjuntivite, dermatites, cegueira noturna, vascularização da córnea, ardor nos olhos, sensibilidade à luz, transtornos de crescimento e falta de vigor.

Sua principal função é atuar como componente de duas coenzimas do nucleotídeo flavina implicadas no metabolismo energético (FAD e FMN) para remover hidrogênios dos substratos alimentares. A vitamina B_2 está envolvida na ativação da vitamina B_6 e na conversão do ácido fólico a suas coenzimas.

A necessidade recomendada é de 1,0 a 1,3 mg por dia, conforme idade e sexo. Acréscimos são necessários no crescimento, na gravidez e na lactação. São fontes alimentares de vitamina B_2: levedo, fígado, rim, leite, queijos, gema, vegetais folhosos, algumas frutas e as leguminosas.

Vitamina B_3

A niacina evita lesões da pele, fadiga, insônia, nervosismo, distúrbios digestivos, pelagra (pele áspera, conhecida como a doença dos 3 D: diarreia, dermatite e demência). Participa da obtenção de energia em todas as reações metabólicas, através das coenzimas NAD e NADP.

Além de sintetizada pelas bactérias do intestino, é fornecida através de carnes, peixe, amendoim, figo, tâmara e ameixa. A cota diária de niacina está relacionada com a quantidade de triptofano da dieta. No entanto, acredita-se que a necessidade diária gire em torno de 12 a 14 mg. O excesso de niacina pode provocar rubor, queimação e formigamento ao redor do pescoço, na face e nas mãos.

Ácido Pantotênico

O ácido pantotênico transforma gordura e açúcares em glicogênio, ajuda no desenvolvimento do sistema nervoso central, regula o funcionamento das glândulas suprarrenais e está envolvido na síntese de colesterol e fosfolipídeos. Evita doenças do sangue e da pele e úlceras do duodeno. Como parte da coenzima-A, apresenta diferentes papéis no metabolismo das células.

O ácido pantotênico está presente em todos os tecidos animais e vegetais. O ovo, os rins, o fígado, o salmão e as leveduras são as melhores fontes. A ingestão de 5 mg por dia de ácido pantotênico é provavelmente adequada para crianças e adultos. Não há risco de excesso dessa vitamina, mas a ingestão exagerada pode provocar diarreia.

Vitamina B_6

Os sintomas da falta de piridoxina ainda são confusos, porque geralmente ocorre carência generalizada do complexo B: anemia hipocrômica, insônia, fadiga, vertigem, distúrbios nervosos e convulsões.

Suas funções principais estão relacionadas com o metabolismo das proteínas. As melhores fontes são carnes, peixes e aves, batata, aveia, banana, germe de trigo e leguminosas. Uma dieta normal fornece de 1,0 a 1,7 mg diárias de vitamina B_6, suficiente para as necessidades de adultos. Altas doses de piridoxina podem causar dormência nos pés e perda de sensibilidade nas mãos.

Vitamina B_7

A biotina auxilia na digestão de gorduras e funciona como parceira da vitamina B_5 em várias reações no organismo. Possui papel coenzimático na síntese e oxidação de ácidos graxos e na desaminação de certos aminoácidos.

A biotina é encontrada em uma grande quantidade de alimentos, além de ser sintetizada pelas bactérias intestinais. Existem em cogumelos, bananas, melões, morangos, laranjas, fígado, rins, amendoins e leveduras.

A deficiência de biotina está associada à dermatite e pode ser produzida somente pela adição de clara de ovo em uma dieta pobre em biotina. A avidina, presente em claras de ovos cruas, combina-se com a biotina no intestino, tornando-a indispensável para o organismo. A ingestão de clara de ovo crua ocasionalmente não precipita um quadro de deficiência. A necessidade diária recomendada é de 30 μg/dia.

Vitamina B_9

Também conhecida como ácido fólico, é fundamental na divisão de células, principalmente do sangue (eritrócitos e leucócitos); na síntese de nucleoproteínas, DNA e RNA. A carência gera anemia megaloblástica, glossite e transtornos gastrintestinais (lesões internas e defeitos de absorção e diarreia).

Recomenda-se para o adulto 400 μg diárias, aumentando-se para 8 mg na gravidez e 5 mg na lactação. As melhores fontes são os vegetais folhosos, de preferência crus, pois a cocção destrói 50% dessa vitamina; fígado; leveduras e frutas.

Vitamina B_{12}

Também conhecida como cianocobalamina, é a única que contém cobalto. A sua deficiência causa anemia é conhecida como perniciosa. Essa vitamina ajuda na formação de células vermelhas do sangue, da bainha de mielina dos nervos, do aparelho digestivo e das moléculas do DNA.

As fontes mais ricas dessa vitamina são: fígado de porco e de vaca, rim, ovos, pescados, leite e queijo. As bactérias da flora intestinal do homem sintetizam essa vitamina. A recomendação diária é de 2,4 μg por dia em adultos.

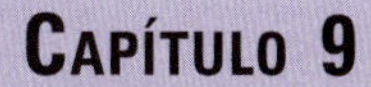

CAPÍTULO 9

Minerais

Os minerais correspondem de 4% a 5% do peso corpóreo, sendo 50% cálcio e 25% fósforo. Apresentam-se no organismo na forma de íons e estão envolvidos na atividade enzimática; mantêm o equilíbrio ácido-base; regulam a pressão osmótica; facilitam a transferência de nutrientes na membrana; participam da transmissão nervosa e muscular; constituem alguns tecidos orgânicos.

São divididos em três grupos principais:

1. Macrominerais: cálcio, fósforo, magnésio, enxofre, sódio, cloro e potássio. A recomedação diária é de 100 mg/d ou mais.
2. Microminerais: ferro, zinco, cobre, iodo, cromo, flúor, cobalto, selênio, manganês e molibdênio. Recomenda-se menos de 100 mg/d.
3. Oligominerais: silício, vanádio, estanho, níquel e arsênio. Recomendação de ingestão não definida.

A maioria dos minerais é encontrada nas células vivas, porém nem todos são essenciais para a vida. Os minerais mais importantes são aqueles encontrados em enzimas, hormônios e vitaminas. Exercem funções reguladoras e/ou construtoras. Fazem parte do sangue e auxiliam no equilíbrio do meio líquido do organismo. Dão resistência e conferem eletricidade aos nervos, tenacidade e contratibilidade aos músculos.

O organismo excreta cerca de 20 a 30 g de minerais por dia. A reposição se dá por via alimentar, mas para isso a dieta deve ser balanceada.

Os minerais presentes no organismo podem ser classificados de acordo com a proporção em que se encontram:

macronutrientes (presentes em grandes quantidades > 0,005% de peso corpóreo), micronutrientes (presentes em mínimas quantidades < 0,005% de peso corpóreo) e oligoelementos (traços). São 22 minerais, que somam 4% do peso corporal humano.

Alimentos muito processados contêm poucos minerais. Sua determinação é feita pela destruição total da matéria orgânica pelo calor ou ácido e pela posterior análise das cinzas por fotometria de chama e espectroscopia de absorção atômica.

Os macroelementos mais importantes são: cálcio, fósforo, enxofre, magnésio, potássio e sódio. São considerados microelementos: cobre, cobalto, cromo, estanho, ferro, flúor, manganês, iodo, molibdênio, níquel, selênio, silício, vanádio e zinco. Alguns são encontrados como traços nos tecidos: arsênio, boro, cádmio, chumbo, estrôncio, lítio e mercúrio.

Minerais de peso atômico elevado são utilizados em mínimas quantidades, mas constituem perigo quando ingeridos por contaminação que não vem da natureza, como: resíduos de indústrias na água e no ar, fertilizantes, inseticidas, pesticidas, lixo, descarga de motores e tintas (Tabela 9.1).

Tabela 9.1
Recomendação de Alguns Minerais segundo as DRIs e Limite Superior

Mineral	*Quantidade/dia*	
	DRI	*Limite superior*
Flúor	3 a 4 mg**	10 mg
Zinco	8 a 11 mg**	40 mg
Magnésio	320 a 420 mg	350 mg*
Manganês	2 a 5 mg	
Níquel		1 mg
Iodo	150 μg	1.100 μg
Molibdênio	45 μg	2.000 μg
Cobre	900 μg	10.000 μg
Selênio	55 μg	400 μg

* para agentes farmacológicos.
** para mulheres-homens.

Ação de Alguns dos Minerais Importantes para o Organismo

Cálcio e Fósforo

O leite e seus derivados são alimentos obrigatórios em qualquer idade. São as melhores fontes de cálcio e de fósforo. Estão presentes nos dentes e na calcificação dos ossos. Outras boas fontes de cálcio e fósforo são: gema de ovo, pescados, leguminosas secas (feijão, soja, grão-de-bico, lentilha) e hortaliças (brócolis, repolho, couve, agrião, cheiro verde). Somente 20% a 30% do cálcio ingerido são absorvidos através de transporte ativo, necessitando de energia. Para ser absorvido ele precisa estar na forma hidrossolúvel e não ser precipitado por outros constituintes da dieta. A vitamina D estimula a absorção do cálcio. O ácido oxálico, presente em vegetais e em algumas frutas, o ácido fítico, encontrado em cascas de cereais, e o excesso de gordura na dieta combinam-se com o cálcio e impedem sua absorção. Cerca de 15% a 30% de cálcio ingerido é absorvido.

O fósforo forma 1% da massa do corpo, e o cálcio, 1,5%. A necessidade média diária de cálcio, estipulada pela Anvisa (Portaria 360), é de 1.000 a 1.200 mg para uma dieta de 2.000 kcal. A ingestão recomendada pelas DR's, de acordo com a faixa etária, é de 1.300 mg por dia para adolescentes; 1.000 mg por dia para homens e mulheres com idade entre 19 e 50 anos; 1.200 mg por dia para homens e mulheres com mais de 51 anos. Os ossos e os dentes ficam com 99% dessa cota. O restante vai para o sangue (9 a 11 mg/%) e para os tecidos moles.

O cálcio em excesso na alimentação inibe a adsorção do zinco e vice-versa. Níveis elevados de cálcio no sangue, isto é, hipercalcemia, podem levar a uma calcificação excessiva dos ossos ou de tecidos como os rins. As consequências mais graves da deficiência de cálcio vão desde dores musculares e cárie até a reabsorção óssea, a osteoporose e a perda dos dentes.

O fósforo atua na contração muscular, além de integrar a constituição dos dentes e ossos. Faz parte da estrutura de fosfolipídeos, e nucleoproteína, distribuídos nas células e fluidos extracelular combinado a carboidratos, proteínas e lipídeos. Depende do fósforo a transformação de glicogênio em glicose para fornecer energia. Os fosfatos regulam o equilíbrio ácido-base tanto do plasma como das hemácias. Está presente em todos os alimentos, e a recomendação diária é de 800 mg.

Ferro

O ferro participa do transporte do oxigênio e gás carbônico, através da hemoglobina. É armazenado temporariamente na forma de ferritina nas células mucosas e daí é liberado para a circulação. Quando o ferro não é utilizado, a taxa de absorção é diminuída. O ácido ascórbico intensifica a absorção do ferro. O ferro dos vegetais, que está na forma férrica (Fe^{3+}), é menos absorvido que o dos alimentos de origem animal (forma ferrosa, Fe^{2+}) porque o ferro ferroso é significamente mais solúvel ao pH 7,0 e, portanto, mais aproveitável.

A carência de ferro na dieta causa anemia ferropriva, quando os glóbulos vermelhos apresentam-se descorados e diminuídos em tamanho. O indivíduo apresenta fraqueza, palidez, fadiga fácil e falta de ar.

Para evitar anemia, na dieta deve haver: carnes, vísceras (fígado), gema de ovo, leguminosas, acelga e espinafre. A ingestão de alimentos ricos em cálcio diminui a absorção de ferro. A necessidade diária recomendada pela Anvisa, para dieta de 2.000 kcal, é de 8 a 18 mg.

Sódio

O sódio regula a pressão sanguínea, do plasma e dos fluidos intercelulares, além da manutenção do equilíbrio hídrico no interior do organismo, impulsos nervosos, relaxamento e motilidade muscular. A deficiência se dá principalmente por perdas de líquidos, como em queimaduras e gastrenterite, causando fadiga, anorexia, hipotensão (pressão baixa), oligúria (produção insuficiente de urina) e diarreia. Sódio em excesso pode causar elevação da pressão sanguínea, causando dor de cabeça, eritema (vermelhidão) de pele, hipertensão, delírio e até parada respiratória. Lentilha, feijão, fígado, carne de boi, de frango, de porco, leite e gema de ovo são excelentes fontes de sódio.

Uma média diária de 5 g de sódio ou 12 g de sal na dieta são considerados suficientes em clima temperado, mas, nos trópicos ou com trabalho pesado, a recomendação é de 2.400 mg por dia, pois com o suor o indivíduo perde 1 g de sódio por dia. O excesso de NaCl aumenta a excreção de cálcio em mulheres nas pós-menopausa.

Potássio

O potássio atua em vários sistemas e órgãos, como na regulação osmótica, manutenção do equilíbrio ácido-base, atividade dos músculos, metabolismo dos glicídeos, síntese proteica, no sangue como tampão protetor das hemácias, na transmissão nervosa, na tonacidade muscular, função renal e na contração da musculatura cardíaca. As melhores fontes de potássio são: café solúvel, levedo de cerveja, chá-preto, feijão, grão-de-bico, caldo de carne, amendoim, soja, avelã, bacalhau, chocolate em pó, espinafre, batata, almeirão e banana.

A necessidade média diária recomendada de potássio para um adulto é de 2.000 mg.

Cloro

O cloro combina-se com sódio e potássio no organismo. Regula a pressão osmótica e o equilíbrio ácido-base para manutenção do pH dos líquidos do corpo: água e sangue. No estômago, produz acidez para o início da digestão e ativa enzimas. O cloro se encontra combinado ao sódio na natureza, formando o sal. Sua concentração no organismo é de aproximadamente 90 g para um indivíduo de 60 kg.

A baixa concentração de cloro no organismo provoca cãibra muscular, perda de apetite e, em raros casos, morte. É considerado atóxico. A necessidade diária recomendada é de 750 mg para um adulto e de 1.300 mg para adolescentes (DRI).

Enxofre

O enxofre forma e regenera cabelos, unhas e pele. Está presente nos aminoácidos sulfurados, metionina, cistina e cisteína e, portanto, na estrutura de todas as proteínas do organismo. É encontrado em carnes, ovos, peixe, mostarda, alho, couve, feijão, lentilha, soja e germe de trigo.

Magnésio

O magnésio está nos pigmentos verdes dos vegetais, permitindo a utilização de energia solar e a síntese das substâncias orgânicas indispensáveis à vida vegetal e animal. Exerce papel de coenzima específica em grande número de enzimas essenciais em diversos processos metabólicos. Atua na contração muscular e na transmissão nervosa. Sua carência gera náuseas, tremor, convulsão, diarreia, problemas diuréticos, alterações de pressão e de personalidade.

Alimentos como leite, vegetais verdes e cereais são boas fontes de magnésio. Sua recomendação diária para adultos saudáveis é de 350 mg.

Zinco

Participa das reações de síntese e degradação de carboidratos, proteínas, lipídeos e ácidos nucleicos. A recomendação desse mineral é de 12 a 15 mg diárias. É encontrado em carne bovina, peixe, aves, leite e derivados.

A deficiência de zinco na dieta causa baixa estatura, hipogonadismo e anemia suave. Altas doses de ingestão provocam interferência na absorção de cobre.

A Tabela 9.1 nos apresentou a recomendação diária (DRIs) e limite superior para homens e mulheres adultos saudáveis de alguns minerais.

CAPÍTULO 10

Alimentos Funcionais

Segundo a *International Life Sciences Institute North America Food Component Reports,* alimentos funcionais são aqueles que contêm componentes fisiologicamente ativos, capazes de proporcionar propriedades funcionais e de promover a saúde, além dos benefícios puramente nutricionais.

O registro de alegações de alimentos com propriedades funcionais está descrito nas Resoluções do Ministério da Saúde/Anvisa, de números 16-19/99. As substâncias bioativas são regulamentas pela Resolução nº 2/02.

A legislação brasileira, por intermédio da Anvisa (Agência Nacional de Vigilância Sanitária), determina que alimentos funcionais são aqueles que produzem efeitos metabólicos ou fisiológicos pela atuação de nutrientes ou não nutrientes no crescimento, desenvolvimento, manutenção e em outras funções normais do organismo humano, promovendo boa saúde física e mental, podendo auxiliar na redução de doenças crônico-degenerativas.

Os alimentos funcionais começaram seu desenvolvimento por volta da década de 1980, no Japão, por causa do aumento do número de consumidores interessados na relação entre qualidade de vida e saúde com alimentação.

A classificação de alimento funcional está diretamente relacionada às seguintes condições:

a) Ser um alimento.

b) Não ser apresentado em forma de cápsulas, comprimidos, suplementos ou complementos.

c) Não deve ser consumido em substituição à dieta ou como parte dela.

d) Deve apresentar uma ou mais funções específicas com o objetivo de atuar de modo a produzir efeitos benéficos à saúde e bem-estar, como: regular um processo metabólico, aumentar os mecanismos de defesa, prevenir doenças, aumentar a resistência e controlar as condições físicas de envelhecimento.

A aprovação do alimento com designação de funcional depende da comprovação de suas propriedades, por meio de análises, tais como:

a) Composição centesimal.
b) Origem ou fonte de obtenção.
c) Ensaios clínicos e bioquímicos.
d) Ensaios nutricionais, fisiológicos e toxicológicos.
e) Estudos epidemiológicos.
f) Evidência na literatura científica ou comprovação de uso tradicional.
g) Recomendação de consumo.
h) Aprovação em outros países.

O nutriente ou não-nutriente associado a qualquer espécie de vegetal ou de uso de medicina popular não é considerado alimento, independentemente da concentração do nutriente ou não nutriente.

As principais funções dos alimentos funcionais são: redução do risco de doenças cardiovasculares e de câncer; controle da obesidade, da função imune e de fatores de envelhecimento; melhoria das condições físicas e do humor.

Entre os alimentos funcionais estão os chamados probióticos e prebióticos, fibras, ferro, selênio, ácidos graxos ω-3 e ω-6, óleo vegetal, oligossacarídeos, polióis, fitoquímicos, antioxidantes, vitaminas C, A, D e E, distribuídos em alimentos convencionais, fortificados, enriquecidos ou realçados e suplementos alimentares. Cada um deles oferece propriedades específicas ao organismo, mas não podem ser considerados medicamentos para efeito de cura de qualquer doença.

São exemplos de alimentos reconhecidos como funcionais: certos peixes e alimentos ricos em carotenoides, farelo de aveia, leite enriquecido com ω-3 e alimentos geneticamente modificados.

Os prebióticos apresentam em sua constituição compostos não digeríveis pelas enzimas e condições digestivas do organismo.

Atuam na microflora intestinal melhorando e estimulando o crescimento de um número limitado de bactérias do cólon com a finalidade de restabelecer o equilíbrio do meio. São exemplos de prebióticos: *Lactobacillus acidophilus, Lactobacillus casei* e *Bifidobacterium animallis.* A recomendação diária é de 20 g para indivíduos sadios. Mais de 30 g de ingestão diária pode causar diarreia e flatulência.

Os probióticos são microrganismos vivos que, quando ingeridos em determinada concentração, exercem efeitos benéficos para a saúde, melhorando o equilíbrio da flora intestinal, pelo aumento do número de microrganismos benéficos e diminuição de bactérias nocivas. A combinação de probióticos e prebióticos resulta no conceito de simbiótico. São exemplos os oligossacarídeos como oligofrutose e inulina.

Os ácidos graxos, ômega-3 (ω-3) e ômega-6 (ω-6), possuem efeito hipocolesterolêmicos e reduzem os níveis de LDL sanguíneo no controle da pressão arterial e dos principais fatores de risco para doenças coronarianas, pois reduzem a agregação plaquentária, a viscosidade do sangue e as arritmias cardíacas. Sua ação é devida à modificação na composição das membranas celulares e das lipoproteínas, por aumentar a excreção biliar e fecal do colesterol e reduzir a síntese de VLDL pelo fígado.

As fibras dietéticas, como apresentado no Capítulo 7 – Fibras Alimentares –, promovem retardo no processo de absorção de alimentos no estômago, contribuindo para regular as funções intestinais, prevenindo constipação, e reduzem o colesterol. As fibras previnem a formação de cálculos renais, a obesidade e têm efeito hipotensivo. Nos diabéticos, podem atuar na redução da absorção de açúcar pelo organismo. As fibras alimentares também são consideradas alimentos com propriedades funcionais permitidas na formulação de alimentos com alegação de melhorar a flora intestinal e o funcionamento do intestino. Entre as fibras alimentares com permissão pela Anvisa para serem usadas com esse propósito encontram-se: betaglucanas, fruto-oligossacarídeos (FOS), inulina, lactulose, *psillinum* ou *psyllium* e quitosana.

O ferro é o principal responsável pela incidência de anemia, sobretudo em crianças e idosos, devido à carência de mineral na dieta da população de menor poder aquisitivo.

O consumo de óleos vegetais é recomendado para baixar os níveis de colesterol e arteriosclerose por serem constituídos de ácidos graxos de cadeia polinsaturada. São bons exemplos de alimento: os óleos de oliva, girassol, canola, palma, de fibras de milho, de linhaça e soja. Vários estudos têm demonstrado que o óleo de girassol favorece a redução do colesterol plasmático e de LDL, provocando menor incidência de arteriosclerose e de ataques cardíacos. O uso de óleo de oliva tem sido responsável pela diminuição dos índices de mortalidade por causas cardiovasculares nas populações do Mediterrâneo.

Os fitosteróis, da classe dos esteróis, são encontrados nos vegetais e são responsáveis pela estabilização das membranas celulares. O consumo de 2 g/dia de esteróis pode resultar em redução dos riscos de doenças coronarianas em 25% dos casos. Muitos alimentos são preparados com quantidades suficientes para o combate efetivo do colesterol sanguíneo.

As isoflavonas extraídas da soja são classificadas como fitoestrógeno, com função de redução de doenças relacionadas a hormônios.

O mercado nacional tem sentido maior demanda por esses produtos, e a indústria de alimentos tem contribuído para atender as exigências, cada vez maiores, da população, nutricionistas, nutrólogos e médicos interessados em ter uma alimentação mais saudável.

Capítulo 11

Interação entre Alimentos e Drogas

A interação droga-alimento é definida por reações adversas que ocorrem entre um ou mais componentes da droga e do alimento tendo com resultado alterações da efetividade ou toxicidade do medicamento.

As consequências da interação de drogas ingeridas com alimentos e bebidas incluem retardamento, diminuição ou aumento da absorção do medicamento, podem provocar alterações no apetite e nas sensações de aroma e sabor de alimentos ou determinar um indesejável sabor residual, acarretando sobrepeso ou desnutrição.

Alimentos e seus nutrientes podem afetar a biodisponibilidade, metabolismo e excreção de certos medicamentos ou inibir a absorção de dietas ricas em ácidos graxos, proteínas e fibras. Os medicamentos podem dificultar a eliminação dos nutrientes. As drogas podem acelerar o metabolismo de certos nutrientes, resultando em maior necessidade de reposição de um nutriente em especial. A mais importante interação está relacionada com a queda da biodisponibilidade nutricional devido à ação quelante da droga com os nutrientes dos alimentos.

A mudança do pH da urina, a dieta e o balanço nutricional influem no processo de absorção e excreção das drogas. Geralmente a acidez do trato gastrintestinal afeta o poder de ação da droga.

As drogas que mais causam danos ao organismo são aquelas que provocam lesão da mucosa intestinal. Elas destroem os microvilos, impedindo a ação enzimática e a boa absorção pela parede intestinal. A má absorção de nutrientes em diferentes graus pode agravar a saúde geral do indivíduo.

Mas nem todas as interações ocorrem juntas ou em todas as pessoas. Alguns indivíduos são mais vulneráveis, dependendo do tipo, dosagem e número de drogas ingeridas, além do seu estilo de vida, estado nutricional, idade e sexo. Muitos medicamentos têm em sua formulação ingredientes capazes de interagir com o organismo humano em diferentes modos.

A interação alimento-droga pode impedir a ação da droga, causar efeitos colaterais ou desconhecidos. Ou, ainda, induzir mudanças no uso do alimento pelo organismo. Danos podem ocorrer ao fígado (hepatoxidade) e aos rins (nefrotoxidade) por serem utilizados para excreção de muitas drogas.

Durante a absorção as drogas estão sujeitas à ação de enzimas antes de serem distribuídas pelo corpo. Isto pode resultar em parcial ou total, biotransformação da droga em compostos farmacologicamente ativos ou derivados inativos. Os principais lugares onde essas reações podem ocorrer são a parede intestinal, fígado, rins e pulmão.

Alguns medicamentos podem afetar a concentração de glicose sanguínea, inibindo ou estimulando a secreção de insulina, assim como outros que podem causar aumento do colesterol LDL e triglicerídeos e diminuição do HDL.

A presença de alimento no estômago muda a mobilidade gástrica e, neste momento, a secreção gástrica e o tempo de residência aumentam. Esse período depende da natureza do quimo, isto é, volume, estrutura física e composição. Consequentemente, a taxa de absorção da droga tende a diminuir quando ingerida com alimentos comparada ao estado de jejum. E isso é importante para as drogas que necessitam agir rapidamente, como é o caso dos analgésicos ou sedativos.

Para outros medicamentos, a extensão da absorção pode aumentar com uma refeição. Isto porque o tempo de residência e o volume fluido são maiores, produzindo melhor dissolução. Alguns componentes presentes nos alimentos podem interagir com o princípio ativo da droga, impedindo sua melhor ação, enquanto outros nutrientes podem favorecer o metabolismo da droga.

Há medicamentos que promovem lesões nas paredes de estômago, e por isso devem ser ingeridos com estômago cheio, favorecendo um tempo maior de retenção do produto no estômago e permitindo sua maior absorção no intestino. Por exemplo, nos tratamentos de angina com compostos contendo nitrato, anti--psicóticos, nos casos de hipotireoidismo ou na desordem bipolar, a medicação deve ser realizada juntamente com alimentos para aumentar a sua ação.

Bebidas alcoólicas, alimentos e bebidas que contenham cafeína causam diminuição ou potencialização do efeito da droga, colocando em risco a saúde do fígado e, com isso, aumentam as chances de efeitos colaterais, como dor de estômago, náuseas, vômitos, irritabilidade, dor de cabeça, coma ou morte. A cafeína está presente na composição de muitos medicamentos para dor de cabeça por ser um bom agente contra a dor. Além disso, ela é considerada uma substância estimulante, contribuindo para o aumento da frequência cardíaca e respiratória, da pressão arterial, bem como estimula o trato intestinal.

Bons exemplos de interação de certas drogas com os componentes de alimentos resultando em redução de sua biodisponibilidade são as interações entre tetraciclinas e dietas contendo cálcio, penicilina e metais pesados, e entre formulações de ferro e ácido tânico (presente em chás).

Outras drogas, como as utilizadas para tratamento de doenças cardiovasculares, podem aumentar a concentração de potássio no corpo. A ingestão de alimentos ricos em potássio, como banana, laranja, vegetais de folhas verdes ou sal contendo potássio, elevam os níveis de potássio no sangue. Alta concentração de potássio pode causar batimento cardíaco irregular ou palpitações.

Em pacientes hipertensos, é conveniente ingerir alimento juntamente com o medicamento para evitar queda de pressão repentina e acentuada.

Diuréticos e laxativos podem levar à desnutrição uma vez que carregam minerais e vitaminas rapidamente nos intestinos, sem tempo suficiente para serem absorvidos. Os laxantes são drogas que roubam do organismo vitaminas lipossolúveis como a vitamina D, e minerais como o cálcio, acelerando a perda óssea. O uso de alguns tipos de diuréticos diminui a habilidade do fígado de remover potássio aumentando sua concentração na corrente sanguínea. Provocam aumento da concentração de lipídeos e lipoproteínas, bem como prejudicam a tolerância à glicose.

Antiácidos que contêm alumínio em sua composição produzem redução na absorção de ferro e aumentam a excreção de cálcio e fósforo.

Os contraceptivos orais em doses orais diárias alteram a absorção de nutrientes. Após os 35 anos de idade, os anticoncepcionais apresentam tendência em aumentar o nível e colesterol total, triglicerídeos, diminuir HDL, aumentando, consequentemente, a probabilidade de doenças cardiovasculares. Podem ainda causar retenção de sódio.

Anticoagulantes, inibidores de refluxo, antibacterianos, antifúngicos, antidepressivos, tratamento de osteosporose, podem ser ingeridos com estômago cheio ou vazio.

Medicamentos à base de tiramina, usados para tratamento de infecções causadas por micobactéria (para tuberculose), devem ser administrados com alimentos isentos de cafeína, tiramina e histamina.

Enquanto sedativos e alguns antibióticos devam ser ingeridos com estômago vazio, outros, por sua vez, devem ser administrados duas horas antes ou depois de uma refeição, sempre evitando alimentos, como leite, queijo e iogurte, sorvete, por serem alimentos fontes de cálcio que complexa com a droga, diminuindo sua ação. Em geral, os antibióticos reduzem a produção intestinal de biotina, ácido pantotênico e vitamina K; podem acelerar a passagem de alimento pelo intestino, além de diminuir sua disponibilidade para absorção.

Há medicamentos que provocam inativação das enzimas presentes no fígado, causando acúmulo de substâncias tóxicas, o que pode ser fatal.

A aspirina, em doses altas e constantes, é responsável pelo sangramento do estômago o suficiente para causar anemia devido à deficiência de ferro. O ácido acetilsalicílico interfere no armazenamento de vitamina C e causa perda de ferro através do trato intestinal.

Outro exemplo de interação droga-alimento pode ser visto em certos medicamentos para tratamento de depressão e alimentos contendo tiramina, causando constrição dos vasos sanguíneos e elevação da pressão arterial.

Os corticosteroides são responsáveis por estimular o catabolismo proteico, deprimir a síntese proteica, tendo como resultado no organismo a diminuição da cicatrização e formação óssea, e por aumentar a taxa de glicose circulante.

Como os antidepressivos podem aumentar o apetite, podem provocar possível aumento de peso, glicose sanguínea alterada e aumento da excreção de cálcio.

As penicilinas permitem maior eliminação de potássio na urina, causando a hipocalemia.

Muitas drogas já foram identificadas como causadoras de lesões hepáticas, desde uma hepatite aguda até crônica. Hepatite aguda pode ser causada por dano elevado dos hepatócitos, manifestado pelo derramamento biliar e incluindo necrose, esteatose ou degeneração. A hepatite crônica é caracterizada por síndromes que refletem desde a cirrose até um assintomático estado de anormalidade laboratorial.

Algumas recomendações devem ser observadas antes da administração de qualquer droga. Se a tolerância à droga é difícil, seu uso regular deve ser acompanhado de um alimento, desde que não haja interação. Se o alimento impede a ação da droga, ela deve ser administrada de estômago vazio. Se a droga oferece risco de efeitos adversos de dependência de concentração, então se deve estabelecer um horário fixo em relação às refeições. Há drogas que são muito pouco absorvidas quando a administração é por via oral, mas precisa de formulação parenteral; elas podem ser aplicadas juntamente com um alimento.

Capítulo 12

Biodisponibilidade de Nutrientes

Biodisponibilidade é definida como a fração com que compostos ingeridos, como macro e micronutrientes dos alimentos, são digeridos no trato gastrintestinal e, após chegarem à circulação, tornam-se disponíveis para absorção, com potencial para suprir as demandas fisiológicas nos tecidos-alvo. O conceito original é proveniente da farmacologia, que avalia como e quanto uma droga é utilizada pelo organismo.

Tal ação depende da assimilação, do transporte, da conversão de um nutriente para suas formas biologicamente ativas e das interações entre si, atuando diretamente na absorção desses compostos pelo organismo e agindo sobre o estado de saúde do indivíduo.

A determinação da biodisponibilidade é importante para o estabelecimento das recomendações de ingestão de nutrientes em função das necessidades dos indivíduos, considerando ainda vários aspectos específicos de cada região ou país, devido à grande diversidade de dietas e hábitos das populações.

Alguns fatores contribuem para diminuir a biodisponibilidade de um nutriente: a sua fórmula química no alimento; as ligações covalentes ou iônicas do composto que interferirão na sua solubilidade; a solubilidade da substância em meio orgânico; a quantidade do componente ingerida na dieta, cuja absorção é dependente das reservas orgânicas; a indisponibilidade, diminuição ou inibição da absorção de nutrientes, minerais e vitaminas por complexação com outros elementos dos alimentos da dieta; o tipo e a qualidade do processamento do alimento.

Os vários processos utilizados na industrialização de alimentos, como o tratamento térmico, podem melhorar a biodisponibilidade de certos micronutrientes pela inativação de fatores antinutricionais. As vitaminas B_6, tiamina, niacina, folato e os carotenoides apresentam absorção aumentada por serem liberados da matriz da planta. No processo mecânico utilizado para remover a camada externa dos cereais, ocorre diminuição do conteúdo de fitato, permitindo o aumento da utilização dos minerais presentes. A germinação e a fermentação de cereais e leguminosas induzem a hidrólise do fitato, proporcionando maior absorção do ferro não heme e do zinco. Produtos da reação de Maillard são indesejáveis (reação entre carboidratos redutores e o grupo amina das proteínas, originando pigmentos escuros) porque podem complexar metais, principalmente Zn, Cu, Mg e Ca.

A presença de fitatos, taninos e oxalatos causa diminuição da absorção de certos nutrientes, enquanto ácidos orgânicos e alguns aminoácidos facilitam a absorção e a bioconversão para a forma funcional do elemento. Entre os inibidores de ferro estão fitato, cálcio, chás, café, cacau, algumas pimentas e fibras. Por outro lado, a vitamina C e os ácidos orgânicos encontrados nas frutas e vegetais aumentam a absorção do ferro, pois reduzem o efeito dos inibidores. Os alimentos de origem vegetal possuem apenas o ferro não heme, o qual é mais sensível aos inibidores de absorção que o ferro heme. O ferro ligado à hemoglobina e mioglobina das carnes é mais bem aproveitado, lembrando que apenas 40% do ferro encontrado nas carnes se apresentam como ferro heme.

A necessidade diária de um determinado nutriente para um indivíduo ou população pode aumentar ou diminuir de acordo com as secreções gastrintestinais; com o estado fisiológico, como crescimento, gravidez e lactação; com a idade e o sexo; com as doenças nutricionais; com a forma como um nutriente é encontrado no alimento; e com a solubilidade e estabilidade do composto no pH gastrintestinal. Portanto, a biodisponibilidade é determinada tanto pela condição fisiológica, nutricional ou fatores genéticos do indivíduo como também pelo tipo de alimento consumido ou da dieta em si.

Com o objetivo de suprir as exigências alimentares, guias nutricionais foram desenvolvidos com o intuito de estabelecer as recomendações específicas de determinado nutriente para cada país, região ou grupo populacional, e cujos valores foram determinados pelo balanço entre as perdas obrigatórias do organismo e as quantidades exigidas para a formação e manutenção de tecidos orgânicos.

A deficiência de um nutriente nem sempre está relacionada com sua baixa ingestão na dieta, mas está atrelada a fatores determinantes de biodisponibilidade. A alimentação equilibrada e a educação nutricional tornam-se fundamentais para a manutenção de uma vida saudável, o melhor aproveitamento dos nutrientes a cada indivíduo, garantindo a qualidade de vida desejável da sociedade em geral.

Vários métodos podem ser utilizados para a determinação da biodisponibilidade de um nutriente. Os primeiros estudos foram baseados na relação entre a quantidade ingerida e a excretada e calculava-se a diferença resultante como biodisponibilidade. Nesse método não se considerava a fração endógena do nutriente, a qual não se podia medir com precisão.

Métodos de depleção e repleção também foram indicados para avaliar a deficiência de um nutriente e a sua devida reposição por meio da medida da porção do composto ingerida e que foi absorvida nos tecidos e fluidos biológicos.

Em outra metodologia, a utilização de isótopos estáveis para avaliar a biodisponibilidade possibilitou um estudo mais abrangente entre os grupos de risco de indivíduos. Sua desvantagem está no alto custo de equipamentos sofisticados, mas em contrapartida sua utilização aumenta a precisão dos dados para a obtenção de resultados mais reais da biodisponibilidade de minerais. O emprego desse método para avaliação da biodisponibilidade apresenta maior vantagem, pois possibilita estudar grupos de risco como crianças, gestantes e lactantes.

Já as técnicas *in vitro* utilizam cultura de células, porém o resultado não tem o mesmo significado de biodisponibilidade, uma vez que apenas a absorção é considerada.

Devido à diversidade funcional e ao mecanismo de absorção, a avaliação da biodisponibilidade das vitaminas torna-se complexa, pois elas também podem ser metabolizadas pelas células e, portanto, ficar indisponíveis para excreção; ou podem ser armazenadas para uso posterior em casos de necessidade do organismo; ou, ainda, quando a ingestão de quantidades excessivas impedir seu aproveitamento por atingir o grau de saturação na célula. Assim, se a determinação da biodisponibilidade de uma vitamina fosse baseada apenas no critério de excreção, os resultados obtidos seriam imprecisos.

Em se tratando dos carotenoides, a biodisponibilidade está associada ao tipo do composto; à matriz onde o carotenoide está inserido; aos efeitos de absorção e bioconversão; a fatores genéticos; e à interação com os nutrientes da dieta. Por exemplo, o β-caroteno proveniente da ingestão de alimentos tem menor absorção do que se esse composto fosse consumido puro. Os vegetais verdes e crus possuem disponibilidade menor que as frutas e os alimentos processados.

A estabilidade das vitaminas em alimentos processados constitui outro fator que interfere na avaliação da biodisponibilidade, pois as alterações tanto das vitaminas termolábeis como das que se encontram ligadas a componentes dos alimentos precisam ser consideradas.

O cálculo da biodisponibilidade das vitaminas é realizado pela razão entre a concentração da vitamina disponível, determinada por métodos biológicos, e a sua concentração total no alimento. O uso de isótopos estáveis, por serem mais seguros, tem sido bastante empregado para monitorar a utilização do nutriente pelo organismo. A determinação pode ser feita pelo sangue, tecidos, fezes ou urina.

Quanto aos minerais, a biodisponibilidade depende da natureza química de cada elemento, da complexação com outras substâncias, da natureza química do composto formado e da competição pelo sítio ativo. Seu aproveitamento, transporte e armazenamento pelo organismo estão relacionados a fatores fisiológicos e nutricionais, com aumento da suscetibilidade à deficiência e toxicidade.

As deficiências minerais mais comuns encontradas em adultos e crianças são de cálcio, zinco, ferro e fósforo. A suplementação de cálcio, por exemplo, quando realizada junto com a refeição, leva à diminuição na absorção de minerais traços, ou ainda a ingestão excessiva de cálcio induz à menor absorção de ferro, fósforo e zinco. O fitato encontrado em certos alimentos leva à redução na absorção de ferro não heme e afeta o balanço de zinco. Esse problema é bastante característico nas dietas vegetarianas ou em populações de países em desenvolvimento, cuja ingestão de zinco é baixa e a de fitato é alta.

A alimentação vegetariana proporciona alto teor de fitatos e oxalatos, os quais quelam minerais como cálcio, magnésio, cobre, ferro e zinco, formando complexos insolúveis que reduzem a absorção deles pelo intestino. Porém, em quantidades adequadas, os fitatos agem como antioxidantes, contribuindo para diminuir a carcinogênese, as doenças cardiovasculares e a produção de radicais livres.

A presença de polifenóis e fibras alimentares na dieta exerce efeitos antagônicos na absorção desses minerais. Outros fatores dietéticos, como vitamina C, proteína, frutose, ácido cítrico e lactose, podem facilitar a disponibilidade do mineral para o organismo.

O risco de deficiência nutricional aumenta nos idosos, devido ao declínio natural das condições fisiológicas, psicológicas e econômicas, acarretando menor eficiência na absorção e no metabolismo dos nutrientes em geral. Também a associação com medicamentos implica menor utilização dos nutrientes ingeridos.

Em idosos é comum a deficiência de zinco, provocada pela maior ingestão de carboidratos e o pequeno aporte de proteína animal, fatores que contribuem para o aumento do tempo de convalescença em casos de doenças. Muitas vezes, faz-se necessária a suplementação para corrigir essa deficiência.

Apesar de a suplementação de minerais e vitaminas ou a fortificação de alimentos ser uma das formas mais utilizadas para suprir deficiências, essa prática pode comprometer o estado de saúde em populações de risco, por provocar a diminuição de outro mineral ou interação entre eles, impedindo sua utilização.

Alguns estudos da literatura indicaram que, por exemplo, na ocorrência de anemia, a suplementação de ferro como medida curativa ou preventiva mostrou exercer efeito negativo na absorção de zinco. Porém, outros relatos demonstraram que nas formulações infantis de alimentos fortificados com ferro não foi constatada diferença na absorção de zinco. Efeitos adversos também podem ocorrer quando o cálcio é oferecido junto com a refeição, acarretando redução na absorção de ferro, fósforo e zinco.

A biodisponibiliade do ferro é medida pela fração do ferro alimentar capaz de ser absorvida pelo trato gastrintestinal, armazenada e incorporada ao heme. A absorção do ferro não heme depende do sal ou quelato usado, das constantes de estabilidade e solubilidade no pH intraluminal, do estado de oxidação de ferro, isto é, Fe^{2+} (ferroso, mais solúvel) e Fe^{3+} (férrico, menos solúvel). Com aumento do pH, o ferro torna-se um hidróxido insolúvel, dificultando sua absorção. Por isso, uma alimentação equilibrada e diversificada é primordial na manutenção da saúde de um indivíduo, minimizando os efeitos de sua deficiência.

As dietas vegetarianas e veganas têm ganhado popularidade por estarem associadas a benefícios de saúde, o que pode ser explicado pelo maior conteúdo de fibras, ácido fólico, vitaminas C e E, potássio, magnésio, ferro, fitoquímicos, antioxidantes, gorduras insaturadas e menor taxa de colesterol total e LDL. A esses fatores atribui-se a diminuição da obesidade porque essa prática reduz o valor energético da dieta e, também, oferece menores riscos de doenças cardiovasculares, alguns tipos de câncer, diabetes tipo 2 e hipertensão. Entretanto, a eliminação de produtos de origem animal da dieta aumenta a chance de deficiência nutricional. Micronutrientes, incluindo vitaminas B_{12} e D, certos minerais e ácidos graxos de cadeia longa (ômega-3) devem ser oferecidos a esses indivíduos por meio de alimentos fortificados ou suplementos, com o propósito de suprir a biodisponibilidade limitada de minerais como cálcio, ferro e zinco.

Pesquisas realizadas nessa área têm apontado que a deficiência nutricional é maior nas pessoas que se tornaram vegetarianas por motivos intelectuais ou sociais, quando comparadas àquelas que seguem essa dieta por motivos físicos, isto é, de saúde, higiene, toxicologia ou *performance*.

Os alimentos em seu estado natural ou minimamente processados, como os grãos integrais, fornecem maior conteúdo de fibras e por isso podem contribuir para redução do colesterol sanguíneo, além de diminuírem o risco de câncer do trato digestivo. Contudo o fitato, presente nesses tipos de grãos, sementes e legumes, quela o zinco, formando um complexo que o torna indisponível. A adoção da ingestão de alimentos crus não indica que todos os nutrientes estarão completamente disponíveis, ou seja, alguns fitoquímicos como β-caroteno e licopeno são absorvidos mais facilmente em alimentos cozidos.

Certos nutrientes, como vitamina B_{12} e provavelmente alguns ácidos graxos de cadeia longa (ω-3), podem ser considerados críticos para vegetarianos e veganos, da mesma forma que o folato (vitamina B_9), presente em frutas e hortaliças, é para os consumidores só de produtos animal.

O critério para determinar a recomendação de um nutriente e se sua quantidade é adequada está fundamentado nas circunstâncias particulares do grupo populacional investigado, cuja informação é gerada por meio de resultados científicos internacionalmente coletados e reconhecidos. Portanto, a adequação de uma dieta depende mais da natureza dos alimentos consumidos e não propriamente do nome da dieta.

As pessoas tendem a escolher seu tipo de dieta motivadas por várias razões: econômica, ética, ecológica, política, capricho pessoal, melhoria da qualidade de vida, estilo de vida ou menor risco de doenças.

Os adeptos ao vegetarianismo consomem menos energia (calorias), menos colesterol e ácidos graxos saturados e maior razão gordura poli-insaturada/saturada em comparação a onívoros porque suas dietas são compostas de menos gordura e proteína, mas em contrapartida contêm carboidratos complexos e fibras em maior quantidade.

Para a obtenção adequada de proteínas e aminoácidos essenciais, nesse tipo de dieta é recomendado o consumo de uma variedade de plantas ricas em proteínas como grãos, nozes, sementes e legumes todos os dias, para conseguir os aminoácidos essenciais desejados na proporção indicada. Embora forneçam quantidades adequadas de vitaminas e minerais, as dietas vegetarianas apresentam alto índice em ácido fólico, que mascara os sintomas da deficiência de vitamina B_{12}, a qual será percebida somente quando problemas neurológicos aparecerem. Nenhum vegetal contém quantidade significativa de vitamina B_{12}. No entanto, ela poderá ser obtida através de suplementos ou fortificação de alimentos. A vitamina A encontrada em produtos animais pode ser obtida pelos vegetarianos em frutas e vegetais amarelos, pela conversão dos carotenoides (β-caroteno). Mas a absorção do β-caroteno das plantas é menos eficiente, enquanto a vitamina D precisa ser suplementada.

O cálcio, deficiente nas dietas vegetarianas ou veganas, pode ser obtido em alimentos que possuem baixo teor de oxalato, e cuja biodisponibilidade é considerada alta (49% a 61%), por exemplo, brócolis, repolho, couve, quiabo, nabo verde. Para os adeptos dessas dietas, a razão cálcio/proteína é mais baixa em comparação à do grupo dos não vegetarianos, e por isso o risco de fraturas ósseas tende a ser maior. Grãos, legumes e folhas verdes contêm quantidades substanciais de ferro e zinco que, combinados ao ácido ascórbico, melhoram a biodisponibilidade e a absorção desses minerais, suprindo as recomendações para seus consumidores.

Dietas excessivamente proteicas e com baixa quantidade de frutas e vegetais geram grandes quantidades de ácidos, principalmente na forma de nitratos (NO^{3-}), sulfatos (SO_4^{2-}) e fosfatos (PO_4^{3-}), alterando o pH da urina e, portanto, contribuem para o aumento do efeito acidogênico e a formação de cálculos renais.

Os rins são responsáveis pela excreção desses ácidos e da amônia através da urina, acarretando calcinúria, isto é, o aumento da perda de cálcio. A ingestão de suplementos, tampões alcalinos ou frutas e vegetais com alto teor de potássio (grãos, leguminosas, frutas secas, chocolate) pode reverter esse quadro, diminuindo as perdas cálcicas na urina. Com a ingestão concomitante de frutas e vegetais ocorre o suprimento de reserva alcalina adequada de minerais, por exemplo, sódio, cálcio, potássio e magnésio, condição que promove o equilíbrio da acidose orgânica.

Numa comparação entre as dietas vegetarianas e onívoras ficou evidente que, embora os conteúdos de proteínas, fosfato, sódio, potássio e cálcio não seja diferente, a dieta formada por proteína animal contém 6,8 mmol a mais de sulfato devido aos aminoácidos sulfurados e à maior quantidade de íons inorgânicos associados à carne. O efeito resultante é a acidificação da urina, acarretando maior eliminação de cálcio e, portanto, diminuindo a síntese de massa óssea com consequente risco maior de fraturas. O aumento da excreção urinária de cálcio é dependente do tipo de proteína da dieta, pois a carga ácida gerada está associada à razão carne/vegetal ingerida.

A sequela produzida pela dieta proteica parece ser maior com o avanço da idade do indivíduo, quando a habilidade renal de excreção de amônia e íons hidrogênio diminui, aumentando o risco de acidose. Nessas condições, os idosos poderão necessitar de maior ingestão de suplementos contendo tampões alcalinos para equilibrar o pH da urina e, com isso, proporcionar melhores benefícios à integridade óssea.

Em 1997, o *Food and Nutrition Board* estipulou a relação de ingestão recomendada de cálcio:proteína para mulheres de meia-idade em 20:1 (mg cálcio/g proteína). A recomendação diária de proteína (RDA) de um adulto é de 0,8 g de proteína/kg de peso corpóreo, e de cálcio é de 1.000 a 1.300 mg, dependendo da idade e independentemente do gênero.

A grande quantidade de cálcio presente no leite compensa a sua perda provocada pela proteína do leite. Alimentos do tipo legumes e grãos, com altas taxas de potássio, exercem efeito contrário, isto é, minimizam a eliminação urinária de cálcio. Muitos componentes da dieta, por exemplo, vitamina D, isoflavonas e cafeína, devem ser de uso ponderado para não aumentarem a sobrecarga ácida renal. A combinação adequada dos nutrientes na dieta total pode modificar as perdas de cálcio em detrimento da saúde óssea. O sódio é outro exemplo de mineral que contribui para a perda urinária de cálcio em magnitude semelhante à causada pela proteína.

Recentemente, com o propósito de promover perda de peso mais rápida e melhorar o controle de diabetes, surgiu uma nova tendência controversa e popular de dieta, conhecida como *low-carbohydrate/high-protein* (LCHP). Até hoje, por ter um período curto de prática, há poucos estudos que documentam informações sobre os efeitos na saúde de seus seguidores.

Ainda não é possível afirmar com certeza se há evidências concretas de que as diferentes formas de LCHP são responsáveis por efeitos adversos de saúde ao longo do tempo. Isso porque as fontes proteicas e de carboidratos são particulares de cada população, e os lipídeos utilizados na complementação energética, formados por ácidos graxos saturados e insaturados em diferentes proporções, afetam a biodisponibilidade de cada um dos nutrientes. Estudos têm apontado que o consumo prolongado de dietas LCHP pode estar associado ao aumento da mortalidade em geral.

Porém, há evidências de que o alto consumo de carnes vermelhas e/ou processadas está relacionado com o aumento de câncer retal. Isso pode ser explicado pelo aumento de fermentação das proteínas, produzindo maior quantidade de metabólitos nitrogenados nocivos (nitrosaminas e aminas heterocíclicas), e pela redução de substâncias protetoras das células cancerígenas no cólon. Contudo, outras análises epidemiológicas são necessárias para esclarecer melhor os mecanismos de ação das dietas com restrição de carboidratos e o consequente aumento de proteína e lipídeo sobre o risco de câncer. A ingestão de carboidratos não digeríveis (fibras) reduz potencialmente a formação de compostos nitrogenados danosos, pelo aumento da síntese de proteínas por células bacterianas.

Outro relato associou o alto consumo de proteínas com o balanço negativo de cálcio, mas não houve correlação com o aumento de risco de fraturas ósseas. Há evidências de que a osteoporose está muito mais relacionada com a insuficiente ou baixa quantidade de proteína na dieta. Mas, se sais químicos ou frutas e vegetais, ricos em potássio, ou suplementos forem consumidos diariamente, há reversão do quadro de acidificação da urina, diminuindo a eliminação de cálcio pela urina.

Outros dados sugeriram que, particularmente entre mulheres que empregam dietas sem considerar a natureza dos carboidratos ou a fonte proteica, houve aumento da incidência de doenças cardiovasculares, câncer e *diabetes mellitus*.

Distintos são os fatores que também contribuem para a avaliação dos riscos de mortalidade, entre os quais se encontram as condições, o uso inadequado de suplementação e/ou fortificação alimentar, a atividade física praticada, o estresse, o meio ambiente, as condições socioeconômicas e a qualidade de vida.

Um fator limitante de adequação na ingestão de micronutrientes é sua biodisponibilidade, principalmente em dietas das classes sociais de baixa renda.

Diversos processos no preparo de alimentos podem ser usados para aumentar a biodisponibilidade dos nutrientes. O processamento térmico e mecânico, a fermentação, a germinação são métodos responsáveis por promover aumento da disponibilidade dos micronutrientes, menor conteúdo de antinutrientes, como fitatos, e portanto, aumentar a biodisponibilidade. Como consequência, a qualidade da dieta melhora.

Em comunidades de baixa renda, é claro que a má nutrição não está atribuída apenas à falta de comida. A má qualidade da dieta está também relacionada com as pequenas quantidades de alimentos que são fontes de micronutrientes. A baixa biodisponibilidade de micronutrientes aumenta a porcentagem de antinutrientes. Nessas populações, é comum a presença de cereais como alimento predominante, promovendo a baixa concentração de minerais biodisponíveis e subsequente queda do grau de saúde.

É necessária a atenção nutricional sobre a redução da biodisponibilidade de nutrientes em qualquer tipo de dieta adotada pelos diversos grupos populacionais ou indivíduos de risco, para prevenir ou corrigir suas deficiências por meio de suplementação ou fortificação de alimentos de forma cuidadosa, a fim de não ocasionar outras deficiências nutricionais.

Capítulo 13

Probióticos, Prebióticos e Simbióticos

Com o intuito de aumentar o bem-estar em relação à saúde, diminuir o risco do advento de doenças, reduzir os custos médico-hospitalares e aumentar a expectativa de vida, é cada vez maior o empenho de pesquisadores no desenvolvimento de produtos alimentícios que promovam melhor qualidade de vida à população em geral, que sejam mais atrativos e atendam à expectativa dos consumidores que buscam alimentação mais saudável e nutritiva.

Assim, o conceito de alimentos funcionais acrescidos de substâncias biologicamente ativas e com o objetivo de melhorar, manter e reforçar a saúde tem sido constantemente estudado e pesquisado. As principais alegações dos alimentos funcionais são a de favorecer nutrição adequada, promover boa saúde, prevenir o aparecimento precoce de alterações patológicas e doenças degenerativas sem, contudo, ter finalidade da cura de qualquer doença.

Um alimento funcional pode ser classificado de acordo com o tipo de substância bioativa nele incorporado. Nesse sentido, os probióticos, prebióticos, simbióticos, fitoquímicos, vitaminas, minerais, ervas, ácido graxo ω-3, são exemplos de substâncias utilizadas nesses alimentos a fim de preencher os apelos de funcionalidade.

O conjunto de bactérias intestinais que habita nosso trato intestinal, denominado flora intestinal, é considerado um órgão funcionalmente ativo chamado microbiota funcional.

O número de bactérias aumenta progressivamente do estômago para o cólon, alcançando a concentração de 10^{12} cfu/mL (unidades formadoras de colônia por mL).

Probiótico, de origem grega, significa "pró-vida", isto é, substâncias secretadas por um microrganismo que estimulam o crescimento de outro; ou organismos e substâncias que contribuem para o balanço da microbiota intestinal. Pela definição internacional, agentes probióticos são microrganismos vivos, administrados em quantidades adequadas para suprir as necessidades do hospedeiro através de ação benéfica na flora intestinal.

A colônia microbiota humana é afetada pelas condições do hospedeiro, da flora microbiológica, da dieta, dos fatores ambientais e pode variar consideravelmente sua composição entre os indivíduos. A microbiota exerce importante papel no metabolismo, promovendo defesa natural contra invasão de patógenos.

Durante a vida, as funções do intestino mudam, possibilitando maior incidência de infecções gastrintestinais causadas por alterações das populações bacterianas do intestino grosso.

Os probióticos mostraram efeito clínico benéfico na prevenção e no gerenciamento das condições gastrintestinais e não gastrintestinais, por meio de sua interação com o tecido linfoide do intestino. Há evidências de suas propriedades imunomodulatórias pela modificação da microbiota intestinal e seleção das condições clínicas favoráveis. A flora intestinal ativa é crítica para a manutenção da saúde epitelial do intestino, a produção de vitaminas, ácidos biliares e circulação êntero-hepática. O consumo de probióticos está associado à redução de intolerância à lactose, câncer, alergias, doenças hepáticas, infecções do trato urinário e aumento da imunidade; melhoria no tratamento da síndrome do intestino irritável; estímulo da produção de anticorpos e da atividade fagocítica contra patógenos; exclusão competitiva; produção de compostos microbianos; além de evidências na redução da concentração de colesterol e triglicerídeos plasmáticos.

Esses microrganismos competem com as bactérias indesejáveis pelos nutrientes disponíveis no organismo, formando barreiras físicas aos patógenos, ocupando sítios de ligação na mucosa intestinal, inativando toxinas, protegendo o organismo de bactérias nocivas e, ainda, estimulando a absorção de nutrientes, como o cálcio. Em outro exemplo a ingestão de lactase produzindo *lactobacillus* diminui os sintomas da má digestão da lactose. O uso constante de probióticos produz efeito terapêutico e profilático nas doenças do intestino que causam diarreia.

As principais substâncias com função probiótica são: bacteriocinas, peróxido de hidrogênio, ácido acético e ácido láctico. Os microrganismos que apresentam essas propriedades são os lactobacilos, as bifidobactérias, as leveduras, as bactérias ácido-láticas e as não ácido-láticas, os quais são utilizados nos alimentos fermentados. Já é comprovado que essas substâncias têm importante papel no controle, na duração e severidade das alergias provocadas por gastrenterites virais e diarreias causadas por rotavírus em crianças e adultos.

Produtos alimentícios como os laticínios, ou seja, iogurtes, queijos, sobremesas com base láctea, *kefir* e os derivados da soja, têm sido desenvolvidos como veículos de ação probiótica. Outros alimentos fermentados vêm sendo estudados, incluindo maionese, carnes, alimentos infantis, produtos de confeitaria, patês, extratos de sementes vegetais, suco de pepino, produtos de peixe e *kimchi* (repolho e/ou rabanete fermentado, de origem coreana).

A incorporação de cepas probióticas em alimentos deve ser cuidadosamente escolhida, isto é, a determinação do par cepa-veículo deve ser viável para que não haja multiplicação indesejável e indiscriminada, o que causaria características não peculiares ao produto. É indispensável determinar se as bactérias utilizadas para esse fim são sensíveis à exposição a oxigênio, calor e ácidos.

Para que um microrganismo seja considerado probiótico, ele terá que apresentar as seguintes condições: não ter variação genética; ser estável, resistir ao meio ácido do estômago, enzimas pancreáticas e sais biliares; ser viável ao meio intestinal; modular a atividade metabólica; ser seguro; ser compatível com o par cepa-veículo; ter habilidade para prevenir aderência; e ser resistente ao processo tecnológico e de armazenamento para não originar multiplicação potencial inadequada de cepas com características não peculiares ou indesejáveis.

Cada cepa de probiótico pode ter propriedades imunológicas distintas e, assim, modular direta ou indiretamente a resposta imune. Os probióticos podem ser classificados em dois grupos de acordo com sua ação sobre o sistema imune: um que exibe atividade imunoestimulante e outro com propriedades anti-inflamatórias.

Os probióticos induzem a produção de cetoquininas, as quais melhoram a resposta imune que irá exercer um importante papel na proteção contra patógenos e infecções, através da redução da aderência de mucinas específicas e, assim, estimular o efeito barreira no intestino.

Já os prebióticos são ingredientes alimentares não digeríveis e fermentáveis utilizados para beneficiar o hospedeiro estimulando o crescimento seletivo de um número limitado de espécies bacterianas no cólon e modular a composição do ecossistema natural. São carboidratos não digeridos ou hidrolisados no trato gastrintestinal, sendo chamados de carboidratos resistentes.

O maior interesse nessas substâncias tem se concentrado em seus efeitos benéficos, como aumento da resistência à invasão de patógenos; redução dos sintomas alergênicos; melhora da função tampão; alívio de constipação e da síndrome do intestino irritável; propriedade anticancerígena do cólon; diminuição da ação lipídica; redução de colesterol e triglicerídeos plasmáticos; e aumento do aproveitamento dos minerais, principalmente da biodisponibilidade do cálcio.

Entre as substâncias mais comumente utilizadas com essa finalidade encontram-se as fibras, os carboidratos não digeríveis e os oligossacarídeos. Como exemplos, estão: inulina, lactulose, oligofrutose, galactoligossacarídeos, isomaltoligossacarídeos, xiloligossacarídeos e gentioligossacarídeos, que são substâncias solúveis e fermentáveis, mas não digeridas pelas enzimas hidrolíticas do organismo, isto é, sacarase, α-amilase, maltase e isomaltase. Portanto, os substratos serão fermentados pelas bactérias anaeróbicas intestinais, formando ácido láctico, ácidos graxos de cadeia curta e gases. Com a diminuição do pH do meio intestinal há aumento da proliferação de células epiteliais do cólon. A velocidade de fermentação deve ser lenta e uniforme para garantir condições saudáveis do trato intestinal do hospedeiro.

Diversos produtos alimentícios fermentados e não fermentados, lácteos ou à base de soja, com efeitos prebióticos, foram desenvolvidos com o objetivo de modificar seletivamente a composição da microflora e, assim, oferecer mais opções a consumidores que desejam estilo de vida mais equilibrado com indicativos favoráveis à boa saúde. E, por causa de seus comprovados efeitos benéficos, os prebióticos aparecem na lista dos ingredientes funcionais.

Os prebióticos mais empregados na alimentação humana são os fruto-oligossacarídeos (FOS), a inulina, os galacto-oligossacarídeos (GOS), os oligossacarídeos da soja e as fibras, os quais são considerados funcionais uma vez que beneficiam o estado de saúde, reduzindo o risco de câncer de cólon, regulando a composição da microbiota gastrintestinal e modulando a absorção de cálcio e o metabolismo de lipídeos.

As oligofrutoses e outros oligossacarídeos exercem efeito significante na flora luminal, estimulando as populações de bifidobactérias, de especial atenção, pois a quantidade desses microrganismos decresce com o avanço da idade do indivíduo.

Entre os oligossacarídeos se destacam os fruto-oligossacarídeos (FOS), por suas propriedades tanto de adoçantes como de funcionais.

Os FOS são compostos naturais derivados da união entre glicose e frutose por ligações glicosídicas β1-2, conferindo-lhe gosto doce semelhante ao da sacarose, sem produzir energia extra. São conhecidos como açúcar não convencional e utilizados como adoçantes, com importante ação na prevenção de cáries.

São extraídos de plantas, como alcachofra, beterraba, cebola, alho, aspargo, trigo, arroz e yacom (tubérculo da região andina) ou produzidos enzimaticamente pela fermentação da sacarose. Outros oligossacarídeos, como rafinose e estaquiose, estão presentes em feijões e ervilhas.

Outro efeito benéfico à saúde atribuído aos FOS é sua capacidade de reduzir os níveis séricos de colesterol total e lipídeo. São empregados em produtos alimentícios devido à sua propriedade funcional como prebióticos, pois afetam a flora intestinal beneficamente, estimulando a atividade e o crescimento das bactérias presentes no cólon. Seu efeito principal está no estímulo do crescimento das bactérias *Bifidus* e *Acidophillus*, o que melhora a microflora e consequentemente a saúde do cólon.

Legalmente, os FOS são considerados ingredientes e não aditivos alimentares, na maioria dos países.

Os FOS não são considerados carboidratos, açúcares ou fonte de energia, mas podem ser usados de modo seguro por diabéticos. Têm solubilidade maior que a da sacarose, não cristalizam, não precipitam e não deixam sensação de secura ou areia na boca.

Os FOS não são degradados durante a maioria dos processos de aquecimento, mas são hidrolisados em frutose em condições muito ácidas ou em condições de exposição prolongada de determinados binômios tempo/temperatura.

Podem ser utilizados em formulações de sorvetes sem adição de açúcar, bebidas lácteas, sucos, alimentos funcionais com alegação adicional na área de prebióticos e simbióticos, fibras dietéticas, produtos para diabéticos, biscoitos e panificação, em barras de cereais, além de aplicados em produtos destinados para ração animal.

Os FOS contribuem para a hipocolesterolemia tanto pela diminuição da absorção de colesterol acompanhada de aumento de colesterol eliminado pelas fezes como também pela produção de ácidos graxos de cadeia curta fermentados pelas bactérias intestinais.

Os prebióticos são digeridos parcialmente no intestino delgado, onde fortalecem o sistema imunológico, inibem a multiplicação de patógenos e estimulam a proliferação de bactérias desejáveis no cólon. Sua ação maior será no intestino grosso, afetando de forma favorável a flora do hospedeiro.

Em alguns casos, os prebióticos apresentam risco de aumentar a diarreia e a produção de gases, cólicas, inchaço e distensão abdominal, principalmente naqueles indivíduos que apresentam os sintomas da síndrome do intestino irritável. Já com os probióticos esses efeitos não acontecem.

Há evidências de que esses ingredientes podem influenciar positivamente a absorção de cálcio e, portanto, agir na saúde óssea, reduzindo os riscos de osteoporose.

O termo simbiótico é usado para designar produtos que contêm agentes probióticos e prebióticos associados, em que compostos prebióticos favorecem seletivamente a ação dos probióticos. O efeito simbiótico resulta em vantagem competitiva nos intestinos delgado e grosso quando probiótico e prebiótico são consumidos concomitantemente.

A combinação de galacto-oligossacarídeos, inulina e oligofrutose estimula seletivamente o crescimento de bifidogênicos e lactobacilos, mostrando maior estímulo do sistema imunológico, com consequente redução de bactérias patogênicas, alívio de constipação, moderação na resposta inflamatória e menor risco de osteoporose e arteriosclerose.

A correção da microbiota evita a diarreia associada a infecções ou a tratamento com antibióticos, alergia alimentar, eczema atópico, doenças inflamatórias intestinais, artrite, degradação de compostos carcinogênicos e alivia os sintomas de intolerância à lactose. A ação de microrganismos no trato intestinal favorece a biodisponibilidade e a digestibilidade de nutrientes da dieta, principalmente proteínas e lipídeos, promovendo a liberação de aminoácidos livres e ácidos graxos de cadeia curta, o que contribui para a manutenção do pH adequado do cólon.

Para garantir ação efetiva na modulação da microbiota intestinal, doses diárias e contínuas de probióticos e prebióticos devem ser administradas. Recomenda-se a ingestão de alimentos contendo populações superiores a 10^8 a 10^9 ufc (unidade formadora de colônia) de microrganismos probióticos ou 10^6 a 10^7 ufc/g de bioproduto por 100 mL ou g de produto alimentício. Quanto aos prebióticos, doses diárias por no mínimo 15 dias, entre 4 e 5 g de substrato (20 g de inulina e/ou oligofrutose), são suficientes para ocorrer o estímulo de multiplicação de bifidobactérias no cólon.

Quando se aborda alimentação de recém-nascidos e lactentes, o aleitamento materno está fortemente associado à baixa incidência de doenças infecciosas e alérgicas, por estimular o desenvolvimento do sistema imune. O leite materno contém alto índice de oligossacarídeos, os quais constituem importantes componentes de proteção à saúde infantil devido ao seu efeito bifidogênico. Crianças amamentadas apresentam alto conteúdo de bifidobactérias e lactobacilos em suas fezes, o que acarreta crescimento de flora intestinal benéfica, proporcionando a síntese de moléculas que apresentam ação antibacteriana e antibiótica, com evidente melhora de distúrbios gastrintestinais.

Alimentos prontos infantis contendo agentes probióticos e prebióticos demonstraram efeitos benéficos como a redução do número de microrganismos patogênicos no intestino; melhora da consistência das fezes e frequência das evacuações; menor desenvolvimento de alergias, infecções respiratórias, febre, irritabilidade, diarreia, flatulência, regurgitação, vômito, cólica e choro; e manutenção adequada do pH fecal. Por isso, fórmulas lácteas adequadas para crianças de diferentes faixas etárias têm ganhado bastante atenção entre os pesquisadores.

Muitos fatores contribuem para a incidência de células cancerígenas. Estas se desenvolvem a partir da multiplicação incontrolada de células do organismo, causando crescimento invasivo e metástase. Em torno de 75% a 80% do câncer pode ser influenciado tanto pelo estilo de vida como pela dieta. Por isso, é crescente o incentivo pela mudança de hábitos alimentares pelo consumo de grupos de alimentos ou ingredientes que favoreçam um balanço de ação protetora. Resultados mostraram que o prebiótico inulina, extraído da chicória, apresentou atividade anticarcinogênica, e muito provavelmente devido à modificação e manutenção das atividades metabólicas da flora intestinal.

Em idosos, a ingestão de probióticos e prebióticos tem se mostrado útil na prevenção de certas doenças comumente diagnosticadas nessa faixa etária, desde a má nutrição, intolerância à lactose até a constipação. A subnutrição dessa população tem como consequência danos ao epitélio intestinal, redução na absorção de nutrientes essenciais da dieta e perda de apetite. Algumas vezes, um quadro agravante pode ser instalado devido ao vazamento da flora intestinal para a circulação, causando septicemia ou infecções generalizadas. A constipação em idosos é provocada por mudanças na flora intestinal com a idade, alterando a motilidade intestinal. A ingestão de iogurtes ou suplementos específicos contendo substâncias probióticas e prebióticas reduz o risco de infecções.

Ainda, nos idosos é comprovado que a resposta imune decresce seriamente com a idade, fenômeno este conhecido como imunossenescência. Vários estudos registraram que o consumo de agentes probióticos durante três semanas estimula o sistema imune e quando utilizado por um ano há melhora dos sintomas alérgicos. Há registros de que a ingestão de agentes simbióticos aumenta o tamanho e a diversidade da população fecal de bifidobactérias, e, como nas pessoas mais velhas se torna reduzida, essa multiplicação da microbiota poderá promover defesa natural contra invasão de microrganismos nocivos ao organismo.

Resultados indicaram que os oligossacarídeos não digeríveis como oligofrutose, inulina ou lactulose estimulam efetivamente a absorção mineral, melhorando a saúde dos ossos. O mecanismo desse efeito pode ser explicado devido ao aumento da solubilidade dos minerais (cálcio, magnésio, ferro, fósforo e zinco) no ceco e cólon, provocado pela fermentação microbiana e redução do pH intraluminal.

É importante salientar que os probióticos e prebióticos constituem, obviamente, agentes interessantes no âmbito da nutrição preventiva, pois seu efeito sinergista oferece estratégia favorável na manutenção da saúde intestinal, com efetiva redução de suscetibilidade a infecções.

CAPÍTULO 14

Saúde no Esporte

Estratégias para melhorar a *performance* física e atenuar o estresse metabólico causado pela atividade física têm promovido o desenvolvimento de alimentos ou dietas específicas para esse fim. A nutrição esportiva é um tema bastante controverso e diretamente dependente do esporte praticado e das características de cada indivíduo ou atleta. As necessidades dietéticas dos atletas podem ser supridas antes ou após a prática da atividade, mas às vezes é necessário que a provisão seja efetuada mesmo durante o exercício.

A ingestão inadequada de nutrientes nas atividades de grande esforço pode acarretar desidratação, hiponatremia (diminuição da concentração de sódio e potássio no plasma), queda da transmissão neuromuscular, depleção glicogênica e/ou de fosfocreatina, hipoglicemia, desempenho debilitado, aumento da concentração de triptofano na circulação sanguínea, além de afetar o tempo de recuperação pós-exercício, induzindo à fadiga física.

Durante a atividade física, o ATP (adenosina trifosfato) fornece energia para a contração muscular pela quebra das ligações de seus fosfatos. Como sua concentração no músculo é pequena, suficiente para poucos segundos de exercício, outros três sistemas mais eficientes complementam a produção de energia. No início da atividade, a creatina-fosfato (CP) é acionada para a ressíntese de ATP para poucos segundos de atividade. Logo após, a glicólise anaeróbia se inicia, com a hidrólise da glicose até ácido láctico para produção de ATP, independentemente do fornecimento de oxigênio para a reação. O ácido láctico formado nessa etapa acarreta diminuição do pH e consequente interrupção do processo. Na última fase, a produção de ATP acontece na fosforilação oxidativa, através do transporte de elétrons na cadeia respiratória, em presença de oxigênio. Essa última via é capaz de gerar energia a partir de três substratos – glicose, ácidos graxos e aminoácidos. A duração do exercício é determinada pelos estoques desses substratos do músculo, momento em que o limite da exaustão muscular é atingido com decorrente diminuição de desempenho, isto é, a fadiga se instala, a qual pode ser definida como a inabilidade para manter a atividade.

A massa orgânica de proteínas provê enzimas para as reações de catálise, intermediários dentro e fora das células, como também combustível para suportar situações de sobrevivência. Outros órgãos ou tecidos que contêm proteínas, como o fígado, sintetizam as proteínas do plasma, as células do sistema imune, as enzimas digestivas, ossos e colágeno.

A grande maioria dos aminoácidos do corpo está presente na forma de proteínas, as quais representam de 15% a 20% do total da massa corporal em indivíduos normais. Isso significa que um indivíduo de 70 kg apresenta aproximadamente 12 kg de proteína distribuídos pelos diversos tecidos, órgãos e músculo.

O músculo esquelético é o maior depósito de proteínas musculares. O total de proteínas musculares reflete uma troca dinâmica entre a síntese e o catabolismo de proteínas.

Além de suporte estrutural e manutenção da postura, outro importante papel do músculo esquelético é o de transportar aminoácidos para todo o corpo. O músculo esquelético é formado de 40% a 45% do total da proteína corporal, principalmente das proteínas contráteis. Menos de 2% do total de aminoácidos do corpo existem na forma livre, e aproximadamente metade deles se localiza no plasma e nos espaços extra/intracelulares. Entretanto, apenas uma pequena quantidade desses aminoácidos livres tem participação em todas as reações metabólicas. Quase metade dos aminoácidos livres se encontra nos espaços intracelulares musculares, o que favorece a sua troca contínua com os aminoácidos das proteínas plasmáticas. O balanço nitrogenado do músculo esquelético pode ser afetado por um grande número de fatores que incluem influências hormonais, exercícios, estado nutricional e doenças. Qualquer exercício físico ou a simples modificação na dieta pode alterar o fluxo de entrada e saída de aminoácidos livres do músculo para o plasma e vice-versa, promovendo mudanças nas concentrações de aminoácidos nesses dois meios.

A prática regular e de moderada intensidade de exercícios é fundamental para a população em geral, cujo efeito essencial é o de reduzir os riscos de doenças inflamatórias. Mas os atletas de ponta, engajados em modalidades de prolongada e exaustiva atividade física, são mais suscetíveis aos efeitos da alta intensidade do exercício devido ao aumento do catabolismo proteico, do processo inflamatório acompanhado de danos musculares; da sudorese; e de estresse oxidativo e imunossupressão crônicos.

Embora muitos atletas possam satisfazer seus requerimentos nutricionais antes, durante e/ou após o exercício, esses participantes precisam dirigir suas atenções para o aumento da energia utilizada, com significativo acréscimo nas taxas de oxidação de carboidratos, lipídeos e proteínas. Aminoácidos e proteínas devem ser fornecidos pela dieta para regular a síntese e concentração da função imune e o estresse oxidativo.

Entretanto, muitos aspectos precisam ser considerados quando se deseja determinar a quantidade ótima de proteína na dieta de um atleta. Os fatores principais em análise incluem: qualidade da proteína, energia ingerida, características dos carboidratos, tipo e intensidade do exercício e o período de ingestão da proteína.

Mas quanto de proteína é seguro? A ingestão diária recomendada é de 12% a 15% do total de energia (kcal) da dieta em toda a vida útil de um adulto. O consumo abaixo de 2,8 g de proteína por dia não afeta a função renal em atletas bem treinados, mas o excesso de proteínas ingerido resulta em maior quantidade de ureia no organismo. É consenso que o consumo de proteína durante o período de recuperação de exercício promove acréscimo da proteína muscular.

A ingestão recomendada de proteína, RDA (*Recomended Dietary Allowance*), de 0,8 g/kg/dia é estipulada para proporcionar o necessário saudável para homens e mulheres com idade superior a 19 anos e não praticantes de atividades físicas, cujo propósito é somente o de manter as variações biológicas do indivíduo e as perdas de nitrogênio nas fezes e na urina. Mas não é o suficiente para a oxidação de proteína e/ou aminoácido durante o exercício físico, nem para prover substrato para formação de tecidos ou repor danos musculares provocados pelo exercício.

As controvérsias na literatura sobre a segurança e eficiência da utilização de proteínas acima da quantidade recomendada são muito abundantes. Alguns autores questionam o fato de que esportistas têm maior necessidade de proteínas para reparar os danos musculares provocados pelo exercício. Outros avaliam que a quantidade ótima e o tipo de proteína na dieta, os grupos de carboidratos ingeridos e o total de energia oferecida ao organismo estão relacionados com a intensidade, a duração e o exercício praticado. Esses pesquisadores sugerem níveis entre 1,2 e 1,7 g/kg de peso corporal/dia de proteína para estimular a contração muscular. De acordo com as observações científicas relatadas até agora, se a ingestão dessa quantidade não for possível naturalmente a partir de alimentos na dieta, o uso de suplementos pode ser utilizado para suprir as necessidades de atletas.

Para atletas de resistência ou *endurance*, as quantidades aconselhadas, seguidas de uma dieta equilibrada, variam de 1,0 a 1,6 g/kg/dia de proteína, dependendo da intensidade e duração do treinamento, bem como do *status* do atleta, a fim de compensar a degradação proteica muscular durante exercícios prolongados. Para os atletas de força, a recomendação é de 1,6 a 2,0 g/kg/dia, embora algumas pesquisas sugiram que essa exigência possa ser reduzida ao longo dos treinos, pois adaptações biológicas melhoram a retenção de proteína.

Se excesso de proteína é administrado, os aminoácidos serão empregados para ressíntese proteica. Os compostos nitrogenados não utilizados e que não podem ser armazenados serão, então, oxidados ou convertidos em carboidratos ou lipídeos e metabolizados como intermediários no ciclo de Krebs. A perda do grupo amino dos aminoácidos ocorre no fígado pelas reações de desaminação e transaminação e que depois serão convertidos em seus respectivos oxiácidos.

O treinamento de resistência é um dos exercícios usualmente utilizados para aumentar a massa muscular e a hipertrofia. Esse tipo de exercício acarreta aumento do catabolismo proteico e menor estímulo da síntese de proteínas, resultando em balanço negativo de proteínas, se quantidades insuficientes de proteínas forem oferecidas.

É sabido que nos tecidos musculares o catabolismo é maior que a síntese proteica, cuja finalidade principal é liberar os aminoácidos energéticos. Entre os aminoácidos livres, seis deles, glutamina, aspartato, asparagina e os de cadeia ramificada (BCCA), isto é, leucina, isoleucina e valina, sofrem processos de oxidação e transaminação no músculo, com o objetivo de liberar seus esqueletos carbônicos para produção de energia, e por isso são considerados precursores gliconeogênicos.

Dois outros aminoácidos gliconeogênicos, glutamina e alanina, exercem importante papel no transporte até o fígado do nitrogênio resultante das reações de desaminação ou transaminação, para sua posterior excreção na forma de ureia, na urina.

Pesquisas realizadas apontaram que, nos exercícios de curta duração, apenas glutamina e alanina mostraram mudanças em suas concentrações no músculo esquelético. A concentração de glutamina é mais sensível à contração muscular. Entretanto, em trabalhos de intensidade moderada ou alta ocorre pronunciado decréscimo da glutamina intramuscular e aumento de alanina.

Já nos exercícios prolongados, a concentração de glutamina intramuscular permanece quase estável. Em contraste, a concentração de alanina no músculo diminui após 30 a 45 minutos de atividade, chegando ao seu valor normal de descanso. Pequenas mudanças nas concentrações de outros aminoácidos podem ser observadas no plasma e no músculo, mas a concentração de BCCA permanece inalterada, embora ocorra aumento significativo da oxidação de BCCA, sobretudo a leucina.

O tecido do músculo esquelético é fortemente regulado pelo nosso corpo por meio do balanço da síntese e da degradação proteica. As proteínas contráteis do músculo esquelético, actina e miosina, são as responsáveis pela hipertrofia e pela força muscular no treinamento de resistência. Em geral, o treino de resistência causa estímulo da síntese proteica, bem como hidrólise de proteínas, resultando em balanço negativo de proteína.

Mas o provimento de nutrientes, especificamente aminoácidos essenciais, ajuda a estimular o anabolismo proteico muscular e melhora o balanço total de proteínas. A magnitude da resposta depende de um programa constante e intenso de treinamento e da concentração e do tipo de aminoácidos consumidos. A literatura mostra que o consumo de alta concentração de aminoácidos causa significativo aumento da síntese de proteínas. Outros achados demonstraram que a ingestão de carboidratos logo após a prática do exercício resultou em pequeno estímulo de síntese proteica, enquanto o consumo de aminoácidos essenciais livres, antes e após a atividade, causou rápida e pronunciada síntese e melhora no balanço proteico. Estudos também indicaram que a ingestão de proteínas completas, após o exercício, na forma de pós ou suplementos, proporcionou o mesmo efeito quando comparada à ingestão de aminoácidos livres.

É reconhecido que indivíduos ativos requerem maior quantidade de proteínas na dieta devido ao aumento da oxidação proteica intramuscular; ao colapso proteico que ocorre durante o exercício; à necessidade de maior ressíntese; e também à atenuação dos mecanismos de proteólise que ocorrem durante e após a atividade, ou seja, na fase de recuperação do treinamento.

Embora uma dieta balanceada de alta qualidade e suficiente quantidade de nutrientes seja essencial, há evidências que suplementos podem auxiliar na obtenção de uma nutrição ótima. De fato, o uso de suplementos nutricionais, principalmente de aminoácidos, tem crescido entre os praticantes de esportes de força que desejam aumentar sua massa muscular.

No entanto, os casos de uso de suplementos dietéticos ou a combinação deles somente são recomendados quando a ingestão de nutrientes na dieta é inadequada ou em situações específicas de saúde e sedentarismo, prescritos por nutricionistas ou nutrólogos.

Apesar de os suplementos estarem amplamente disponibilizados no comércio, é conveniente que os frequentadores de academias ou envolvidos em esportes de força que têm por meta ganhar força muscular, alta *performance* e hipertrofia, consultem os profissionais da área de nutrição para um acompanhamento adequado de qualquer suplementação e, com isso, evitar danos severos à saúde.

São várias as considerações que motivam atletas a fazerem uso de suplementos:

1. Melhorar sua *performance*.
2. Reforçar a função imunológica.
3. Aumentar a massa muscular.
4. Produzir maior capacidade de energia aeróbica durante o exercício.
5. Prolongar a duração do exercício.
6. Regular a provisão do metabolismo na atividade.
7. Diminuir a fadiga muscular.
8. Minimizar o período de recuperação.

As principais fontes de proteína incluem: leite, caseína, ovo, soja e *whey*. Dentre os suplementos mais comuns encontrados no mercado, usados com essa finalidade, estão os minerais, as vitaminas, as proteínas e os isolados de aminoácidos.

A ingestão de suplementos contendo aminoácidos essenciais ou mesmo proteínas integrais (como soja, caseína, *whey*, colostro) combinados a carboidratos pode estimular o anabolismo e melhorar o balanço proteico, além de aumentar a resistência muscular. Por isso, as recomendações, com base científica, têm surgido para garantir o uso adequado desses suplementos, bem como informar sobre a quantidade e a composição dos nutrientes neles presente, além de indicar o tempo ótimo de consumo e o impacto desses suplementos no organismo.

Considerações sobre a biodisponibilidade de aminoácidos no sangue, bem como sua entrega nos tecidos-alvo, devem ser observadas para planejar uma dieta de proteínas destinada para antes e após o exercício. As proteínas administradas que promovem adequada circulação de aminoácidos são prontamente aproveitadas pelo músculo esquelético para otimizar o balanço de nitrogênio e a cinética de proteínas do músculo.

A qualidade da proteína deve ser previamente avaliada através da PER (*Protein Efficience Ratio*) ou pelo PDCAAS (*Protein Digestibility Corrected Amino Acid Score*) para fazer parte da composição de um alimento fortificado ou suplemento. Esses métodos determinam a composição dos aminoácidos presentes e a comparam, em quantidade e proporção, com a proteína teste contendo todos os aminoácidos essenciais, corrigida em relação à digestibilidade dos aminoácidos incluídos no alimento.

A creatina é um dos suplementos largamente utilizados por muitos atletas de alto nível e já testada sobretudo em exercícios de força, velocidade e esforços intensos repetidos. Parte das pesquisas mostrou o aumento de massa muscular na maioria dos atletas participantes dos estudos, o que pode ser explicado pela maior retenção hídrica promovida, provavelmente, pelo aumento da concentração de fosforilcreatina. Outros estudos evidenciaram nenhuma melhora de desempenho anaeróbico em jovens atletas em treinamento. Assim, acredita-se que mais investigações ainda são necessárias para confirmar e esclarecer o reflexo da creatina sobre o sólido desempenho de esportistas, tendo em vista que as técnicas usadas para a avaliação real e precisa são procedimentos invasivos ou inviáveis. Exercícios de várias naturezas associados aos hábitos alimentares também precisam ser examinados para determinar com exatidão se a suplementação com creatina produz os efeitos desejados.

O uso de L-arginina como suplemento por atletas não mostrou resultado efetivo na melhoria da *performance* para atividade esportiva. A suplementação usando esse aminoácido indicou aumento do fluxo sanguíneo em condições basais, mas não provocou mudanças no desempenho durante o exercício. Isto sugere que outros mecanismos de vasodilatação estão envolvidos durante a atividade no músculo.

A suplementação dietética com os aminoácidos de cadeia curta (BCCA), isto é, L-valina, L-leucina e L-isoleucina, é bastante usada por atletas de *endurance*. Tais aminoácidos são encontrados naturalmente em alimentos como frango, peixe, carne, ovos, leite e queijo, em concentrações que variam entre 15 e 20 g/100 g de proteína. São metabolizados no músculo e migram livremente entre fígado e plasma. Alguns pesquisadores encontraram que a combinação de maior aporte de triptofano e BCCA estimula a síntese de serotonina e, com isso, diminui a fadiga em exercício extenuante. A maior síntese de triptofano no cérebro, principalmente por maratonistas, é a causadora da fadiga muscular. Mas, se BCCA estiver presente em maior quantidade, triptofano e BCCA irão competir pelo mesmo sistema de transporte, proporcionado a menor captação de triptofano pelo cérebro e, consequentemente, redução do sentimento da fadiga.

Outras hipóteses apontaram que BCCA modula a ação de aminoácidos sobre a atividade imunológica; fornece intermediários para o ciclo de Krebs; atrasa a disponibilidade de glicogênio para o exercício, potencializando a utilização dos aminoácidos para a atividade física. Mas, ainda hoje, não há estudos comprovando totalmente os benefícios do uso de BCCA no desempenho de atletas. Sabe-se apenas que a sua suplementação por atletas de *endurance* atenua a queda da concentração de L-glutamina. Em outros resultados, as pesquisas mostraram que a administração de BCCA (100 mg/kg/dia) pode melhorar os processos inflamatórios, a redução de dores e o estresse oxidativo em exercícios severos.

A proteína *whey*, derivada do leite bovino, reconhecida como alimento funcional e suplemento nutricional, oferece quase todos os aminoácidos encontrados no músculo esquelético e nas mesmas proporções que o músculo precisa. *Whey* é a porção líquida que representa cerca de 20% do total de proteína do leite bovino, sendo composta por aproximadamente 50% de aminoácidos essenciais e 26% de BCCA.

Estão presentes nesse alimento as proteínas: β-lactoglobulina, α-lactoalbumina, albumina sérica, imunoglobulinas, lactoferrina, enzima lactopeptidase, glicomacropeptídeos, enzimas lactoperoxidase, glicomacropeptídeos e, ainda, a vitamina D e Ca^{2+}. Tem ação antiviral e bactericida, reduz a perda de energia pela excreção fecal, regula a homeostase glicosídica e a adipose, proporcionando menor risco inflamatório. Como é rapidamente digerido e absorvido pelo trato intestinal, esse alimento gera aumento da disponibilidade de aminoácidos no plasma e, portanto, melhora a síntese proteica e o crescimento do músculo logo após o exercício; regula a glicose, homeostase e adipogênese, resultando em efeito anti-inflamatório.

Mas a prática de programas inadequados de treinamento, intensos ou excessivos, pode resultar em estresse oxidativo, fadiga muscular e injúrias ao músculo. Nos casos de insuficientes períodos de recuperação há a possibilidade de ocasionar o enfraquecimento de imunidade, inflamações e imunossupressão compensatória. Esse quadro é conhecido como síndrome do excesso de treinamento ou *overtraining*, ficando comprometidos os aspectos de desempenho competitivo e as funções fisiológicas, imunológicas e emocionais. Os principais sintomas descritos nessas condições são: fadiga generalizada, depressão, apatia, dores musculares e articulares, infecções do trato respiratório superior e diminuição de apetite.

Nas competições de longa duração, exaustivas ou intensas, com período de duração maior que duas horas, a fadiga do atleta pode ser reduzida com a ingestão de água a cada hora de atividade, adicionada de eletrólitos e de 30 a 60 g de carboidratos, tendo em vista o impacto das condições ambientais do evento e do esporte praticado sobre as características do atleta.

A produção de radicais livres durante o exercício inadequado é capaz de provocar lesões celulares, com o início de um processo inflamatório devido ao aparecimento de variações no estado redox, estresse oxidativo, fadiga e injúria muscular. Outras vezes ainda há o desencadeamento de maior liberação de íons de Fe^{+2}, o que agrava o estresse oxidativo pelo aumento da reatividade química.

Durante o exercício, a evaporação do suor através da pele exerce papel importante na regulação da temperatura corporal. A produção de suor depende da intensidade e duração do exercício, das condições do ambiente, do tempo de aclimatação, do tipo de roupa e da hidratação. Se a desidratação atingir entre 1% e 2% do peso corporal poderá comprometer as funções fisiológicas e consequentemente diminuir o rendimento do atleta. Perdas com a transpiração acima de 3% aumentam os riscos de cãibras, exaustão e insolação. Após uma hora de atividade, os atletas começam a sentir os efeitos da desidratação se nenhuma reposição é realizada. O grau de desidratação pode ser avaliado pela cor, quantidade e gravidade específica da urina.

Recomenda-se a reidratação entre 200 e 300 mL a cada 10 a 20 minutos de exercício. Após o evento, a reidratação deve ser feita com água gelada para restabelecer o estado de hidratação, com carboidratos para repor os estoques de glicogênio e com eletrólitos para aumentar a velocidade de hidratação. O consumo de carboidratos 30 minutos antes do exercício possibilita aumentar os estoques de glicogênio e prevenir a fadiga. Os combinados de carboidratos, como glicose, sacarose e polímeros de glicose, consumidos simultaneamente, maximizam a absorção. A taxa de ingestão de 1 g/min de carboidratos é suficiente para manter o funcionamento ótimo do metabolismo. Concentrações acima de 8% comprometem o volume do estômago e a absorção intestinal desses carboidratos.

Após as atividades esportivas intensas costuma ocorrer uma subsequente inflamação em resposta aos danos provocados no músculo pela produção de oxigênio e nitrogênio reativos, os quais são os responsáveis pela inibição da atividade de diversas enzimas metabólicas. Nesse momento, são liberadas muitas substâncias, tais como citoquinas e histamina, serotonina e prostaglandinas, causadoras de dor e edema, culminando com a instalação de um processo inflamatório.

Ao término do exercício extenuante, o conteúdo de glutamina plasmática diminui, suprimindo sua função imune. A glutamina é o aminoácido mais abundante nos músculos esqueléticos, considerado o principal precursor da gliconeogênese hepática e também responsável pela síntese das células do sistema imune. O excesso de treinamento acarreta diminuição da concentração plasmática de glutamina, com consequente redução da funcionalidade dos leucócitos, permitindo que o atleta fique mais vulnerável a infecções.

A recuperação pós-exercício é importante para a adaptação fisiológica, morfológica e a compensação das reservas energéticas. No período de recuperação, o metabolismo continua elevado por várias horas, com depleção de O_2. Na primeira fase de recuperação, mioglobina e hemoglobina são oxigenadas, ATP e CP são recuperados em poucos minutos. Na segunda fase o lactato é convertido em glicose e glicogênio, em aproximadamente 1 hora. Já na última fase, que pode demorar várias horas, ocorre a interconversão de substratos. Caso não seja consumido nenhum tipo de nutriente nesse período, o catabolismo de proteínas e ácidos graxos continua. A ingestão, especialmente de carboidratos, estimula o anabolismo de proteínas e ácidos graxos, provendo a utilização da glicose como o principal nutriente, além de controlar e melhorar o índice glicêmico e a resistência à insulina.

A recomendação de carboidratos para atletas é de 6-10 g/kg de peso corporal para manter a glicemia e repor o glicogênio muscular. A quantidade ingerida depende do gasto energético total diário, do tipo, intensidade e duração da atividade, sexo e condições ambientais.

Já para lipídeos, a quantidade ingerida na dieta não deve ultrapassar 20% diário da dieta, para não desencadear processos inflamatórios.

A desidratação abaixo de 2% a 3% determina o decréscimo de rendimento na atividade física. O atleta deve manter-se hidratado durante todo o exercício sem que a quantidade de água ingerida exceda a taxa de transpiração.

Seja qual for a atividade motora escolhida por um indivíduo, é interessante avaliar suas necessidades nutricionais específicas, concentrar atenção especial nas recomendações de carboidratos, proteínas e lipídeos, determinar cuidadosamente o balanço energético apropriado e descobrir se as mudanças nutricionais propostas são realmente indicadas para a prática regular de atividade física, permitindo, assim, que o exercício ofereça ao atleta os benefícios para a manutenção da boa forma e saúde, além de êxito nos esportes competitivos.

O emprego da gastronomia funcional para atletas tem o objetivo de elaborar uma dieta equilibrada, variada e rica em nutrientes com propriedades antioxidantes, anti-inflamatórias, antitrombóticas, quelantes de minerais pesados, antimicrobianas, antialérgicas, com a finalidade de inibir a formação de radicais livres e prevenir o estresse oxidativo.

Quando o estresse oxidativo se instala, ocorrem prejuízos no desempenho do atleta, com diminuição de sua *performance*, e aumenta a fadiga muscular.

De acordo com a modalidade esportiva eleita pelo atleta, um cardápio funcional apropriado deve ser escolhido para que sejam mantidos o seu peso e a composição corporal, dando ao atleta condições ideias para se desenvolver na atividade.

É recomendável que na dieta sejam incluídos alimentos prebióticos para controlar e melhorar o índice glicêmico e a resistência à insulina.

Durante o exercício físico, ocorre aumento de oxigênio consumido, tendo como consequência a elevação da produção de radicais livres e a peroxidação lipídica. A formação de radicais livres se deve, principalmente, à produção de ácido láctico, pelo aumento de compostos como a catecolamina e pela resposta inflamatória no tecido muscular.

A produção de radicais livres é controlada pelo organismo pelos seus próprios mecanismos de defesa a fim de evitar dano celular.

A suplementação de vitaminas (A, C, E) e minerais (como zinco) ainda não está comprovada na redução do estresse oxidativo.

Assim, a melhor maneira de prevenir o processo oxidativo em atletas é manter uma dieta saudável, equilibrada e balanceada, com nutrientes de ação antioxidante, como frutas e vegetais que tenham essa função.

Capítulo 15

Desempenho e Condicionamento Físico

Apesar de proibido nas esferas competitivas, por constituir princípios éticos desleais, muitos atletas ainda utilizam agentes farmacológicos com o propósito de vencer, pois acreditam que esses medicamentos podem exercer influência positiva sobre sua destreza, força e *performance*.

Dados conflitantes a respeito do uso dessas medicações ainda geram dúvidas se eles exercem real influência positiva sobre o desempenho de atletas normais e sadios.

Com efeito, a utilização dessas drogas sintéticas está associada a inúmeros efeitos colaterais, que vão desde náuseas, prurido, irritabilidade nervosa, doença hepática, dependência, efeitos adversos sobre o fígado, sistema cardiovascular e reprodutor e até a morte por câncer.

Entre as drogas sintéticas mais utilizadas se destacam duas classes de medicamentos: os esteroides anabólicos e as anfetaminas.

Anabolizantes

Os hormônios esteroides são produzidos pelo córtex da suprarrenal e pelas gônadas, isto é, ovário e testículo, e incluem a testosterona e seus derivados. Pertencem à classe dos hormônios sexuais masculinos, promotores e mantenedores das características sexuais secundárias, do trato genital e da fertilidade associadas à masculinidade. No sexo feminino são produzidos em pequenas quantidades pelos ovários. Também são fabricados naturalmente pelos córtex suprarrenal de homens e mulheres.

Alguns autores consideram os esteroides anabolizantes como os derivados sintéticos da testosterona cuja propriedade é possuir atividade anabólica maior que a atividade androgênica.

Os esteroides anabólicos foram desenvolvidos nos anos 1950 com a finalidade de tratar pacientes com deficiência nos estrogênios naturais ou naqueles que sofriam de desgaste muscular. Depois passaram a ser usados em atletas de competição.

Anabolizantes ou esteroides anabólico-androgênicos (EAA) são compostos naturais ou sintéticos, lipofílicos, que atravessam a membrana plasmática facilmente. São relacionados em estrutura ou atividade ao hormônio testosterona, responsável pela diferenciação sexual e pela massa muscular.

As drogas utilizadas por atletas são sintéticas, e sua função é maximizar os efeitos sobre a síntese proteica e com isso promover o crescimento do volume muscular, aumento de força e potência.

A testosterona é rapidamente metabolizada no fígado se administrada oralmente. A meia-vida da testosterona livre é de 10 a 21 minutos, sendo inativada no fígado pela conversão em androstenediona, e 90% de seus metabólitos são excretados na urina.

Quando combinados com alimentos, volume de exercícios, periocidade da atividade, sua capacidade de ação tende a aumentar. Esses medicamentos, geralmente são tomados com maior quantidade de proteína com o objetivo de aumentar o desempenho em esportes de força, velocidade e potência.

São compostos por dois grupos: 1) derivados esterificados administrados por via intramuscular ou transdérmicos (aplicação de cremes, bandagens ou géis), com residual ativo que permanece em ação por poucos dias até semanas; 2) derivados alcalinizados, administrados por via oral, devendo ser ingeridos diariamente, por isso são mais tóxicos ao fígado e manifestam mais efeitos colaterais por apresentarem maior efeito andrógeno.

Os anabolizantes provocam no organismo dois tipos de efeitos: 1) efeito andrógeno ou androgênico, com o desenvolvimento de características masculinas como voz e pelos; 2) efeito anabolizante, promovendo maior crescimento muscular com a mudança nos músculos, ossos e sangue.

Juntamente com a ingestão dos esteroides é necessária maior ingestão de alimentos, isto é, a ingestão calórica deve ser aumentada. A dieta deve ser rica em fontes de nutrientes essenciais e com um suprimento calórico extra de 500 kcal. Isto porque a biossíntese do músculo, embora acelerada pelos anabolizantes, não progride sem que apareça quantidade excessiva de gordura entre as extremidades. Portanto, a ingestão de mais calorias e o treinamento intenso asseguram que o músculo esteja sendo trabalhado.

Os atletas que possuem baixo percentual de gordura e usam esteroides precisam ganhar peso, pois o ganho de força será muito pequeno se o peso corporal continuar o mesmo, já que o nível de gordura é bastante baixo.

Os esteroides agem com mais intensidade nas mulheres porque estas apresentam menor taxa de andrógenos (testosterona), portanto o efeito androgênico é menor que o anabólico.

Os esteroides anabolizantes androgênicos foram inicialmente criados para serem utilizados com finalidade terapêutica em quadros de hipogonadismo, osteoporose, anemia, câncer mamário, obesidade, além de serem usados em alguns casos para tratamento de doenças cardiovasculares com efeitos antiteratogênicos e agentes antianginosos.

No entanto, devido à sua ação sobre a síntese proteica e à redução no tempo de recuperação após atividade física, seu uso se disseminou entre atletas e não atletas, que queriam aumentar a *performance* e o desempenho físicos, além promover ganho de massa corporal, força muscular ou melhor aparência física, em doses muito mais altas que as indicadas para fins clínicos.

Os diferentes tipos de esteroides, as doses utilizadas, a intensidade e a periocidade dos treinamentos e os tipos de alimentos na dieta podem resultar em efeitos não esperados.

Quando os esteroides são usados descontroladamente, por tempo prolongado, efeitos colaterais adversos são verificados, como câncer de próstata, hipertrofia cardíaca, doenças coronarianas, esterilidade e, em caso de atletas, caracterizar *doping*.

Segundo o Comitê Olímpico Internacional (COI), *doping* é definido como o uso de qualquer substância endógena ou exógena em quantidades ou vias anormais com a intenção de aumentar o desempenho do atleta em uma competição. Os EAA pertencem à classe dos agentes anabólicos que, somados a estimulantes, narcóticos, diuréticos e hormônios peptídicos, glicoproteicos e análogos, compõem as substâncias proibidas no esporte, segundo o COI.

Alguns usuários dessas drogas acreditam no efeito de acumulação, em que o uso de mais de um anabolizante provoca sinergismo – uma droga auxilia a outra. Quando utilizam esses anabolizantes por longo tempo, para evitar a estabilização das drogas, fazem a troca por outras. Acreditam que o organismo continua trabalhando da mesma forma sem a interrupção da droga que estabilizou.

Para a desintoxicação, a interrupção abrupta do uso de anabolizante não é o melhor método para que o sistema volte ao normal. O mais indicado é reduzir lentamente a dosagem.

Mudanças fisiológicas podem ocorrer devido ao excesso de treinamento. Uma dessas mudanças pode incluir o equilíbrio negativo de nitrogênio devido ao excesso de esforço. Dessa forma, ocorrem perdas de massa magra, proteínas estruturais e enzimas, anticorpos, podendo aumentar as chances de desenvolvimento de alguma patologia, como lesões e/ou doenças. O uso de anabolizantes pode diminuir ou reverter o equilíbrio negativo de nitrogênio, embora um simples acréscimo de proteínas à dieta possa solucionar o problema.

Dosagem

A dosagem varia de um anabolizante para outro; para desempenhar a função desejada é necessária uma dose mínima. Cada esteroide tem o que se chama de vida média, que é o tempo que a droga permanece no corpo. A dose para uso terapêutico é de 5 a 20 mg/dia.

Ciclagem

A ingestão deve respeitar um ciclo, que se refere à prática da manipulação da dosagem e duração do esteroide (como um anticoncepcional).

Os ciclos podem ser curtos ou longos. Os longos são mais eficazes que os curtos (ou infrequentes), os quais precisam de altas doses para produzir ganhos rapidamente, pois os aumentos de volume e força provêm da retenção de água. Nesse caso ocorre alongamento interno do músculo, fazendo com que o processo eletromecânico seja reduzido, o que proporciona maior aumento de força. A ciclagem a longo prazo permite um aumento acentuado nos elementos miofibrilares da célula, que são verdadeiros elementos contráteis desta.

Estabilização

Quando os esteroides deixam de fornecer os efeitos desejados, ou seja, ganho de força e volume, isso significa que não estão mais funcionando ao máximo porque os sítios receptores dos esteroides, responsáveis pela recepção e desenvolvimento de seu papel, se fecham. É como se o organismo se acostumasse com a droga.

Então, é necessário um programa de ciclagem, que consiste no uso de vários tipos de drogas em tempos mais curtos para impedir sua estabilização.

Vimos, então, que tanto as durações das administrações quanto as doses exercem influência na resposta anabólica.

Quanto mais alta a dose, maior o ganho de peso corporal e maior a perda de gordura. Por outro lado, é interessante checar os efeitos negativos gerados pelo uso das drogas dessa maneira.

Efeitos

Os principais efeitos androgênicos e anabólicos dos hormônios esteroides estão listados na Tabela 15.1.

Tabela 15.1
Principais Efeitos Androgênicos e Anabólicos dos Esteroides Anabólicos Androgênicos

Androgênicos	Anabólicos
Crescimento do pênis	Aumento da massa muscular
Espessamento das cordas vocais	Aumento da concentração de hemoglobina
Aumento da libido	Aumento da retenção de nitrogênio
Aumento da secreção das glândulas sebáceas	Aumento do hematócrito
Aumento de pelos no corpo e face	Redução dos estoques de gordura
Padrão masculino de pelos pubianos	Aumento da deposição de cálcio nos ossos

Sistema Nervoso e Neuromuscular

Os androgênicos e outros hormônios esteroides exercem efeitos no desenvolvimento e funcionamento do sistema nervoso, podendo alterar o número de neurônios, especialmente o tamanho. Eles também modificam a função neuromuscular, acentuando seu respectivo papel. Além disso, influenciam sistemas responsáveis pelo padrão do comportamento, tanto masculino como feminino, e ainda aumentam a capacidade e o desempenho dos usuários desse tipo de droga.

Comportamento

Os anabolizantes proporcionam um estado básico levemente eufórico, estimulam o bem-estar e a agressividade. A maior agressividade vem acompanhada de maior ímpeto para o desempenho e maior motivação esportiva, maior competitividade e resistência à fadiga.

Efeitos Colaterais

Os efeitos colaterais que a droga pode causar ao indivíduo são: mudanças nos níveis de energia, no comportamento, no odor e coloração da urina, insônia, acne, queda de cabelo, prurido, irritabilidade nervosa, esterilidade, câncer hepático, leucemia.

Meninas e mulheres que fazem uso de anabolizantes em altas dosagens durante um período mais longo desenvolvem características sexuais masculinas secundárias.

Em alguns homens, o uso de anabolizante provoca aumento de hormônios femininos e tem como consequência o aumento do tecido mamário.

Esteroides provocam redução do HDL e aumento do LDL, levando a problemas cardíacos.

Riscos

O aumento relativamente rápido da força muscular pode levar a uma sobrecarga dos tendões e ligamentos, que demoram mais para se adaptar às maiores exigências. O perigo do rompimento dos tendões e ligamentos, assim como danos na cartilagem das articulações e danos ósseos, está aumentado.

Em mulheres pode ocorrer: 1) masculinização: alteração da voz; 2) redução do crescimento: por fechamento prematuro das placas de crescimento ósseo; 3) aumento de tamanho das glândulas sebáceas; 4) acne; 5) alteração do ciclo menstrual.

Anabolizantes e a Saúde

Os anabolizantes são metabolizados e exercem efeitos em todas as células do corpo. Os efeitos dependem do tipo (oral/injetável/transdérmico), das características bioquímicas da droga e do usuário, da dosagem e do tempo de uso.

Os principais órgãos e sistemas cujas funções podem ser alteradas com resultados do uso do esteroide incluem aquelas envolvidas no transporte, metabolismo de desintoxicação, excreção das drogas e hormônios, metabolismo energético e do nitrogênio, eritropoiese (hormônio que atua na síntese de hemácias), equilíbrio de fluidos e eletrólitos, integridade da matriz óssea e equilíbrio hormonal de todo o corpo e reprodução. Esses órgãos e sistemas são: fígado, rim, testículos e glândulas sexuais secundárias, sistemas neuroendócrino, cardiovascular e esquelético.

Como o fígado desempenha uma função central no metabolismo das drogas, é uma vítima frequente da toxicidade pela sua ingestão. As lesões hepáticas causadas pela ingestão de anabolizantes se devem à interferência no mecanismo de funções excretoras do fígado. As consequências imediatas dos distúrbios induzidos pelos esteroides são: elevação dos níveis de bilirrubina (produto derivado do metabolismo da hemoglobina e expelido pelo fígado), retenção de BSP e elevação da transaminase (enzima que catalisa a conversão de aminoácidos em ácidos e vice-versa).

Os esteroides orais encontram-se também implicados em duas outras condições extremamente graves: 1) pilose hepática; as células hepáticas ficam incapazes de excretar a bilirrubina e ânions orgânicos pelos dutos biliares. A bilirrubina se acumula nas células hepáticas, resultando na degeneração leve de várias células e permitindo que o sangue escape por esses espaços, causando hemorragia; o sangue então se espalha; 2) tumores hepáticos.

Outros Hormônios

1. *GH:* hormônio do crescimento humano, usado em crianças com crescimento anormal. Seu uso em atletas pode causar gigantismo, aspereza da pele, espessamento dos ossos, crescimento dos tecidos moles, mandíbula, nariz alargado, arcadas superciliares proeminentes, projeção dos dentes superiores, paredes cardíacas enfraquecidas, coração aumentado e risco de morte antes dos 50 anos de idade. É uma droga menos facilmente detectável em testes esportivos que os esteroides.

2. *Anfetaminas:* estimulantes poderosos do SNC, têm função semelhante à da adrenalina e da noradrenalina. Os compostos com esse efeito mais usados são a Benzidrina e o sulfato de dextroanfetamina (dexedrina). Provocam elevação da pressão arterial, aumento da frequência do pulso, do débito cardíaco, da frequência respiratória, do metabolismo e da glicemia. Aumentam a capacidade de produzir trabalho com menor sensação de fadiga muscular e dor.
3. *DEH (desidroepiandrosterona):* é um hormônio fabricado nas glândulas suprarrenais, precursor da testosterona. Atletas o utilizam com a finalidade de queimar gordura, construir músculo e retardar o envelhecimento. Mas nada disso tem comprovação. O uso desse hormônio pode acarretar, a curto prazo, pele oleosa, acne, crescimento de pelos, aumento do tamanho do fígado e comportamento agressivo.

Cafeína

A cafeína está presente no café e pertence ao grupo de compostos denominados metilxantinas.

A cafeína é uma droga estimulante que favorece o desempenho e o prolongamento do exercício aeróbico devido a sua ação ergogênica. Seu efeito é observado quando doses baixas (3 a 6 mg/kg de peso corporal) são utilizadas, promovendo melhora na execução da atividade quando ingerida entre 30 e 60 minutos antes da atividade, sem oferecer risco potencial de segurança.

É absorvida rapidamente pelo organismo e alcança concentração máxima após uma hora da ingestão, ativando os sistemas nervoso, cardiovascular e muscular. Nem todos os estudos comprovam a ação benéfica da cafeína para o desenvolvimento ergogênico.

No início da atividade a cafeína estimula a liberação de ácidos graxos para o sangue, facilitando o uso das gorduras como combustível para o exercício e conservando o glicogênio, devido à redução da oxidação das reservas de carboidratos. Isso causa um efeito benéfico sobre o exercício prolongado e sobre o exercício aeróbico máximo.

É possível ainda que a cafeína exerça ação direta sobre os músculos, aumentando sua capacidade para a realização do exercício.

Na hipófise, a cafeína age sobre o retículo endoplasmático aumentando a permeabilidade ao cálcio e tornando-o mais disponível para a contração muscular.

A cafeína apresenta entre seus efeitos colaterais o efeito diurético, podendo ocorrer desidratação indesejável em atletas, o que determina uma diminuição de sua capacidade física para desenvolver a atividade. A desidratação pode levar à hipotermia, com consequente aumento da frequência cardíaca, hemoconcentração arterial, redução no volume e fluxo sanguíneo, estímulo de secreção de hormônios de estresse.

Apresenta outras consequências, como a irritabilidade acompanhada de cefaleia, insônia, distúrbios estomacais, nervosismo e diarreia. Provoca contração das artérias, elevando a pressão arterial a valores acima do normal. Como as artérias estão contraídas, o coração trabalha mais para bombear o sangue para os músculos em atividade.

Em competições é proibido o uso de cafeína em quantidades acima de 800 mg, o que equivale a 5 a 6 xícaras de infusão de café no período de duas horas antes do evento. Uma xícara (50 mL) de infusão de café fornece, em média, 30 mg de cafeína; já o café coado fornece 40 mg por xícara.

Creatina

Um número crescente de atletas tem feito uso da creatina como suplemento alimentar. A creatina é um aminoácido (ácido α-metil guanadino acético) sintetizado endogenamente pelo fígado, rins e pâncreas a partir dos aminoácidos glicina e arginina, encontrada no corpo humano nas formas livre (60% a 70%) e fosforilada (30% a 40%). Carne vermelha e peixe são fontes de creatina. A maior concentração está depositada nos músculos (95%) e o restante está presente no coração, músculos lisos, cérebro e testículos.

Pesquisadores ainda divergem se o uso de creatina sozinha é capaz de promover ativação proteica e aumento da força muscular. Não está comprovado que a suplementação de creatina pode alterar o catabolismo ou anabolismo proteico.

Capítulo 16

Antropometria e Dietética

A antropometria é usada para determinar e estudar as medidas e dimensões das diversas partes do corpo humano, de baixo custo e de fácil transporte dos equipamentos e instrumentos necessários para a determinação das medições. Essa técnica possibilita estimar a gordura corporal, a massa muscular e óssea de atletas, indivíduos ativos e sedentários sobre suas condições físicas, biológicas e de saúde.

A influência da nutrição na saúde de uma pessoa é medida com base na avaliação do seu estado nutricional. Os indivíduos precisam consumir energia suficiente para manter suas atividades cotidianas e, no caso de atletas, para suprir as altas demandas de treinamento e competição, mantendo seu peso corporal adequado e a saúde. Baixo consumo energético pode resultar em perda de massa muscular, doenças, aumento do risco de fadiga e disfunções orgânicas.

O estado nutricional envolve o exame das condições físicas do indivíduo, crescimento e desenvolvimento, comportamento, os níveis de nutrientes na urina, no sangue ou nos tecidos e a qualidade e quantidade de nutrientes ingeridos. Não só peso corporal e composição são critérios ideais para avaliar o desempenho nas atividades motoras cotidianas de um indivíduo. A medida do peso corporal pode ser utilizada para avaliar a predisposição a distúrbios alimentares como anorexia ou bulimia.

Para completa avalição são necessárias informações individuais sobre o uso de medicação, doença crônica ou tensão, situação econômica, padrões culturais e condições de vida. Ainda incluem medidas de peso e altura, perda ou ganho de peso, alterações no apetite, composição corporal, medidas de circunferências e dobras cutâneas.

Esses dados podem ser coletados por meio de um questionário de coleta de dados (anamnese) que servirá para antecipar e prevenir a desnutrição antes que ela se desenvolva.

O estado nutricional é dado pelas condições de saúde de um indivíduo, influenciadas pelo consumo e utilização de nutrientes, indicado pela correlação de informações obtidas de estudos físicos, bioquímicos e dietéticos (Christakis, 1973).

As medidas antropométricas são variáveis do estado nutricional medidas por escala numérica obtidas por instrumentos de medição como balança, fita métrica, antropômetro e paquímetro. As medições do corpo obtidas são utilizadas para avaliação do estado nutricional ou estado de saúde do indivíduo.

Anamnese

Modelo de questionário para coleta de dados.

Nome: ______________________________ Sexo: ( ) F ( ) M

Idade: __________ anos Data de aniversário: ___/___/______

Idade da 1ª menarca: _______ (F)

Idade da presença de pelos axilares: _______ (M)

1. Dados antropométricos

- Peso real atual: _______ kg
- Altura: _______ m
- Prega cutânea do tríceps direito: _______ mm
- Prega cutânea do abdômen: _______ mm
- Prega cutânea subescapular: _______ mm
- Prega cutânea suprailíaca: _______ mm
- Circunferência do pulso direito: _______ cm
- Circunferência do braço direito: _______ cm
- Cintura: _______ cm
- Quadril: _______ cm

2. Atividade física

Tipo	*Frequência (vezes/semana)*	*Duração média (horas/semana)*

3. Antecedentes étnicos e culturais

- Ascendência étnica: ____________________
- Religião: ____________________
- Alimentação: ( ) natural ( ) vegetariana ( ) mista ( ) macrobiótica ( ) vegana ( ) outra

4. Vida familiar

- Número de componentes da família: ____________________
- Número de pessoas que residem na sua casa: ____________________
- Tipo de habitação: Casa ( ) Apartamento ( ) Rural ( ) Própria ( ) Alugada ( )

5. Apetite

- Fatores que afetam o apetite: Rejeição ( ) Intolerância ( ) Nervoso ( ) Ansiedade ( )
- Fatores que influenciam a escolha dos alimentos que consome:

  (utilize a escala: 0 = nenhuma influência: 9 = influência muitíssimo)

Fatores	***Valor da escala***	***Fatores***	***Valor da escala***	***Fatores***	***Valor da escala***
Família		Propagandas (rádio, TV, revista, internet)		Aspectos de nutrição e saúde	
Amigos		Sabor dos alimentos		Convicções ambientais	
Religião		Controle de peso		Convicções humanísticas	
Facilidade de preparo					

6. Alergias e intolerâncias

- Alimentos evitados: ____________________

  ____

  Razão: ____________________

  ____
- Há quanto tempo evita: ________ meses ________ anos

7. Função gastrintestinal

- Problemas com: Flatulência ( ) Diarreia ( ) Constipação ( )
- Frequência do problema: ( ) vezes/semana
- Medicamentos caseiros: Sim ( ) Não ( ) Qual: ______
- Medicamentos: Antiácidos ( ) Laxantes ( ) Outras drogas ( )

8. Doenças crônicas

- Tratamento (asma, bronquite, rinite, alergia, glicemia, colesterol): ______
- Tempo de duração do tratamento: ______ anos/meses

9. Medicação

- Suplementação: ______
- Outras medicações: ______
- Frequência: ______ por semana

10. Alteração de peso recente (últimos 3 anos):

- Perda: ______ (kg) Ganho: ______ (kg)
- Quanto: ( ) kg
- Intencional: Sim ( ) Não ( )

Análise da Composição Corporal

O corpo humano é composto por três componentes principais: músculos, ossos e gordura. Apenas pelo peso e estatura tem-se pouca informação, e seria difícil avaliar a composição corporal de um indivíduo. As diferenças sexuais e a prática de atividade física (lazer ou competição) podem induzir a resultados não verdadeiros quando somente esses parâmetros são utilizados.

Cada pessoa exige um gasto energético mínimo necessário para manutenção de suas funções vitais e atividades físicas. Esse valor de energia requerido está relacionado com a idade, sexo, genética, intensidade, duração e tipo de atividade física realizada e com as características físicas e químicas de cada indivíduo.

O peso corporal é composto por quantidades de gordura que atuam diretamente no tipo de atividade física realizada tanto por atletas como por não atletas ou sedentários. Com o propósito de estimar o peso ideal do indivíduo, alguns métodos podem ser utilizados para quantificar a porcentagem de gordura corporal com base nas medidas antropométricas específicas, medidas de bioimpedância, circunferências corporais (cintura, quadril e punho), espessuras das dobras cutâneas. As medições também podem ser obtidas em equipamentos específicos, de custo mais alto, como a pesagem hidrostática, o pletismografia (deslocamento pelo ar) e a densitometria óssea (DEXA), e por isso comumente usados em pesquisas científicas.

Além do peso, outras sete medidas corporais também utilizadas são as dobras de bíceps, abdominal, coxa, panturrilha medial, subescapular, supraespinhal e tríceps, que auxiliam na determinação da composição corporal do indivíduo.

A composição corporal determinada por qualquer dos métodos prediz a classificação da condição do peso, projeta avaliação da porcentagem de gordura corporal e, por estimativa, sugere o peso corporal ideal para cada pessoa de acordo com suas condições físicas e atividade praticada.

Para a determinação da composição corporal e depois sua avaliação, pode-se seguir as equações descritas a seguir.

Determinação do Índice de Massa Corpórea (IMC)

$$\text{IMC} - \frac{\text{P (kg)}}{\text{h}^2\ \text{(m)}}$$

Tabela 16.1
Classificação do IMC (kg/m²)

Tipo	*IMC*
Magreza grau 3	< 16,00
Magreza grau 2	16,00 a 16,99
Magreza grau 1	17,00 a 18,49
Normalidade	18,50 a 24,99
Sobrepeso 1	25,00 a 29,99
Sobrepeso 2	30,00 a 39,99
Sobrepeso 3	≥ 40,00

Determinação da Compleição Física ou Índice de Ossatura (r)

$$r = \frac{\text{altura (cm)}}{\text{circunferência pulso direito (cm)}}$$

Tabela 16.2 Classificação do Índice de Ossatura				
r	***Homem***	***Mulher***	***Compleição***	***do PCI****
>	10,4	11,0	Pequena	Subtrair 4,5 kg
=	9,6 a 10,0	10,1 a 11,0	Média	0
<	9,5	10,1	Grande	Somar 4,5 kg

* PCI: peso corporal ideal.

Tabela 16.3 IMC Desejável (kg/m^2) de acordo com a Compleição Física		
Compleição	***Homem***	***Mulher***
Pequena	20,0	19,0
Média	22,5	21,5
Grande	24,9	23,9

Determinação do Peso Corpóreo Ideal (PCI)

Esse método estima o peso ideal baseado na estatura e compleição de um indivíduo adulto sem levar em conta o sexo.

Determinação do PCI

- Para um adulto de estatura até 152 cm, seu PCI é 45 kg;
- Para estaturas acima de 152 cm, adicionar 2,2 kg para cada 2,54 cm acima de 152 cm sobre os 45 kg;
- Somar ou subtrair 4,5 kg conforme a compleição dada na Tabela 16.3.

O peso calculado por esse método pode ter variação média de aproximadamente 10%.

Determinação da Circunferência Muscular do Braço (CMB)

$$\text{CMB (cm)} = C - \pi T$$

Sendo:

C = circunferência do braço (cm)

T = prega cutânea do tríceps (cm)

Determinação da Área Muscular do Braço (AMB)

$$AMB = \frac{(C - \pi T)^2}{12,56} - 10$$

Sendo:

C = circunferência do braço (mm)

T = prega cutânea do tríceps (mm)

d = diâmetro do braço

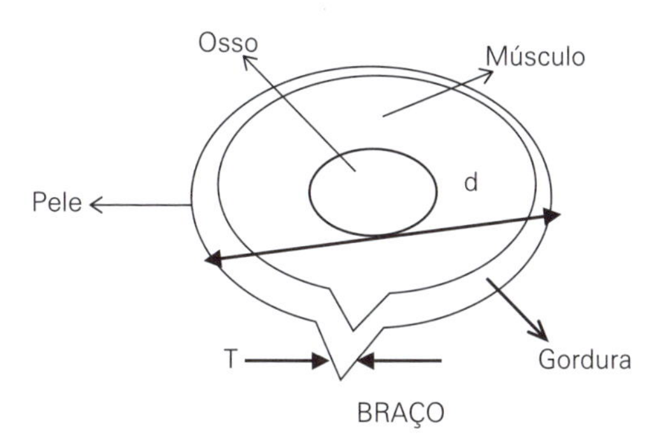

O ideal é corrigir o valor de AMB segundo as superfícies ósseas estimadas para cada sexo, empregando o valor de AMB isento do osso.

Para homens:

$$AMB = \frac{(C - \pi T)^2}{12,56} - 10$$

Para mulheres:

$$AMB = \frac{(C - \pi T)^2}{12,56} - 6,5$$

Tabela 16.4
Medidas Padrões do Tríceps (T), Circunferência Muscular do Braço (CMC), por Sexo e Idade

	T (mm)		*Subescapular (mm)*		*Somatório (mm)*		*CMB (mm)*	
Idade	***Homem***	***Mulher***	***Homem***	***Mulher***	***Homem***	***Mulher***	***Homem***	***Mulher***
16	10,1	18,2	–	–	–	–	244	218
17	9,3	19,8	–	–	–	–	246	220
18 a 24	9,5	18	11	13	20,5	31	245	222

(continua)

Tabela 16.4 Medidas Padrões do Tríceps (T), Circunferência Muscular do Braço (CMC), por Sexo e Idade (*continuação*)								
	T (mm)		*Subescapular (mm)*		*Somatória (mm)*		*CMB (mm)*	
Idade	***Homem***	***Mulher***	***Homem***	***Mulher***	***Homem***	***Mulher***	***Homem***	***Mulher***
25 a 34	12	21	14	14,5	26	35,5	–	–
35 a 44	12	23	16	17	28	40	–	–
45 a 54	11	25	16,5	20	27,5	45	–	–
55 a 64	11	25	15,5	20	26,5	45	–	–
65 a 74	11	23	15	18	26	41	–	–

Determinação da Área Gordurosa do Braço para Adultos (F)

$$F = \frac{T - C}{2} - \frac{(\pi \times T)^2}{4}$$

Sendo:

C = circunferência do braço (mm)

T = prega cutânea do tríceps (mm)

Tabela 16.5 Medidas Padrões em Adultos de Área Muscular do Braço (AMB) e da Área Gordurosa (F)		
	AMB (cm²)	***F (cm²)***
Homem	35 a 68	5 a 22
Mulher	17 a 39	8 a 42

Determinação da Porcentagem de Gordura Corporal (%G)

A quantidade de gordura corporal é expressa em percentual do peso corporal do indivíduo. Assim é possível verificar se o excesso de peso é fruto de maior acúmulo de gordura ou de maior quantidade de massa muscular.

A gordura de reserva armazenada consiste na gordura acumulada no tecido adiposo, que serve para proteção de traumatismos nos órgãos internos, além da localizada por debaixo da superfície cutânea.

As quotas padrões de armazenamento de gordura são de 12% nos homens e de 15% nas mulheres. A diferença pode ser explicada pela inclusão de gordura específica pelo sexo. A mulher apresenta de 5% a 9% de gordura específica distribuída nas mamas e regiões pélvicas, nádegas e coxas.

As mensurações das pregas cutâneas proporcionam informação bastante constante para se avaliar a gordura corporal e sua distribuição. Nesse caso, todas as medidas devem ser realizadas do lado direito do corpo, com o indivíduo em pé. As áreas mais comuns para medição das pregas cutâneas são as pregas: tricipital, subescapular, suprailíaca, abdominal e superior da coxa. Cada medida é feita por 2 a 3 vezes e o resultado é a média das medições de cada área.

Como medir cada área: a) tríceps: prega vertical no meio do braço entre o ombro e o cotovelo; b) subescapular: prega ligeiramente oblíqua imediatamente abaixo da extremidade inferior da escápula; c) suprailíaca: prega ligeiramente oblíqua diretamente acima do osso do quadril; d) abdominal: prega vertical 2,5 cm à direita do umbigo; e) coxa: prega vertical na linha média da coxa a 2/3 de distância entre a patela e o quadril.

Uma combinação de pregas cutâneas é utilizada em diversas equações propostas por cientistas para predizer a porcentagem de gordura corporal e a densidade, específicas para indivíduos de acordo com idade, sexo e tipo de atividade física praticada e raça.

A equação genérica da porcentagem de gordura não leva em consideração a idade. Com o avanço da idade ocorre um acúmulo maior de gordura, portanto a porcentagem de gordura tende a aumentar. As quatro medidas das pregas cutâneas utilizadas para essa equação são: tricipital, subescapular, suprailíaca e abdominal (em *mm*).

Para atletas de natação (Faulkner, 1968):

$$\%G = \sum 4 \text{ pregas cutâneas} \times 0{,}153 = 5{,}783$$

Tabela 16.6
Porcentagem de Gordura Ideal de acordo com o Sexo e a Idade

Idade (anos)	*Homem*	*Mulher*
< 17	10 a 20	15 a 25
18 a 29	14	19
30 a 39	16	21
40 a 49	17	22
50 a 59	18	23
> 60	21	26

Para adolescentes entre 8 e 17 anos e pós-púberes, a equação de predição de gordura de acordo com as pregas cutâneas (em mm) de bíceps (B), tríceps (T), subescapular (S) e suprailíaca (I) é assim expressa:

Meninos (entre 8 e 17 anos):

$$\%G = 1{,}35 \times (T + S) - 0{,}012 \times (T + S)^2 - 4{,}4$$ (Boileau et al., 1985)

Meninos (pós-púberes):

$$\%G = 18{,}88 \times \log (B + T + S + 1) - 15{,}58$$ (Deurenberg et al., 1991)

Meninas (entre 8 e 17 anos):

$$\%G = 1{,}35 \times (T + S) - 0{,}012 \times (T + S)^2 - 2{,}4$$ (Boileau et al., 1985)

Meninas (pós-púberes):

$$\%G = 39{,}02 \times \log (B + T + S + 1) - 43{,}49$$ (Deurenberg et al., 1990)

Para jovens entre 17 e 26 anos, a porcentagem de gordura (%G) é calculada por meio de equação que leva em consideração as espessuras das dobras cutâneas, tricipital (T) e subescapular (S).

Para mulheres:

$$\%G = 0{,}55 \times T + 0{,}31 \times S + 6{,}13$$

Para homens:

$$\%G = 0{,}43 \times T + 0{,}58 \times S + 1{,}47$$

Tabela 16.7
Padrões para Excesso de Gordura por Sexo

	Homem	*Mulher*
Superior a normalidade	> 20%	> 30%
Excessivamente obesos	50% a 70%	

A obesidade, geralmente inicia na infância, mas pode também se desenvolver na fase adulta, entre os 25 e os 44 anos. Uma vez instalada, é difícil um indivíduo se livrar do problema sem ajuda.

O acúmulo de gordura deve-se tanto ao armazenamento de gordura nos tecidos adipócitos já existentes como à formação de novas células de gordura, ou, ainda, a uma combinação de ambos. O número de células adiposas é um fator importante na diferença estrutural entre obesos e pode ser uma condição ameaçadora à vida.

Com o envelhecimento, a gordura é depositada mais internamente do que na área subcutânea. Assim, o escore de gordura das pregas cutâneas aumenta, refletindo em maior gordura corporal. Por isso, deve-se utilizar equações mais próprias para gênero e idade.

Nos homens jovens a porcentagem de gordura varia de 15% a 20%, enquanto nos idosos pode chegar a 25%. Nas mulheres jovens, a obesidade corresponde a um percentual de gordura até 30% e, nas idosas, em torno de 37%.

Por isso, em obesos as fórmulas para determinação da %G levam em consideração medidas do perímetro abdominal e massa corporal.

Para obesos de 24 a 68 anos (Weltman et al., 1987):

$$\%G = 0{,}31457 \times \text{perímetro abdominal médio} - 0{,}10969 \times \text{massa corporal} + 10{,}8336$$

Para obesas de 20 a 60 anos (Weltman et al., 1987):

$$\%G = 0{,}11077 \times \text{perímetro abdominal médio} - 0{,}17666 \times \text{estatura} + 0{,}187 \times \text{massa corporal} + 51{,}03301$$

A equação básica de porcentagem de gordura, usando a somatória de duas ou três pregas cutâneas, é:

$$\%G = \frac{\sum \text{pregas cutâneas}}{3G + K}$$

Sendo:

$$3G = 3 \sqrt{\frac{\text{peso (kg)}}{\text{altura (dm)}}}$$

$$K = \frac{\sum \text{pregas cutâneas (mm)}}{3G} \times \%G$$

Muitas vezes as equações que usam as pregas cutâneas para a predição do porcentual de gordura corporal podem gerar erros devido à dificuldade de obter medidas com precisão pelo uso de técnicas impróprias. É preciso que o técnico que realiza esse trabalho seja treinado.

Por isso, métodos que utilizam fórmulas de área superficial são mais indicados para as avaliações e podem ser empregados em diferentes populações.

Por causa das dificuldades de obtenção exata das medidas utilizadas nas equações disponíveis de cálculo de %G, pois requerem certas técnicas especializadas de medição, uma fórmula aceitável e prática de cálculo da %G é a proposta por Deurenberg et al. (1991), que explica 80% das variações da gordura corporal com erro estimado de 4%. Essa fórmula estima a proporção de gordura para adultos tendo em conta o índice de massa corpórea (IMC), a idade e o sexo:

$$\%G = 1{,}2 \times IMC + 0{,}23 \times idade - 10{,}8 \times sexo - 5{,}4$$

Sendo:

Sexo feminino = 0

Sexo masculino = 1

Outras fórmulas compõem propostas para cálculo da %G por diversos autores.

Tabela 16.8
Equações Propostas para Cálculo da %G

Referências	***Equações preditivas***
Gallagher et al. (2000)	%GCT = 64,5 – 848 × (1/IMC) + (0,079 × idade) – (16,4 × sexo*) + (0,05 × sexo* × idade) + (39,0 × sexo*) × (1/IMC) *sexo: homens = 1; mulheres = 0
Lean et al. (1996)	Homens: %GCT = (0,567 × PC) + (0,101 × idade) – 31,8 Mulheres: %GCT= (0,439 × PC) + (0,221 × idade) – 9,4
Lean et al. (1996)	Homens: %GCT = (1,33 × IMC) + (0,236 × idade) – 20,2 Mulheres: %GCT = (1,21 × IMC) + (0,262 × idade) – 6,7

%GCT = gordura corporal total (%); IMC = índice de massa corporal (kg/m^2); idade (anos); PC = perímetro da cintura (cm).

Determinação da Massa Magra (MG)

O cálculo da massa de gordura (MG) do conteúdo corporal é dado pela equação:

$$MG = \frac{\%G}{100} \times P$$

Sendo: P = peso corporal real (kg)

A massa corporal magra inclui reservas ricas em lipídeos na medula óssea, no cérebro, na coluna vertebral e nos órgãos internos, enquanto a massa corporal livre de gordura se restringe a toda massa corpórea isenta de gordura.

O cálculo do peso corporal magro ou massa magra (PCM) é dado pela equação:

$$PCM = P - \frac{\%G}{100} \times P$$

O ideal de gordura é variável para cada pessoa, dependendo de fatores genéticos, atividade física ou sedentarismo, hábitos alimentares e idade.

O peso corporal "ótimo" ou desejável pode ser calculado com base em um nível desejado de gordura corporal, pela equação:

$$\text{Peso corporal desejável} = \frac{PCM}{1{,}0 - \%G \text{ desejável}}$$

Determinação de Índice Abdominal Glúteo (IAG)

A distribuição da gordura corporal é um indicativo dos possíveis riscos à saúde provocados pela obesidade, como diabetes, hipertensão, hiperlipemia e doenças cardiovasculares.

A medida da circunferência da cintura é determinada ao nível do umbigo, relaxado sem encolher o estômago. Já a do quadril é a medida no ponto da maior circunferência. A obesidade de risco é dada quando o indivíduo supera 100 cm de cintura.

O IAG prenuncia o tipo de obesidade, e seu risco está diretamente relacionado com o conteúdo de gordura intra-abdominal.

$$IAG = \frac{Cc}{Cq}$$

Sendo:

Cc = circunferência da cintura (cm)

Cq + circunferência do quadril (cm)

Tabela 16.9
Risco à Saúde de acordo com o Índice Abdominal Glúteo (IAG)

Sexo	***Risco à saúde***		
	Baixo	***Moderado***	***Alto***
Homem	< 0,82	0,82 a 0,90	> 0,90
Mulher	< 0,72	0,72 a 0,80	> 0,80

Índices de cintura/quadril altos podem levar à morte por doença arterial coronária. Algumas células são mais eficientes na absorção de gordura que outras. Isso explica por que certos depósitos são mais difíceis de serem removidos.

A lipoproteína lipase é uma enzima que controla a saída de gordura das células adiposas, facilitando a utilização da gordura para provimento de energia. Quando essa enzima está descontrolada, ocorrem mudanças na distribuição de gordura no corpo.

A distribuição da gordura tem papel importante no desenvolvimento de doenças. Nesse caso, homens e mulheres apresentam formato estrutural diferente, maçã para os homens (androide) e pera para as mulheres (ginoide). Em ambos, o excesso de peso se acumula acima da cintura, com aumento dos níveis sanguíneos de glicose e triglicerídeos, aumentando a possibilidade de hipertensão. Nas mulheres ocorre ainda o risco de desenvolvimento de câncer de mama e útero.

Análise do Gasto Energético

Cálculo da Taxa Metabólica Basal (TMB)

Taxa metabólica basal é definida como a necessidade energética mínima exigida para atividade básica em repouso, na situação de vigília (sem dormir). A TMB mede a quantidade de calor produzida pelo organismo. O metabolismo basal e o de repouso podem ser utilizados de forma permutável. É proporcional à superfície corporal e está diretamente relacionada com a idade. Geralmente é maior nos homens que nas mulheres por suas diferenças de massa corporal magra.

A TMB, em mulheres adultas, varia com o ciclo menstrual, podendo alcançar valores até 395 kcal/dia no ponto mais alto antes da menstruação.

O hormônio de crescimento pode aumentar a TMB em cerca de 10% a 20%. A estimulação do sistema nervoso, durante uma excitação emocional, aumenta a liberação de adrenalina, aumentando a glicogenólise e, por consequência, a TMB. Outros hormônios, como a insulina e o cortisol, também alteram a taxa do metabolismo basal.

O grau de relaxamento muscular influi na quantidade de energia liberada. Quanto mais relaxado o músculo, menor será a TMB.

Infecções ou febre aumentam em cerca de 13% a TMB para cada aumento de um grau de temperatura acima de 37 °C. Durante o sono a taxa metabólica basal cai aproximadamente 10%, devido ao relaxamento muscular e à diminuição da atividade do sistema nervoso. E diminui 2% a cada década durante a fase adulta. Para atletas deve-se somar 5% à TMB.

A taxa metabólica basal pode ser calculada por vários métodos, e os resultados terão uma relação de aproximadamente 10% a 15% de diferença entre eles.

Pelo Método Simplificado

Tabela 16.10
Cálculo Estimado da TMB por dia em Indivíduos Sãos, de Peso e Idade Médios

Sexo	*(kcal/kg de peso corporal) × 24 horas*
Homem	1,0
Mulher	0,95

Os valores para homens e mulheres são diferentes por diferirem na composição corpórea. A mulher possui mais gordura, o que lhe oferece mais energia. O homem possui maior desenvolvimento muscular.

De acordo com a Equação da FAO/OMS/ONU (1985)

Tabela 16.11
Equações de Cálculo de TMB por Sexo e Idade para Adolescentes e Adultos

Indivíduo	*Idade (anos)*	*TMB (kcal/dia)*
Homem	10 a 18	17,5 P* + 651
	18 a 30	15,3 P + 679
	31 a 60	11,6 P + 879
	> 60	13,5 P + 487
Mulher	10 a 18	12,2 P + 746
	19 a 30	14,7 P + 496
	31 a 60	8,7 P + 829
	> 60	10,5 P + 596

* P = peso ideal.

De acordo com a Equação Geral

Este método leva em conta a idade, o sexo, o peso e a estatura do indivíduo.

$$\text{TMB (mulher)} = 655 + (9,6 \times P) + (1,85 \times E) - (4,7 \times I)$$

$$\text{TMB (homem)} = 66 + (13,7 \times P) + (5,0 \times E) - (6,8 \times I)$$

Sendo:

P = peso, em kg

E = estatura, em cm

I = idade, em anos

Para obesos, o uso de equações que consideram a superfície corpórea resulta em uma superestimação da TMB, pois o tecido adiposo não é metabolicamente ativo como a gordura livre. O correto seria determinar a TMB através da massa magra, com pesagem submersa em água.

Cálculo da Necessidade Energética Diária para Adultos (RDA)

O gasto energético total diário de uma pessoa é a soma total da energia requerida pelo metabolismo basal e de repouso, das influências termogênicas (especialmente o efeito térmico do alimento) e da energia gerada na atividade física.

A termogênese produzida pela dieta atinge o valor máximo uma hora após a refeição e pode variar de 10% a 25% da energia do alimento ingerido, dependendo da quantidade e do tipo consumido.

Para o cálculo da RDA é possível classificar as diferentes ocupações quanto ao gasto energético, observando-se que há grande variação no gasto energético diário, resultante da atividade física individual. Além disso, indivíduos com mais peso gastam mais energia em atividades físicas que seus companheiros mais leves.

Há vários métodos que podem ser empregados para cálculo da RDA. Os mais precisos são os que usam medidas tanto por calorimetria direta ou indireta por consumo de oxigênio e gás carbônico, os quais são dispendiosos. Os mais práticos são aqueles que utilizam fórmulas.

Pelo Método Fatorial ou Múltiplos da TMB (FAO/OMS/ONU (1985)

A FAO estabelece as necessidades de energia baseadas no método fatorial, que adota o princípio de cálculo de todos os componentes do gasto energético total como múltiplos da TMB.

$$\text{RDA} = \text{TMB} \times \text{FA}$$

Sendo:

TMB = taxa metabólica basal

FA = fator atividade (energia bruta por atividade)

O Fator Atividade (FA) é dado pelos gastos energéticos referentes a sono, atividades e ocupações, assim classificadas:

a) **Sono:** estimado em 8 horas diárias, sendo atribuído o valor 1.

b) **Necessidades energéticas para atividades ocupacionais:** variam segundo tipo, tempo e tamanho do indivíduo. Classificam-se em leve, moderada e intensa. Para as necessidades por dia, estimar 7 dias em média de horas semanais trabalhadas. As ocupações classificam-se em leve, moderada e intensa de acordo com o seu grau de intensidade.

c) **Necessidades energéticas para atividades discricionais:** atividades socialmente desejáveis, como:

   i. Trabalho doméstico e recreativas: limpeza pesada da casa e roupas, compras, cinema, clube, praia, sendo atribuído o valor 3.

   ii. Manutenção cardiovascular e muscular: aplicado para gasto energético intenso de exercícios. A FAO/WHO/ONU propõe o período de 20 minutos/dia, sendo atribuído o valor 6.

d) **Necessidades para o tempo restante:** inclui o tempo gasto com higiene pessoal, estudar ou ler, TV, atividades domésticas leves, sendo atribuído o valor 1,4.

Tabela 16.12
Custo Energético das Atividades Físicas por Sexo

Grau de atividade	***Descritivo***	***Custo energético médio***	
		Mulheres	***Homens***
Sedentário	Sentado ou recostado tranquilamente	1,2	1,2
Leve	75% do tempo sentado ou em pé 25% do tempo em pé/movimentando-se	1,7	1,7
Moderado	25% do tempo sentado ou em pé 75% do tempo de atividade ocupacional específica	2,2	2,7
Intenso	40% do tempo sentado ou em pé 60% do tempo de atividade ocupacional específica	2,8	3,8

Tabela 16.13 Categorias de Ocupação por Sexo		
Grau	***Mulheres***	***Homens***
Sedentário	Dirigir veículo, trabalho manual, em pé parado	Dirigir veículo, trabalho manual, em pé parado
Leve	Empregadas de escritório, donas de casa com eletrodomésticos, professoras	Empregados de escritório e comércio, desempregados
Moderado	Operárias de indústria leve, donas de casa sem eletrodomésticos, estudantes, empregadas de comércio	Operárias de indústria leve e da construção civil (serviços leves), estudantes, pescadores, soldados fora da ativa, agricultor
Intenso	Trabalhadoras de fazenda, operárias da construção civil, dançarinas e atletas	Trabalhadores agrícolas (pesado), trabalhadores florestais, soldados da ativa, mineiros, siderúrgicos, lenhadores, ferreiros, atletas

Pelo Método da Tabela de Classificação de Atividade em Múltiplo de MMB

Esse método estima o gasto médio de energia, segundo o tipo de atividade, por sexo e faixa etária, em múltiplos do metabolismo basal (MMB) ou pelo peso (P) em kcal/kg/dia.

Tabela 16.14 Classificação de Atividade, MMB e TMB, por Sexo e Idade					
Idade (anos)	***Atividade***	***Homens***	***Mulheres***	***Homens***	***Mulheres***
		MMB	***TMB (kcal/kg/dia)***	***MMB***	***TMB (kcal/kg/dia)***
18,1 a 30	Leve	1,55	42 a 38	1,55	39 a 35
	Moderada	1,80	49 a 45	1,65	42 a 38
	Intensa	2,10	57 a 52	1,80	45 a 41
30,1 a 65	Leve	1,55	42 a 37	1,55	41 a 35
	Moderada	1,80	49 a 43	1,65	43 a 37
	Intensa	2,10	57 a 50	1,80	47 a 40
> 65	Leve	1,40	29	1,40	30
	Moderada	1,60	34	1,60	34
	Intensa	1,90	40	1,80	33

RDA = TMB × MMB   ou   RDA = TMB × P

Pelo Método do Tempo Despendido nas Diversas Atividades Físicas Diárias

Os valores de A_i por atividade estão descritos na Tabela 16.15.

$$RDA = \frac{\sum_{i=1}^{n} A_i \times t_1}{24} \times TMB$$

Sendo:

A_i = fator atividade

t_i = tempo despendido por atividade

Tabela 16.15
Energia Despendida durante Vários Tipos de Atividade

Tipo de atividade	*A (kcal/min)*	*Tipo de atividade*	*A (kcal/min)*
Dormir	1,2	Vôlei	3,5 a 8,0
Deitar, quieto	1,3	Pingue-pongue	4,9 a 7,0
Parado, normal	1,5	Ginástica	5,0
Conversar	1,8	Ciclismo	5,0 a 12,0
Higiene pessoal	2,0	*Skate*	5,0 a 12,0
Escrever	2,6	Basquete	6,0 a 9,0
Banhar e vestir	2,6	Tênis	7,0 a 11,0
Dirigir carro	2,8	Futebol	13,3
Lavar roupas	3,1	Natação (recreação)	6,0
Arrumar a cama	3,4	Dança	4,2 a 7,7
Andar no plano	7,1	Corrida	10,0 a 25,0

Pelo Método Detalhado

$$RDA = TMB - sono + atividade + ADE$$

O sono corresponde a menos 10% da TMB. Quando dormimos, a TMB diminui porque ocorre relaxamento muscular e diminuição da atividade do sistema nervoso.

$$Sono = 0{,}1\ kcal \times P\ (kg) \times horas\ de\ sono$$

A atividade é obtida da Tabela 16.14, de acordo com o grau da atividade física em múltiplo do metabolismo basal (MMB).

$$RDA\ atividade = TMB \times MMB$$

A ação dinâmica específica (ADE) corresponde à energia usada para o metabolismo de uma dieta mista para digestão, absorção e assimilação. Somar 10% sobre a RDA.

$$ADE = RDA \times 0,1$$

Em climas frios, somar 10% sobre a RDA; em climas quentes, subtrair 10% da RDA. Para gestantes, somar 300 kcal sobre a RDA; para lactentes, somar 500 kcal sobre a RDA.

Cálculo da Necessidade Energética Diária para Crianças (RDA)

Para crianças de zero a dez anos há três métodos mais indicados.

Pelo Método da RDA Indicado pela FAO/OMS/1985

Tabela 16.16
Valor Energético (RDA) para Crianças de Zero a Dez Anos, por Sexo

Faixa etária	*RDA (kcal/kg/dia)*	
	Masculino	*Feminino*
0 a 3 meses	116	116
3 a 6 meses	99	99
6 a 9 meses	95	95
9 a 12 meses	101	101
1 a 2 anos	104	104
2 a 3 anos	104	102
3 a 4 anos	99	95
4 a 5 anos	95	92
5 a 6 anos	92	88
6 a 7 anos	88	83
7 a 8 anos	83	76
8 a 9 anos	77	69
9 a 10 anos	72	62

Pelo Método do *National Research Council* (1989)

As fórmulas foram baseadas nas equações da taxa metabólica basal (TMB).

Tabela 16.17 Gasto Energético (RDA) segundo Faixas Etárias	
Faixa etária	***RDA (kcal/kg/dia)***
0 a 5 meses	108
5 meses a 1 ano	98
1 a 3 anos	102
4 a 6 anos	90
7 a 10 anos	70

Pelo Método de Prentice et al. (1988)

Tabela 16.18 RDA segundo a Faixa Etária de Zero a Um Ano	
Faixa etária	***RDA (kcal/kg/dia)***
0 a 6 meses	95
6 a 12 meses	84

Cálculo da Necessidade Energética Diária para Adolescentes (RDA)

Dois métodos são indicados para o cálculo da RDA para adolescentes.

Cálculo pelo Método da Taxa do Metabolismo Basal (TMB)

Para calcular a TMB, por faixa etária de 10 a 18 anos e sexo, utilizam-se as seguintes equações:

Para sexo masculino

$$TMB = 17{,}5 \times P + 651$$

Para sexo feminino

$$TMB = 12{,}2 \times P + 746$$

O resultado da TMB calculada é multiplicado pelo fator atividade, conforme a Tabela 16.19.

Tabela 16.19 RDA de acordo com a TMB e o Fator Atividade por Sexo e Idade		
Faixa etária	***Masculino***	***Feminino***
10 a 11 anos	TMB × 1,76	TMB × 1,65
11 a 12 anos	TMB × 1,73	TMB × 1,63

(*continua*)

Tabela 16.19 RDA de acordo com a TMB e o Fator Atividade por Sexo e Idade (*continuação*)		
Faixa etária	***Masculino***	***Feminino***
12 a 13 anos	TMB × 1,69	TMB × 160
13 a 14 anos	TMB × 1,67	TMB × 1,58
14 a 15 anos	TMB × 1,65	TMB × 1,57
15 a 16 anos	TMB × 1,62	TMB × 1,54
16 a 17 anos	TMB × 1,60	TMB × 1,53
17 a 18 anos	TMB × 1,60	TMB × 1,52

Pelo Método *National Research Council* (1989)

As fórmulas foram baseadas nas equações da taxa de metabolismo basal (TMB), segundo faixas etárias.

Tabela 16.20 RDA de acordo com a TMB, segundo Sexo e Idade		
Faixa etária	***RDA (kcal/kg/dia)***	
	Masculino	***Feminino***
11 a 14 anos	55	47
15 a 18 anos	45	40

Dietética

Determinado o gasto energético diário (RDA), pode-se determinar a dieta para cada indivíduo, distribuindo os nutrientes de forma balanceada, de acordo com a necessidade individual.

Cálculo da Necessidade de Cada Nutriente

- Determinação da necessidade de proteína:

Proteína (g) = (0,8 × peso (kg)/dia

Proteína (kcal) = (proteína (g) × 4 kcal/g

- Determinação da necessidade de lipídeo:

Lipídeo (g) = 1 a 2 (g) × peso (kg)/dia

Lipídeo (kcal) = lipídeo (g) × 9 kcal/g

- Determinação da necessidade de carboidrato:

$$\text{Carboidrato (g)} = 4 \text{ a } 6 \text{ (g)} \times \text{peso (kg)/dia}$$

$$\text{Carboidrato (kcal)} = \text{carboidrato (g)} \times 4 \text{ kcal/dia}$$

Distribuição Recomendada dos Nutrientes na Dieta

A necessidade energética de um indivíduo deve ser atingida obedecendo aos critérios adequados da distribuição dos nutrientes para indivíduos sãos, de peso e estatura padrões (homem referência: 20 a 24 anos, 170 cm de estatura, 70 kg; e mulher referência: 20 a 24 anos, 163,4 cm de estatura, 56,7 kg).

Tabela 16.21
Necessidade Energética na Dieta em % RDA

Nutriente	***% da RDA***
Proteína	10 a 30
Lipídeo	25 a 35
Carboidrato	45 a 65

Distribuição da Energia por Refeição

A distribuição da energia diária recomendada será equilibrada se for planejada, evitando acúmulo de um ou mais nutrientes numa só refeição, o que resultaria em possível aumento da massa gorda.

Tabela 16.22
Distribuição Energética por Refeição

Refeição	***%***
Café da manhã	25
Almoço e lanche da tarde	40 a 45
Jantar	30 a 35

Balanceamento de Cardápio

Para avalição da dieta consumida por um indivíduo ou população é necessário listar todos os alimentos distintos habitualmente ingeridos em 3 a 4 dias, incluindo um dia de final de semana, assim como a quantidade consumida de cada um dos alimentos listados e sua composição química (carboidrato, proteína, lipídeo). Em caso de alimento processado, verificar as informações contidas no rótulo para preencher adequadamente o questionário.

Então, processar o cálculo do valor calórico total (VCT) da dieta e o total de proteína corrigida em kcal (Tabela 16.23); determinar o NPU de cada alimento (Tabela 16.24); calcular o NDPcal% da dieta.

Tabela 16.23
Alimentos Consumidos no Dia por Indivíduo

Alimento	*Quantidade (g)*	*kcal*	*Carboidrato (g)*	*Lipídeo (g)*	*Proteína bruta (g)*	*Proteína corrigida (g)***
xxx						
xxx						
xxx						
Σ		VCT*				

* VCT: valor calórico da dieta (kcal);
** Proteína corrigida: proteína bruta (g) × NPU (g).

Valores de NPU

NPU é o fator de correção relacionado com a digestibilidade e o valor biológico da classe alimentar. Indica o aproveitamento da proteína pelo organismo de acordo com a fonte alimentar.

Tabela 16.24
Fator de Correção para Proteína Ingerida
(Proteína Corrigida, em Gramas)

Alimento	*NPU*
Carne/ovo/leite e derivados	0,7
Leguminosas	0,6
Cereais	0,5
Outros	0

Cálculo da NDPcal

É o valor energético oferecido pela proteína corrigida da dieta.

NDPcal = proteína corrigida (g) × 4 kcal/g

Cálculo de NDPcal%

É a porcentagem de energia oferecida pela proteína corrigida da dieta em relação à energia total bruta da dieta (VCT).

$$NDPcal\% = \frac{NDPcal}{VCT} \times 100$$

NDPcal% deve estar na faixa entre 6% e 14%. Valores menores que 6% indicam ingestão de proteína de baixa qualidade na dieta. Valores maiores que 14% indicam ingestão em excesso de proteína na dieta não aproveitada e que será eliminada nas fezes.

Cálculo da Energia Produzida por Bebidas Alcoólicas

As bebidas alcoólicas também são energéticas, e a energia por elas fornecida é função do seu teor alcoólico. Pode ser assim calculada:

$$\text{Energia (kcal)} = [0{,}8 \text{ (kcal)} \times \text{teor alcoólico/onça}] \times \text{onça}$$

Sendo:

0,8 kcal/teor alcoólico/onça = fator de correção para a densidade calórica do álcool (7 kcal/g álcool), pois nem todo o álcool da bebida é disponível para energia

1 copo = 4 onças = 160 mL

7 kcal/g = energia fornecida por 1 g de álcool

Exemplo:

- Para 2 copos de vinho (4 onças = 160 mL/copo) com 12% de álcool.
- 2 copos = 12% (teor alcoólico) × 2
- 2 copos = 4 onças × 2 = 8 onças
- energia = 12% × (160 mL × 2 copos) × densidade do álcool × 7 kcal/g
- energia = 0,8 × (12 × 2) × (4 × 2)
- energia = 154 kcal

Cálculo do Calor Produzido pelo Corpo

A quantidade de calor produzido pelo corpo pode ser medida por métodos diretos ou indiretos.

Pelo método direto, o indivíduo é colocado em um calorímetro especial no qual é medido o calor produzido. Pelo método indireto, a taxa de metabolismo é medida com base no oxigênio consumido e na produção de dióxido de carbono, em determinado período.

É determinado pelo coeficiente respiratório (QR):

$$QR = \text{moles } CO_2 \text{ expirado/moles } O_2 \text{ consumido}$$

O QR depende da mistura de combustíveis (proteína, lipídeo, carboidrato) que está sendo metabolizada. Como se consome uma dieta mista, pode-se utilizar um fator apropriado, aproximado, para estimar o consumo energético corpóreo.

$$QR = 5 \text{ kcal/litro } O_2 \text{ consumido}$$

Conclusão Geral da Condição Nutricional do Indivíduo

- Comparar o peso real com o peso ideal;
- Comparar o VCT da dieta com a RDA;
- Avaliar a quantidade de cada nutriente da dieta em gramas;
- Avaliar a ingestão proteica pelo NDPcal%.

Porções Alimentares

Para uma dieta de 2.000 kcal, considerada padrão médio de gasto energético entre homens e mulheres para fins de rótulo alimentar, uma porção de alimento de cada grupo corresponde a:

CEREAIS, PÃES, TUBÉRCULOS e RAÍZES (150 kcal):

- 1 fatia de pão de forma ou 1 pão francês (50 g);
- 30 g cereal pronto para comer;
- ½ copo de cereal, arroz ou pasta;

VERDURAS e HORTALIÇAS (15 kcal):

- 1 copo de verduras cruas;
- ½ copo de verduras cozidas;
- ¾ copo de suco de verdura;
- ½ copo de batata.

LEGUMINOSAS (55 kcal):

- ½ xícara de chá de leguminosas secas.

FRUTAS (35 kcal):

- 1 maçã, banana, laranja;
- ¾ copo de suco de fruta;
- ½ copo de fruta cortada, cozida ou enlatada.

LEITE e DERIVADOS (120 kcal):

- 1 copo de leite ou iogurte;
- 30 g queijo fresco ou ricota;
- 60 g queijo processado.

CARNE e OVOS (190 kcal):

- 100 g carne, ave ou pescado cozidos.
- 60 g mortadela;
- 1 ovo.

ÓLEOS E GORDURAS (73 kcal):

- 1 colher de sopa de margarina ou óleo.

AÇÚCARES e DOCES (110 kcal):

- 1 colher de sopa de açúcar refinado (25 g).
- 2½ colheres de sopa de mel (37,5 g).

Medidas Caseiras

Tabela 16.25
Equivalência de Medidas Caseiras em Gramas

Medida caseira	*Medida equivalente*
Colher de sopa	10 a 20 g
Colher de sobremesa	10 a 15 g
Colher de café/chá	5 g
Colher de servir	60 a 80 g/mL
Xícara de chá	120 a 150 g/mL
Xícara de café	50 g/mL
Copo	200 g/mL
Concha	90 a 100 g/mL
Escumadeira	60 a 100 g

Divisões dos Grupos Alimentares da Pirâmide Adaptada

Tabela 16.26
Subgrupos da Pirâmide Alimentar Adaptada e Suas Porções

Grupo de alimento	*Número de porções*	
	Mínimo	*Máximo*
Cereais, pães, raízes, tubérculos	5	9
Hortaliças	4	5
Frutas	3	5
Leguminosas	1	1
Leite e derivados	3	3
Carnes e ovos	1	2
Óleos e gorduras	1	2
Açúcares e doces	1	2

Proposta de Dietas

Tabela 16.27
Distribuição Ideal de kcal na Dieta, por Classe de Nutrientes e Indivíduos

Dieta (kcal)	*%*			*Indicação*
	Proteína	*Carboidrato*	*Lipídeo*	
Limites	*10% a 30%*	*45% a 65%*	*25% a 35%*	
1.600	15	62	23	Mulheres sedentárias/idosos
2.200	14	59	27	Adolescentes femininos/ mulheres com atividade intensa/homens sedentários
2.800	15	60	25	Adolescentes masculinos/ homens com atividade intensa

Capítulo 17

Biossegurança Alimentar

O termo biossegurança surgiu na década de 1970 como ferramenta de proteção para monitorar os riscos oferecidos por microrganismos descobertos em laboratório e que causavam infecções nos que manuseavam tais experiências e no meio ambiente e para certificar os processos de produção, ensino, prestação de serviços e desenvolvimento tecnológico.

De 1979 a 1984, várias etapas se sucederam até a criação pela OMS (Organização Mundial da Saúde) e pelo Centro de Controle de Doenças do sistema de classificação de microrganismos perigosos, os quais, agrupados, formaram o conjunto de preocupações de risco chamadas de Nível de Biossegurança, adotado por muitos países na comunidade europeia.

Biossegurança é definida pela FAO (*Food and Agriculture Organization*) como o uso adequado do solo, sem riscos para o meio ambiente, seguro para o consumo e sustentável para produzir produtos biotecnológicos, por meio da aplicação de instrumentos, mecanismos de monitoramento, fiscalização e rastreabilidade apropriados e do cumprimento de todos os pré-requisitos.

Agência Nacional de Vigilância Sanitária (Anvisa) define biossegurança como: "condição de segurança alcançada por um conjunto de ações destinadas a prevenir, controlar, reduzir ou eliminar riscos inerentes às atividades que possam comprometer a saúde humana, animal e o meio ambiente".

Há séculos é grande o interesse de pesquisadores para o desenvolvimento de plantas mais resistentes com o objetivo de aumentar a produtividade e qualidade de alimentos no mundo. As pesquisas na área da engenharia genética permitiram o desenvolvimento da tecnologia do DNA recombinante, e com isso foi possível realizar alterações no seu genoma.

A grande inovação presente nas plantas transgênicas são os genes que, após selecionados, são inseridos no genoma de uma planta. Cada novo produto em desenvolvimento é denominado um evento transgênico (genótipo – material genético – que recebe um ou mais genes de outras espécies). Depois que os genes são adicionados às plantas, aquelas que mantiverem as características da "planta mãe" e a nova característica desejada podem dar origem a um novo evento daquela cultivar.

Dessa tecnologia surgiram os produtos transgênicos ou organismos geneticamente modificados (OGM), que puderam ser aplicados em diversas áreas, como medicina, saúde, agricultura, produção e processamento de alimentos, produção bioquímica, controle de pragas e doenças e bioerradicação.

Em vista das discussões na sociedade brasileira, em 24 de março de 2005 foi criada, pela Lei nº 11.105, a Comissão Técnica Nacional de Biossegurança (CTNBio), integrante do Ministério da Ciência e Tecnologia, uma instância colegiada multidisciplinar de caráter consultivo e deliberativo com o propósito de prestar apoio técnico e assessoramento ao Governo Federal para a implementação da política nacional de biossegurança. A sua finalidade é avaliar os cuidados necessários de manipulação, dar suporte e liberação ao cultivo e descarte de produtos transgênicos e derivados, estabelecer normas de segurança de proteção à saúde humana e animal, meio ambiente, transporte e comercialização desses produtos.

Lei de Biossegurança do Brasil (Lei nº 11.105/2005):
Suas diretrizes representam um estímulo ao avanço científico na área de biossegurança e biotecnologia, proteção à vida e à saúde humana, animal e vegetal, identificada na observância do princípio da precaução. Antes de um OGM ser liberado para comercialização, a CTNBio faz a análise técnica de sua biossegurança sob os aspectos vegetal, ambiental e de saúde humana e animal. Um dos requisitos para aprovação de um alimento GM é a comparação de todos os componentes com uma versão não modificada da cultura. Só podem ser comercializados produtos que apresentem como diferença única e exclusiva a característica inserida.

É a própria Lei de Biossegurança que reflete os princípios da Política Nacional de Biossegurança (PNB). No entanto, ela exerce atribuições específicas visando estabelecer medidas de controle e fiscalização de atividades que envolvam Organismos Geneticamente Modificados (OGM) e seus derivados.

A PNB é de responsabilidade do Conselho Nacional de Biossegurança – CNBS, que é assessorado por uma equipe de especialistas que formam a Comissão Técnica Nacional de Biossegurança (CTNBio).

A tecnologia dos OGM permite a introdução de plantas mais resistentes com a finalidade de aumentar a produção de alimentos, fármacos, fibras, óleos e criar produtos que atendam às necessidades de alimentação mundial, com a otimização da composição de certos nutrientes essenciais à saúde animal e humana, além de acentuar relações econômicas entre nações.

Foi a soja a cultura que inseriu, definitivamente, os transgênicos na agricultura, aprovada nos Estados Unidos em 1995. No Brasil, a autorização para o cultivo de plantas transgênicas chegou com a primeira soja tolerante a um herbicida, em 1998. Desde então, mais de 110 plantas geneticamente modificadas foram aprovadas e liberadas para plantio em escala comercial.

Outras culturas com tecnologia OGM aprovadas no país são: algodão, cana-de-açúcar, eucalipto, feijão, milho e soja, que apresentam características como: resistência a vírus; tolerância e resistência a herbicidas, insetos, pragas e à seca; aumento da fertilidade, qualidade, produtividade; preservação do meio ambiente; sustentabilidade.

Novos produtos estão sendo desenvolvidos e analisados pela biotecnologia e aprovados no Brasil. Entre eles estão as vacinas para uso animal e humano, medicamento contra o câncer, mosquito para o controle da dengue e diversos microrganismos com aplicação na indústria e que representam apenas alguns exemplos que ilustram a diversidade de análises de biossegurança conduzidas em nosso país.

Mas essa tecnologia traz preocupações nas áreas científica, econômica e política, em relação ao emprego dos OGM na agricultura, em possíveis problemas para a saúde animal e humana, assim como nos impactos causados ao meio ambiente. Por isso, agências governamentais foram instituídas com o intuito de controlar e regulamentar a utilização desse método para a garantir a segurança dos produtos desenvolvidos.

A preocupação com a biossegurança alimentar se tornou mais evidente com o aparecimento e desenvolvimento dos OGM, desde a criação até o emprego em novos produtos e derivados.

Embora o foco das discussões esteja no uso dos produtos geneticamente modificados, a atenção deve se voltar para outras áreas da biossegurança, como controle de ressurgimento de doenças infecciosas, necessidade de novas vacinas, identificação de rotas de disseminação, rede e intercâmbio de informação nas áreas de biossegurança e biotecnologia, pesquisa de novas aplicações de tecnologia de DNA recombinante, revisão de guias e documentos nacionais e internacionais de acordo com as pesquisas desenvolvidas, alergênicos e segurança alimentar.

Nas últimas décadas, novos hábitos e atitudes têm contribuído para o surgimento de novas doenças, por exemplo: comportamento humano, mudanças climáticas, eventos sociais, saúde pública, alterações microbianas, novas tecnologias de produção alimentar, cuidados com a saúde.

Não só os agentes biológicos são os responsáveis pela disseminação de doenças em plantas, animais e no homem ou pelos prejuízos ambientais. Por essas questões, a biossegurança deve estar presente no controle dos riscos e dos prejuízos que as tecnologias científicas emergentes podem provocar, com a adoção estratégica de políticas de proteção à sociedade e à biodiversidade e na área de biotecnologia.

Na biossegurança são considerados agentes biológicos todos os organismos ou moléculas com capacidade de causar uma infecção biológica em um ser vivo. São exemplos de agentes biológicos: vírus, bactérias, fungos, protozoários e moléculas de RNA ou DNA sintéticos, vacinas, microrganismos (como leveduras e microalgas) e o mosquito *Aedes aegypti*, transmissor de doenças como dengue, Zica e febre *chikungunya*.

Cada país é responsável por desenvolver suas próprias políticas nacionais de biossegurança, a fim de conhecer e minimizar impactos à saúde, economia e ao meio ambiente provenientes do contato e transmissão de agentes biológicos advindos da globalização.

Em 2018, foi instituído o Grupo de Trabalho de Biossegurança e Bioproteção – GT-BIO, coordenada pelo Ministério da Defesa, com a finalidade de propor ações e medidas de biossegurança de acordo com os interesses da saúde, agropecuária, defesa e segurança nacional. Essa medida visa adotar a política de *Low Level Presence* (LLP), permitindo que países definam limites de aceitabilidade dos produtos importados.

De acordo com a Portaria Normativa nº 585, de 7 de março de 2013, do Ministério da Defesa, bioproteção é: "um conjunto de ações que visam minimizar o risco do uso indevido, roubo ou liberação intencional de material com potencial risco à saúde humana, animal e vegetal".

As principais propostas são:

- Controle seguro de aceitabilidade de grãos e sementes, desde o campo até a mesa do consumidor, para evitar contaminação e garantir a segurança alimentar.
- Evitar a presença de fatores ambientais (polinização cruzada/ fluxo gênico) ou humanos, desde o plantio até a colheita, beneficiamento, transporte e armazenamento.
- Evitar a contaminação por sementes, plantas de outros cultivares ou vizinhas, sementes contaminadas por microrganismos.
- Determinar o nível máximo de contaminação que uma carga pode apresentar, evitando assim a tolerância zero, para países que não adotam LLP. Com a globalização, esse posicionamento leva a grandes problemas de circulação de alimentos no mundo.

Em 2012 foi criada a *Global Low-Level Presence*, com a participação de 15 países, cujo objetivo é desenvolver informações e recursos de criação de LLP para países que não adotam essa política.

O **Princípio da Precaução** determina que, se uma ação pode originar algum dano, não se pode negligenciá-la. Deve-se agir quando houver ameaças de danos sérios e irreversíveis, ainda que haja incerteza sobre as evidências. Sempre que não for possível manejar os riscos existentes, a precaução é o caminho indicado, devendo ser suspensas as pesquisas. A Lei nº 11.101/2005 leva o Princípio da Precaução em consideração em todas as suas determinações, salvaguardando a segurança desta e das próximas gerações.

A Biossegurança e a Bioproteção, juntamente com os Equipamentos de Proteção Individual (EPIs) apropriados, são pontos importantes a serem seguidos para a segurança de qualquer ambiente de trabalho. Nas áreas da saúde, estética e alimentação, a exposição é ainda maior e os riscos envolvem um possível impacto no bem-estar e na saúde de profissionais e pacientes.

É considerado EPI todo dispositivo ou produto de uso individual pelo trabalhador para proteção de riscos. Seu uso deve ser apenas para a finalidade destinada; o trabalhador é responsável por seu equipamento; o fabricante deve ser notificado de possíveis defeitos neste.

A contaminação e a toxicidade com metais pesados na cadeia de alimentos têm se tornado preocupantes no mundo todo por serem causadoras de vários problemas de saúde. Por isso, têm sido adotados procedimentos de descontaminação por meio dos chamados métodos "verdes" de controle dos riscos de saúde. A biorremoção é uma das metodologias potenciais usadas para a descontaminação de metais pesados. Lactobacillus e Bifidobacteria são exemplos de microrganismos capazes de remover metais pesados e micotoxinas pela ligação entre o alimento e suas paredes celulares.

A segurança alimentar é ameaçada devido à contaminação por pesticidas, agentes químicos e bactérias durante a fase de produção de alimentos. Esses agentes são os grandes causadores de muitos desastres ambientais. Os alimentos são os portadores dessas substâncias vindas do ar, da água ou do solo. Os equipamentos na indústria são os responsáveis pela propagação de microrganismos patogênicos em decorrência de contaminação cruzada. Por isso, são necessários cuidados com a limpeza rigorosa em todas as áreas de processo, desinfecção de equipamentos e atenção à biossegurança para garantir a segurança alimentar do consumidor.

O monitoramento do processo de industrialização e do meio ambiente tem ganhado importância relevante com os programas de HACCP, garantindo assim a segurança dos produtos. No entanto, muitas questões ainda não são claras a ponto de permitir a criação de um programa significativo com notificação antecipada de contaminação; implementação de suporte de controle de boas práticas de fabricação; regulação, monitoramento e preservação das condições ambientais; avaliação da possibilidade de surgimento de patógenos que podem ser disseminados entre produtos e trabalhadores; estabelecimento de níveis máximos seguros de exposição a riscos de contaminação.

Capítulo 18

Sugestão de Questões para Estudo

1. De onde vem a energia para as atividades vitais dos seres vivos?
2. Qual é a importância da anidrase carbônica?
3. Muitos fumantes crônicos apresentam um grave quadro de enfisema, no qual há destruição de grande parte das paredes alveolares. O que isso provoca nessas pessoas?
4. Comparando ao estado de repouso, o músculo em contração vigorosa demonstra uma conversão aumentada de piruvato em lactato. Explique as reações envolvidas.
5. Que é energia metabolizável, não metabolizável, digerível e não digerível?
6. Por que os batimentos cardíacos aumentam durante uma fuga?
7. Por que o medo e a raiva retardam o processo digestivo?
8. Suponha que um indivíduo ingeriu uma dieta contendo somente carboidratos, de fontes alimentares diferentes. Após a digestão, quais carboidratos podem ser encontrados na sua circulação sanguínea e nas fezes desse indivíduo?
9. Para maratonistas, a corrida é uma atividade vigorosa e longa, que requer grande quantidade de energia. Como um atleta obtém a energia necessária para a boa realização dessa prova?
10. No diabético, a secreção de insulina pelas células β das ilhotas do pâncreas é deficiente. Quais as consequências para um indivíduo que apresenta essa anomalia?

11. Apesar de existir a conversão do etanol em acetil CoA para que seja metabolizado no organismo, por que o etanol é considerado um alimento de energia vazia?
12. Por que ocorre o aumento da formação de corpos cetônicos durante o jejum?
13. Por que a aterosclerose é uma doença que pode alterar a pressão sanguínea de um indivíduo? Quando isso pode acontecer?
14. Que é escore químico e como ele indica a qualidade de uma proteína?
15. Defina proteína completa e incompleta.
16. Como a desnaturação química ou física afeta a qualidade da proteína?
17. Explique a digestão de uma proteína formada por 70 aminoácidos.
18. Quais as enzimas importantes para digestão proteica e onde elas são formadas?
19. Qual a quantidade de arroz necessária para fornecer 100 kcal, sabendo-se que sua composição centesimal é: 7,2% de proteína, 1,5% de gordura e 77,6% de carboidrato? Supor D = 100%.
20. A hemoglobina é uma proteína com função específica no organismo de transportar oxigênio. Caso o organismo não consiga sintetizá-la, o que isso acarreta para o metabolismo?
21. SQ da proteína de um alimento X é 85%. Para uma criança de 9 anos e 30 kg, o nível seguro de ingestão proteica é 0,88 g de proteína/kg/dia. Se ela ingerir esse alimento, quantos gramas dessa proteína serão necessários para ajustar a qualidade dessa proteína para 100%? Se X tem 42% de proteína, quantos gramas desse alimento ela deverá ingerir para suprir uma quantidade de proteína ajustada necessária?
22. Caso um cientista causasse destruição do citoplasma das células em estudo de um ser vivo, o que aconteceria a esse ser? Explique.
23. Sabe-se que a arginina e a citrulina são dois aminoácidos envolvidos na síntese de ureia pelo fígado. Caso o organismo não consiga sintetizá-los, o que isso poderia provocar no metabolismo orgânico?

24. Supondo que as mitocôndrias de uma célula sejam eliminadas, qual seria o produto final do processo respiratório e a quantidade de energia produzida por essa célula?
25. Em altitudes elevadas, indivíduos não residentes levam alguns dias para adaptar-se ao novo meio ambiente antes de praticar qualquer tipo de atividade física. Nesse período, algumas alterações no metabolismo são necessárias. Explique o processo da troca gasosa nesses indivíduos.
26. Por que alguns aminoácidos são considerados cetogênicos e outros glicogênicos? Especifique a influência dos compostos formados durante o catabolismo energético.
27. O exame de sangue de um indivíduo constatou alta taxa de triglicerídeos. Explique se os hábitos alimentares desse paciente influíram nesse resultado e se há riscos para sua saúde.
28. Qual é a quantidade de energia fornecida, em kcal, por 1 mol do monoglicerídeo ácido esteárico (ácido graxo saturado, com 18 carbonos)? Qual é a energia fornecida por esse mesmo lipídeo no calorímetro? Explique como a diferença de energia é aproveitada pelo organismo.
29. O colesterol é um constituinte essencial a toda célula e ao mesmo tempo pode tornar-se perigoso à saúde. Explique. Qual a relação do colesterol com as lipoproteínas?
30. Explique o processo da β oxidação e o papel da bile na digestão de lipídeos.
31. Quais cuidados nutricionais seriam recomendados para um paciente com má absorção intestinal recebendo alguma medicação?
32. Compare a taxa de absorção e energia de carboidratos, proteínas e lipídeos.
33. Qual a função de minerais e vitaminas no processo de absorção dos nutrientes?
34. Explique o processo de armazenamento de lipídeos no organismo.
35. Calcule a RDA pelo método dos múltiplos da taxa metabólica basal para um homem de 25 anos, 65 kg, 172 cm, ocupação de auxiliar de escritório.
36. Liste os alimentos de uma dieta de seu final de semana. Calcule o valor energético da dieta e avalie o NDPcal%.

37. Um adolescente, de 16 a 19 anos, masculino, peso de 66 kg, estatura de 176 cm, requer como nível seguro de ingestão proteica 0,60 g de proteína/kg/dia, para uma proteína de escore químico de 80%. Se ele ingerir em uma refeição somente polenta (escore químico da proteína do milho 49%),
    a) Qual será a sua necessidade de proteína nessa refeição?
    b) Qual é a quantidade de polenta (tem 7% de proteína) necessária para suprir sua necessidade proteica?
    c) Qual é o índice de qualidade proteica que melhor define o equilíbrio entre os aminoácidos absorvidos?
38. O fígado armazena proteína temporariamente apenas para regular a concentração proteica do sangue. Se há excesso de proteína ingerida na dieta, qual seria a resposta do organismo?
39. Dado um paciente: idade = 45 anos; estatura = 1,79 m; peso = 79 kg; sexo masculino; atividade moderada; tríceps = 15,5 mm; subescapular = 28 mm; ilíaca = 20 mm; abdominal = 20 mm; hipertenso e diabético, insulinodependente, calcule:
    a) IMC.
    b) %G, massa gorda e magra.
    c) TMB.
    d) RDA.
40. Um indivíduo ingeriu no almoço 350 g de alimentos. A refeição era composta por 15% de carboidrato, 8% de proteína e 34% de lipídeo. Calcule:
    a) O valor energético total da dieta, sabendo essa refeição corresponde a 40% da dieta diária.
    b) Determine e avalie o VB da proteína dessa refeição, sabendo que o grupo 1 de cobaias ingeriu 0 g de proteína e eliminou 0,5 g de NF e 0,5 g de NU. O grupo 2 de cobaias ingeriu 10 g de proteína e excretou 4,1 g de NF e 3,0 g de NU.
    c) Calcule o NDPcal% da refeição, sabendo que o seu NDPcal é 68 kcal.
    d) Se o SQ da proteína da refeição é de 35% (lisina), avalie a qualidade da proteína ingerida em relação ao VB e ao NDPcal% calculados.
41. Relacione o valor biológico com o tipo de proteína (animal ou vegetal) e com a sua natureza (completa ou incompleta).

42. Considerando o quadro a seguir, analise a qualidade da dieta de um homem obeso de 100 kg, estatura 168 cm e idade de 77 anos, diabético.

Alimento	***Medida caseira***	***Quantidade (g)***	***CH (g/100 g)***	***LIP (g/100 g)***	***PROT (g/100 g)***
Leite desnatado	1 copo	240	9	0,2	7
Nescau	2 cs	24	21,84	0,48	0,96
Banana-nanica	1 unidade	110	24	0	1
Coca-Cola	1 copo	240	21	0	0
Espaguete à bolonhesa	1 xícara	130	100,1	2,6	13
Bolonhesa (carne moída)	2 c. sopa	30	0	1,8	5,7
Molho de tomate	2 c. sopa	24	1,68	0	0,24
Alface	1 folha	10	0,2	0	0,1
Tomate	3 rodelas	15	0,45	0	0,15
Sal	1 pitada	2	0	0	0
Maçã	1 unidade	70	10,5	0	0
Suco de laranja	1 copo	240	16	0	2
Açúcar	1 cs	24	24	0	0
Bolacha salgada	3 unidades	25	17,25	3,35	2,5
Bife (bovino)	1 unidade	150	0	20	31
Torrada Bauducco	2 unidades	30	21,9	1,8	3,9
Margarina	1 c. sobremesa	10	0	6,5	0

43. Qual o papel dos probióticos e prebióticos na saúde da flora intestinal de um paciente com câncer? Cite exemplos de alimentos probióticos e prebióticos.
44. Como você analisa o uso de substâncias como o café na *performance* de um atleta?
45. Por que as fibras devem ser ingeridas com moderação? Qual seu papel no combate às muitas doenças?

Capítulo 19

Bibliografia Consultada

- Altimari LR, Tirapegui J, Hideki A, et al. Efeitos da suplementação prolongada de creatina mono-hidratada sobre o desempenho anaeróbio de adultos jovens treinados. Rev Bras Med Esporte. 2010;6(3):186-190.
- Amaya-Farfán J, Pacheco MT. Amino Acids / Properties and occurrence. Encyclopedia of Food Sciences and Nutrition. p. 181-1912. Ed. By Caballero, B. Trugo, L.; Finglas, P., 2003.
- Anvisa. Agência Nacional de Vigilância Sanitária. Disponível em: http://www.anvisa.gov.br legislação/2007.
- Barrueto-González NB. Biodisponibilidade de cálcio, magnésio, cobre e zinco na soja (Glycine max) e em novas variedades de feijão-comum (phaseolus vulgaris), obtidas por melhoramento genético clássico e sua relação com fatores antinutricionais não proteicos. Tese Doutorado. FEA/Unicamp, 2007.
- Barzel US, Massey LK. Excess dietary protein can adversely affect bone. J Nutr. 1998;128:1051-3.
- Bellows L, Moore R. Nutrient-Drug Interactions and Food. Colorado State University Extension 12/96 – www.ext.colostate.edu.
- Bobbio PA, Bobbio F. Química do processamento de alimentos. São Paulo: Varela, 1992.
- Boileau RA et al. Exercise and body composition of children and youth. Scandinavian J. of Sports Sciences 7(1): 17-27, 1985.
- Bourdichon F. Processing environment monitoring in low moisture food production facilities: are we looking for the right microorganisms? International Journal of Food Microbiology. 2021;356:109-351.
- Brites ML, Noreña CPZ. Obtaining fructooligosaccharides from yacon (smallanthus sonchifolius) by an Ultrafiltration process. Brazilian Journal of Chemical Engineering. 2016;33(4):1011-1020.
- Bushra R, Aslam N, Khan AY. Food-Drug Interactions. Oman Medical Journal 26 (2): 77-83, 2011.

- Campbell B, Kreider RB, Ziegenfuss T, La Bounty P, Roberts M, Burke D, et al. International society of sports nutrition position stand: protein and exercise. J Inter Society of Sports Nutrition. 2007;4:8.
- Casa DJ, Armstrong LE, Hillman SK, Montain SJ, Reiff RV, Rich BS, et al. National athletic trainers' association position statement: fluid replacement for athletes. J Athletic Training. 2000;35(2):212-224.
- Cashman K. Prebiotics and calcium bioavailability. Curr Issues Intest Microbiol. 2003;4:21-32.
- Cesar TB, Wada SR, Borges RG. Zinco plasmático e estado nutricional em idosos. Rev Nutr. maio/jun, 2005;18(3):357-365.
- Champe PC, Harvey RA. Bioquímica ilustrada. 2a ed. Porto Alegre: Artmed, 1996.
- Christakis G. Nutritional assessment in health programs. Am J of Public Health, Washington 63(82): supplement, 1973.
- CODEAGRO/SP. ILSI do Brasil. Disponível em: http://www.agricultura.sp.gov.br Codeagro, asp – 2007/Programas de alimentação.
- Conn EE, Stumph PK. Introdução à bioquímica. São Paulo: Edgar Blucher, 1975.
- Coppola MM, Turnês CG. Probióticos e resposta imune. Ciência Rural. 2004;34(4):1297-1303.
- Costa TC, et al. Fructo-oligosaccharide effects on serum cholesterol levels: an overview. Acta Cirúrgica Brasileira. 2015;30(5):366-370.
- Coutinho R. Noções de fisiologia da nutrição. 2a ed. Rio de Janeiro: Cultura Médica e MEC, 1981.
- Coyle E. Fluid and fuel intake during exercise. J Sports Sci. 2004;22:39-55.
- Cozzolino SMF. Biodisponibilidade de minerais. Rev Nutr. 1997;10(2):87-98.
- Cozzolino SMF. Usos e aplicação das dietary references intakes, DRIs – Novas recomendações de nutrientes, interpretação e utilização. ILSI Brasil, 2001.
- Craig WJ. Health effects of vegan diets. Am J Clin Nutr. 2009; 89(suppl):1627S-33S.
- Cross AJ, Leitzmann MF, Gail MH, et al. A prospective study of red and processed meat intake in relation to cancer risk. PLoS Medicine. 1984;4(12):1974.
- Cruzat VF, Krause M, Newsholme P. Aminoacid supplementation and impact on immune function in the context of exercise. J Inter Society Sports Nutrition. 2014;11:61-14.
- Da Silva PRP, et al. Esteroides anabolizantes no esporte. Rev Bras Med Esporte. 2002;8(6):235-243.
- De Abreu ES, et al. Alimentação mundial: uma reflexão sobre a história. Saúde e Sociedade. 2001;10(2):3-14.

- De Angelis RC. Fisiologia da nutrição. V. 1. 2a ed. Universidade de São Paulo, 1986. p. 193-208.
- De Freitas AC, et al. Efeitos dos anabolizantes sobre a densidade de neurônios dos núcleos da base. Rev Bras Med Esporte. 2017;23(3):213-216.
- Denipote FG, Trindade EBSM, Burini RC. Probióticos e prebióticos na atenção primária ao câncer de cólon. Arq Gastroenterol. 2010;47(1):93-98.
- Deurengerg P. et al. Body Mass Index as measure of body fatness: age and sex-specific prediction formulas. Br J Nutritional 65(2): 105-114, 1991.
- Deurenberg P, Weststrate JA, Seidell JC. Body mass index as a measure of body fatness: age – and sex-specific prediction formulas. British Journal of Nutrition. 1991;65(2):105-114.
- Diehl, L A. Diabetes: hora de rever as metas? Arq Bras Endocrinol Metab 57/7, 2013.
- Do Carmo EC, et al. O papel do esteroide anabolizante sobre a hipertrofia e força muscular em treinamentos de resistência aeróbia e de Força. Rev Bras Med Esporte. 2011;17(3):212-217.
- Doblhoff-Dier A,; Collins CH. Biosafety: future priorities for research in health care. Journal of Biotechnology. 2001;85: 227-239.
- Dutra IE, et al. Nutrição básica. São Paulo: Sarvier, 1982.
- Fisberg RM, et al. Inquéritos alimentares: métodos e bases científicos. São Paulo: Manole, 2005.
- Fotiadis CI, Stoidis CN, Spyropoulos BG, et al. Role of probiotics, prebiotics and synbiotics in chemoprevention for colorectal cancer. World J Gastroenterol. 2008;14(42):6453-6457.
- Franco G. Nutrição: texto básico e tabela de composição química dos alimentos. Rio de Janeiro: Atheneu, 1982.
- Gallagher D et al. Healthy percentage body fat ranges: an approach for developing guidelines based on body mass index. Am J Clin Nutr 72: 694-701, 2000.
- Garcia Jr JR, Pithon-Curi TC, Curi R. Consequências do exercício para o metabolismo da glutamina e função imune. Rev Bras Med Esporte. 2000;6(3):99-107.
- Germano RMA, Canniatti-Brazaca SG. Importance of iron in human nutrition, Nutrire. Rev Soc Bras Alim Nutr. J Brazilian Soc Food Nutr. dez, 2002;24:85-104.
- Gibala MJ. Regulation of skeletal muscle amino acid metabolism during exercise. Int J Sport Nutr Exerc Metab. 2001;11:87-108.
- Gonçalves CB. The food pyramid adapted to physically active adolescents as a nutrition education tool. Rev. Bras. Ciênc. Esporte (Florianópolis). 2014;36(1):29-44.

- Goodhart RS. Modern nutrition in health and disease. Philadelphia: Lea & Febiger, 1980.
- Graceli JB, et al. Uso crônico de decanoato de nandrolona como fator de risco para hipertensão arterial pulmonar em ratos Wistar. Rev Bras Med Esporte. 2010;16(1):46-50.
- Gualano B, et al. Efeitos da suplementação de creatina sobre força e hipertrofia muscular: atualizações. Rev Bras Med Esporte. 2010; 16(3):219-223.
- Gubert MB. Manual de antropometria. Universidade de Brasília, 2001.
- Guia para avaliações do condicionamento físico. National Strengh and Conditioning Association (NSCA). Editor Todd Miller. Barueri: Manole, 2015.
- Guyton AC. Fisiologia humana. 6a ed. Rio de Janeiro: Guanabara Koogan, 1988.
- Halton TL, Liu S, Manson JEM, Hu FB. Low-carbohydrate-diet score and risk of type 2 diabetes in women. Am J Clin Nutr. 2008;87:339-46.
- Hamilton-Miller JMT. Probiotics and prebiotics in the elderly. Postgrad Med J. 2004;80:447-451.
- Hannan MT, Tucker KL, Dawson-Hughes B, et al. Effect of Dietary Protein on Bone Loss in Elderly Men and Women: The Framingham Osteoporosis Study. Journal of Bone and Mineral Research. 2000;15(12):2504-2512.
- Hargraves M, Snow R. Amino acids and endurance exercise. J Sport Nutrition and Exercise Metabolism. 2001;11:133-145.
- Haring B, Gronroos N, Nettleton JA, et al. Dietary Protein Intake and Coronary Heart Disease in a Large Community Based Cohort: Results from the Atherosclerosis Risk in Communities (ARIC) Study. PlosOne. 2014;9(10):1-7.
- Harper. Manual de química fisiológica. 5a ed. São Paulo: Atheneu, 1982.
- Hauly COM, Fuchs RHB, Prudencio-Ferreira SH. Suplementação de iogurte de soja com frutooligossacarídeos: características probióticas e aceitabilidade. Rev Nutr. 2005;18(5):613-622.
- Heaney RP. Excess dietary protein may not adversely affect bone. J Nutr. 1998;128:1054-7.
- Hotz C, Gibson RS. Traditional food-processing and preparation practices to enhance the bioavailability of micronutrients in plant-based diets. J Nutr. 2007;137:1097-1100.
- Huang C, Tang YL, Chen CY, Chen ML, Chu CH, Hseu CT. The bioavailability of b-carotene in stir-or deep-fried vegetables in men determined by measuring the serum response to a single ingestion. J Nutr. 2000;130(3):534-540.
- IV Diretriz Brasileira Sobre Dislipidemias e Prevenção da Aterosclerose Departamento de Aterosclerose da Sociedade Brasileira de Cardiologia. Arquivos Brasileiros de Cardiologia. 2007;88(Suppl I). (www.arquivosonline.com.br).

- Jacob F. Anatomia e fisiologia humana. Rio de Janeiro: Interamericana, 1974.
- Kelemen LE, Kushi LH, Jacobs Jr DR, Cerhan JR. Associations of dietary protein with disease and mortality in a prospective study of postmenopausal women. Am J Epidemiol. 2005;161:239-249.
- Kerksick CM, Leutholtz B. Nutrient administration and resistance training. J Inter Society Sports Nutrition. 2005;2(1):50-67.
- Kerstetter JE, O'Brien KO, Insogna KL. Low protein intake: the impact on calcium and bone homeostasis in humans. J Nutr. 2003;133:855S-61S.
- King JC. Effect of reproduction on the bioavailability of calcium, zinc and selenium. American Society for Nutritional Sciences. 2001;(Suppl):1355S-1358S.
- Komatsu TR, Buriti FCA, Saad SMI. Inovação, persistência e criatividade superando barreiras no desenvolvimento de alimentos probióticos. Rev Bras Ciências Farmacêuticas. 2008;44(3):329-347.
- Lacerda FMM, Carvalho W RG, Hortegal EV, et al. Factors associated with dietary supplement use by people who exercise at gyms. Rev Saúde Pública. 2015;49:1-9.
- Lagiou P, Sandin S, Lof M, et al. Low carbohydrate-high protein diet and incidence of cardiovascular diseases in Swedish women: prospective cohort study. BMJ. 2012;344:e4026.
- Lamb MW. The meaning of human nutrition. New York. Toronto: Pergamon Press, 1973.
- Lancha Jr AH. Nutrição aplicada à atividade motora. Rev. Bras. Educ. Fís. Esporte. 2011;25:45-51.
- Lehninger AL. Principles of biochemistry. Worth Publishers, 1987.
- Leite DC, et al. Factors associated with anabolic steroid use by exercise enthusiasts. Rev Bras Med Esporte. 2020;26(4):294-297.
- Leitzmann C. Vegetarian nutrition: past, present, future. Am J Clin Nutr. 2014;100(suppl):496S-502S.
- Livingstone PJ, et al. Issues in dietary references intakes assessment of children and adolescents. British J. Nutrition. 92, Suppel.2, S213-S222, 2004.
- Lobo AS, Tramonte VLC. Efeitos da suplementação e da fortificação de alimentos sobre a biodisponibilidade de minerais. Rev Nutr. jan/mar, 2004;17(1):107-113.
- Lönnerdal B. Dietary factors influencing zinc absorption. J Nutr. 2000;130(Suppl):1378S-83S.
- Lorrain AG. La alimentación coletiva y recetaria de cocina institucional. Instituto Geográfico Militar do Chile, 1974.
- Lowery LM, Devia L. Dietary protein safety and resistance exercise: what do we really know? J Int Soc Sports Nutr. 2009;6:3.
- Mahan K. Alimentos, nutrição & dietoterapia. São Paulo: Roca, 1985.
- Marchioni DML. Aplicação das dietary references intakes na avaliação da ingestão de nutrientes para indivíduos. Rev Nutr. 17(2): 207-216, 2004.

- Massey LK. Dietary animal and plant protein and human bone health: a whole foods approach. J Nutr. 2003;133:862S-5S.
- McArdle HJ, Ashworth CJ. Micronutrients in fetal growth and development. British Medical Bulletin. 1999;55(3):499-510.
- Mcardle WD, et al. Fisiologia do exercício, energia e desempenho humano. Rio de Janeiro: Guanabara Koogan, 1992.
- Mesquita CT, Ker WS. Fatores de risco cardiovascular em cardiologistas certificados pela Sociedade Brasileira de Cardiologia: lições a serem aprendidas. https://doi.org/10.36660/abc.202110153. Arq Bras Cardiol. 2021;116(4):782-783.
- Millani E, Konstantyner T, Taddei JAAC. Efeitos da utilização de prebióticos (oligossacarídeos) na saúde da criança. Rev Paul Pediatr. 2009;27(4):436-46.
- Ministério da Saúde. Secretaria de Atenção à Saúde – Departamento de Atenção Básica. Guia Alimentar Para a População Brasileira. 2a ed. Brasília (DF), 2014.
- Mourão DM, Sales NS, Coelho SB, Pinheiro-Santana HM. Biodisponibilidade de vitaminas lipossolúveis. Rev Nutr. jul/ago 2005;18(4):529-539.
- Nemezio KMA, Oliveira CRC, Silva AEL. Suplementação de creatina e seus efeitos sobre o desempenho em exercícios contínuos e intermitentes de alta intensidade. Rev Educ Fís/UEM. 2015;26(1):157-165.
- Newsholme EA, Blomstrand E. Branched-chain amino acids and central fatigue. J Nutr. 2006;136:274S-6S.
- Nilsson LM, Winkvist A, Johansson I, Lindahl B, Hallmans G, Lenner P, et al. Low-carbohydrate, high-protein diet score and risk of incident cancer; a prospective cohort study. Nutrition Journal. 2013;12:58.
- Oliveira DR, et al. Efeito da natação associada a diferentes tratamentos sobre o músculo sóleo de ratos: estudo histológico e morfométrico. Rev Bras Med Esporte. 2014;20(1):74-77.
- Orel R, Trop TK. Intestinal microbiota, probiotics and prebiotics in inflammatory bowel disease. World J Gastroenterol. 2014;20(33):11505-11524.
- Padovani RM. Dietary reference intakes: aplicabilidade das tabelas em estudos nutricionais. Rev Nutr (Campinas). 2006;19(6):741-760.
- Paschoal V. Neves N. Tratado de nutrição esportiva funcional: revisão científica. São Paulo: Rocca, 2014.
- Passos LML. Park YK. Fruto-oligossacarídeos: implicações na saúde humana e utilização em alimentos. Ciência Rural. 2003;33(2):385-390.
- Pat: Programa de Alimentação do Trabalhador. Ministério do Trabalho. Secretaria de Promoção Social, 1978.
- Pimazoni Netto, A et al. Posicionamento Oficial SBD nº 02/2015. Conduta Terapêutica no Diabetes Tipo 2: Algoritmo SBD 2015.
- Pimazoni Netto, A et al. Posicionamento Oficial SBD nº 02/2017. Conduta Terapêutica no Diabetes Tipo 2: Algoritmo SBD 2017.
- Philippi ST. Pirâmide alimentar adaptada: guia para a escolha dos alimentos. Rev Nutri Campinas, 12(1): 65-80, 1999.

- Pool-Zobel B, van Loo J, Rowland I, Roberfroid MB. Experimental evidences on the potential of prebiotic fructans to reduce the risk of colon cancer. British J Nutrition. 2002;87(Suppl 2):S273-S281.
- Poortmans JR, Carpentier A, Pereira-Lancha LO, Lancha Jr A. Protein turnover, amino acid requirements and recommendations for athletes and active populations. Braz J Medical and Biological Research. 2012;45:875-890.
- Position of the American Dietetic Association and Dietitians of Canada. Vegetarian diets. J Am Diet Assoc. 2003;103:748-65.
- Prentice AM et al. Are current dietary guidelines for young children a prescription for overfeeding? The Lancet 332(8619): 1066-1069, 1988.
- Raw I, Krasilchik M, Mennucci L. A biologia e o homem. V. 4. São Paulo: Edusp, 2001. p. 169.
- Ribeiro BG, et al. Influência do anabolizante decanoato de nandrolona sobre a viabilidade de células satélites musculares em processo de diferenciação. Fisioter Pesq. 2014;21(1):16-20.
- Revista Técnica de Educação Física e Desportos – SPRINT, Sprint, Ltda 1 (4) e 4 (1), 1987 e 1989.
- Rogero MM, Mendes RR, Tirapegui J. Aspectos neuroendócrinos e nutricionais em atletas com overtraining. Arq Bras Endocrinol Metab. 2005;49(3):359-368.
- Rogero MM, Tirapegui J. Aspectos atuais sobre aminoácidos de cadeia ramificada e exercício físico. Brazilian J Pharmaceutical Sciences. 2008;44(4):563-575.
- Russell WR, Gratz SW, Duncan SH, et al. High-protein, reduced-carbohydrate weight-loss diets promote metabolite profiles likely to be detrimental to colonic health. Am J Clin Nutr. 2011;93(5):1062-72.
- Sá NG. Nutrição e dietética. Rio de Janeiro: Nobel, 1990.
- Saad SMI. Probióticos e prebióticos: o estado da arte. Rev Bras Ciências Farmacêuticas. 2006;42(1):1-16.
- Saavedra JM, Tschernia A. Human studies with probiotics and prebiotics: clinical implications. British J Nutrition. 2002;87(Suppl 2):S241-S246.
- Salway JG. Metabolism at a glance. 3a ed. Blackwell Publishing, 2004.
- Saunders MJ. Coingestion of carbohydrate-protein during endurance exercise: influence on performance and recovery. Inter J Sport Nutrition and Exercise Metabolism 2007;17:S87-S103.
- Schaafsma G. The protein digestibility – corrected amino acid score. J Nutr. 130: 1865S1867S, 2000.
- Scholz-Ahrens KE, Schaafsma G, van den Heuvel EGHM, Schrezenmeir J. Effects of prebiotics on mineral metabolism. Am J Clin Nutr. 2001;73(suppl):459S-64S.
- Schrezenmeir J, de Vrese M. Probiotics, prebiotics and synbiotics-approaching a definition. Am J Clin Nutr. 2001;73(suppl):361S-4S.
- Sgarbieri VC. Proteínas em alimentos proteicos: propriedades, degradação, modificações. São Paulo: Varela, 1996.

- Sgarbieri VC. Alimentação e nutrição: fator de saúde e desenvolvimento. São Paulo: Unicamp, 1987.
- Siqueira EMA, Mendes JFR, Arruda SF. Biodisponibilidade de minerais em refeições vegetarianas e onívoras servidas em restaurante universitário. Rev Nutr. maio/jun, 2007;20(3):229-237.
- Sistema Nacional de Segurança Alimentar e Nutricional. Ministério da Cidadania. 22.07.2020. Disponível em: www.gov.br/cidadania/pt-br/noticias-e-desenvolvimento-social/noticias.
- Sizer F, Whitney E. Nutrição – conceitos e controvérsias. 8a ed. São Paulo: Manole, 2003.
- Slater B, et al. Estimando a prevalência da ingestão inadequada de nutrientes. Rev Saúde Pública 38(4): 599-605, 2004.
- Souza FS, Cocco RR, Sarni ROSS, Mallozi MC, Sole D. Prebióticos, probióticos e simbióticos na prevenção e tratamento das doenças alérgicas. Rev Paul Pediatr. 2010;28(1):86-97.
- Souza IA, Filho MB, Ferreira LOC. Alterações hematológicas e gravidez. Rev Bras de Hematologia e Hemoterapia. 2001;24(1).
- Souza Jr TP, Dubas JP, Pereira B, Oliveira PR. Suplementação de creatina e treinamento de força: alterações na resultante de força máxima dinâmica e variáveis antropométricas em universitários submetidos a oito semanas de treinamento de força (hipertrofia). Rev Bras Med Esporte. 2007;13(5):303-309.
- Tastaldi H. Práticas de bioquímica. V. 1. 7a ed. São Paulo: USP, 1965.
- Technical Report Series 935 Protein and Amino Acid Requirements in Human Nutrition. Report of a Joint WHO/FAO/UNU Expert Consultation (2002: Geneva, Switzerland).
- Toma RB, et al. Dietary fiber: effect on mineral bioavailability. Food Technology, 1986
- Trichopoulou A, Psaltopoulou T, Orfanos P, Hsieh C-C, Trichopoulos D. Low-carbohydrate-high-protein diet and long-term survival in a general population cohort. European Journal of Clinical Nutrition. 2007;61:575-581.
- Triplitt C. Drug interactions of medications commonly used in diabetes. Diabetes Spectrum. 2006;19(4):202-211.
- Trumbo, et al. Dietary reference intakes for energy, carbohydrate, fiber, fat, fatty acid, cholesterol, protein and amino acid. J of America Dietetic Associations. 2002;102(2);1621-30.
- Trumbo, et al. Dietary reference intakes for vitamin A, vitamin K, arsenic, boron, chromium, cooper, iodine, iron, manganese, molybdenum, nickel, silicon, vanadium and zinc. J. of America Dietetic Associations, 101 (3): 2001.
- Trumbo, et al. Enseñanza de reducción in agricultura – un enfoque multidiciplinario. Santiago do Chile: INAN/FAO, 1982.
- Turatti JM, et al. Energy and protein requeriment. Report of a joint FAO/WHO – Termical Report, séries n° 522, Geneva: World Health Organization, 1973.

- Turatti JM, et al. Lipídeos: aspectos funcionais e novas tendências. Governo do Estado de São Paulo. Secretaria da Agricultura e Abastecimento. Agência Paulista de Tecnologia dos Agronegócios: ITAL, 2002.
- Tylavsky FA, Spence LA, Harkness L. The importance of calcium, potassium, and acid-base homeostasis in bone health and osteoporosis prevention. J Nutr. 2008;138:164S-5S.
- Uchida MC, Bacurau AVN, Aoki MS, Bacurau RFP. Consumo de aminoácidos de cadeia ramificada não afeta o desempenho de endurance. Rev Bras Med Esporte. 2008;14(1):42-45.
- V Diretriz Brasileira de Dislipidemias e Prevenção da Aterosclerose. Sociedade Brasileira de Cardiologia. 2013;101(4), Suppl 1. (www.arquivosonline.com.br).
- Vitasovic GR, Aoki MS. A suplementação de carboidrato maximiza o desempenho de tenistas? Rev Bras Med Esporte. 2010;16(1):67-70.
- Weineck J. Biologia do esporte. Barueri: Manole, 1991. p. 528-532.
- Weltman A et al. Practical assessment of body composition in adult obese males. Human Biology 59(3): 523-535, 1987.
- White R, Frank E. Health effects and prevalence of vegetarianism. West J Med. 1994;160:465-471.
- Whittaker P. Iron and zinc interactions in humans. Am J Clin Nutr. 1998;68(Suppl 2):442S-6.
- Winstanley PA, Orme M L'E. The effects of food on drug bioavailability. Br. J. Clin. Pharmac. 1989;28:621-628.
- www.fda.gov/consumer/updates/interactions112808.html. The rate of adverse drug reactions increases dramatically after a patient is on four or more medications. FDA – Consumer Health Information / U. S. Food and Drug Administration, 28 nov. 2008.
- Valiente S, Boj MT. Enseñanza de nutrición en agricultura: un enfoque multidiplinario. 1st ed Santiago. Ed. Universitaria, 1982.
- FAO/WHO. Energy and protein requirements. Report of a joint FAO/WHO ad hoc expert committee. Technical Report series 522. Geneva, 1973.

Capítulo 20

Anexo

Tabela 20.1
***Dietary Reference Intakes (DRIs): Ingestão Recomendada para Indivíduos, Macronutrientes – Food and Nutrition Board, Institute of Medicine, National Academics* (Valores de RDA)**

Faixa Etária		*Carboidratos (g/d)*	*Fibra Total (g/d)*	*Gordura (g/d)*	*Ácido Linoleico (g/d)*	*Ácido α-Linolênico (g/d)*	*Proteína (g/d)*
Bebês	0-6 meses	60*	ND	31*	4,4*	0,5*	9,1*
	7-12 meses	95*	ND	30*	4,6*	0,5*	11*
Crianças	1-3 anos	130	19*	ND	7*	0,7*	13
	4-8 anos	130	25*	ND	10*	0,9*	19
Homens	9-13 anos	130	31*	ND	12*	1,2*	34
	14-18 anos	130	38*	ND	16*	1,6*	52
	19-30 anos	130	38*	ND	17*	1,6*	56
	31-50 anos	130	38*	ND	17*	1,6*	56
	51-70 anos	130	30*	ND	14*	1,6*	56
	>70 anos	130	30*	ND	14*	1,6*	56
Mulheres	9-13 anos	130	26*	ND	10*	1,0*	34
	14-18 anos	130	26*	ND	11*	1,1*	46
	19-30 anos	130	25*	ND	12*	1,1*	46
	31-50 anos	130	25*	ND	12*	1,1*	46
	51-70 anos	130	21*	ND	11*	1,1*	46
	>70 anos	130	21*	ND	11*	1,1*	46

Gestantes	≤18 anos	175	28*	ND	13*	1,4*	71
	19-30 anos	175	28*	ND	13*	1,4*	71
	31-50 anos	175	28*	ND	13*	1,4*	71
Lactação	≤18 anos	210	29*	ND	13*	1,3*	71
	19-30 anos	210	29*	ND	13*	1,3*	71
	31-50 anos	210	29*	ND	13*	1,3*	71

Fonte: Trumbo et al. Dietary Reference Intakes for energy, carbohydrate, fiber, fat, fatty acid. cholesterol, protein and aminoacid. J of Americas Dietetic Associations. 2002;102(2):1621-1630.

NOTA:

- A Tabela 20.1 apresenta Valores de Ingestão Dietética Recomendada (RDA) em negrito, e Ingestão adequada (AI) em caracteres comuns seguidos de asterisco(*).
- RDAs e AIs podem ser usados como metas para ingestão individual.
- RDAs são indicados para cobrir as necessidades de quase todos (97% a 98%) os indivíduos do grupo.
- Para bebês saudáveis sendo amamentados, a AI é a média de ingestão.
- AI para outras faixas etárias e diferentes gêneros é tido como capaz de cobrir as necessidades fisiológicas de todos os indivíduos no grupo, mas a ausência ou insuficiência de dados impede que se especifique com exatidão a porcentagem de indivíduos atingidos pela ingestão.
- *Baseado em 0,8 g de proteína/kg de peso para peso corporal de referência.

Tabela 20.2
Dietary Reference Intakes* (DRIs): *Ingestão Recomendada para Individuos, Minerais. Food and Nutrition Board, Institute of Medicine, National Academics

Faixa Etária		Cálcio mg/d	Cromo μg/kg	Cobre mg/d	Fluoreto mg/d	Iodo mg/d	Ferro mg/d	Magnésio mg/d	Manganês mg/d	Molibdênio mg/d	Fósforo mg/d	Selênio mg/d	Zinco
Infantil	0-6 meses	210*	0,2*	200*	0,01*	110*	0,27*	30*	0,003*	2*	100*	15*	2*
	7-12 meses	270*	5,5*	220*	0,5*	130*	11	75*	0,06*	3*	275*	20*	3
Crianças	1-3 anos	500*	11*	340	0,7*	90	7	80	1,2*	17	460	20	3
	4-8 anos	800*	15*	440	1*	90	10	130	1,5*	22	500	30	5
Homens	9-13 anos	1.300*	25*	700	2*	120	8	240	1,9*	34	1.230	40	8
	14-18 anos	1.300*	35*	890	3*	150	11	410	2,2*	40	1.350	55	11
	19-30 anos	1.000*	35*	900	4*	150	8	400	2,3*	45	700	55	11
	31-50 anos	1.000*	35*	900	4*	150	8	420	2,3*	45	700	55	11
	51-70 anos	1.200*	30*	900	4*	150	8	420	2,3*	45	700	55	11
	>70 anos	1.200*	30*	900	4*	150	8		2,3*	45	700	55	11
Mulheres	9-13 anos	1.300*	23*	700	2*	120	8	240	1,6*	34	1.250	40	8
	19-30 anos	1.300*	24*	890	3*	150	15	360	1,6*	43	1.250	55	9
	31-50 anos	1.000*	25*	900	3*	150	18	310	1,8*	45	700	55	8
	51-70 anos	1.000*	25*	900	3*	150	18	320	1,8*	45	700	55	8
	>70 anos	1.200*	20*	900	3*	150	8	320	1,8*	45	700	55	8

Gestantes	≤18 anos	1.300*	29*	1.000	3*	220	27	400	2*	50	1.250	60	13
	19-30 anos	1.000*	30*	1.000	3*	220	27	350	2*	50	700	60	11
	31-50 anos	1.000*	30*	1.000	3*	220	27	360	2*	50	700	60	11
Lactação	≤18 anos	1.300*	44*	1.300	3*	290	10	360	2,6*	50	1.250	70	14
	19-30 anos	1.000*	45*	1.300	3*	290	8	310	2,6*	50	700	70	12
	31-50 anos	1.000*	45*	1.300	3*	290	8	310	2,6*	50	700	70	12

Fonte: Trumbo et al. Dietary Reference Intakes for vitamin A, vitamin K, arsenic, boron, chromium, cooper, iodine, iron, manganese, molybdenum, nickel, silicon, vanadium and zinc. J of Americas Dietetic Associations. 2001;101(3).

NOTA:

- A Tabela 20.2 apresenta valores de Ingestão Dietética Recomendada (RDAs) em negrito e as Ingestões adequadas (AIs) em caracteres comuns seguidos de asterisco(*).
- RDAs e AIs podem ser usadas como guia para a ingestão individual.
- RDAs são designados para satisfazer as necessidades de quase todos (97% a 98%) dos indivíduos em um grupo.
- Para bebês saudáveis sendo amamentados, as AIs são a ingestão média.
- Acredita-se que AIs para outros estágios de vida e diferentes gêneros cubram as necessidades de todos os indivíduos no grupo. No entanto, a ausência ou insuficiência de dados impede que se especifique com exatidão a porcentagem correta.

Índice Remissivo

F

G

H

I

K

L

M

N

O

P

U

V

X

Z

Este livro foi impresso nas oficinas gráficas da Editora Vozes Ltda.,
Rua Frei Luís, 100 – Petrópolis, RJ.